国家科学技术学术著作出版基金资助出版

多移动机器人协同原理与技术

Synergy Principles and Technologies of Multi-mobile Robots

蔡自兴　陈白帆　刘丽珏　余伶俐　著

国防工业出版社

·北京·

内 容 简 介

    本专著以多移动机器人的协同技术和方法为研究内容,涉及多移动机器人的研究概述、体系结构、通信、协同机制、协作定位与建图、目标协作跟踪、多移动机器人系统实例及其应用和展望等。本专著着重介绍多移动机器人研究在体系结构、可重构通信、协同任务分配和路径规划、相关机器学习、环境认知、多目标跟踪等方面的理论和方法上取得的一些进展,对于提高多移动机器人系统的协同工作的技术水平,促进相关技术的发展,具有重要的科学意义。

    本专著是在总结国家基础研究项目研究成果的基础上写成的,是作者进行创新研究成果的结晶,其内容含有较为明显的创新。本专著可供从事智能机器人、人工智能、智能控制和智能系统研究、设计和应用的科技人员和高等院校师生阅读和参考。

图书在版编目(CIP)数据

多移动机器人协同原理与技术/蔡自兴等著 . —北京：
国防工业出版社,2011. 2
ISBN 978-7-118-06854-2

Ⅰ. ①多… Ⅱ. ①蔡… Ⅲ. ①机器人 – 研究 Ⅳ.
①TP242

中国版本图书馆 CIP 数据核字(2010)第 254961 号

※

*国防工业出版社*出版发行
(北京市海淀区紫竹院南路 23 号 邮政编码 100048)
北京嘉恒彩色印刷有限责任公司
新华书店经售
*
开本 710×960 1/16 印张 18½ 字数 321 千字
2011 年 2 月第 1 版第 1 次印刷 印数 1—4000 册 定价 50.00 元

国防书店：(010)68428422   发行邮购：(010)68414474
发行传真：(010)68411535   发行业务：(010)68472764

前　言

　　随着移动机器人应用的领域和范围的不断扩展,多移动机器人由于其具有的单机器人无法比拟的优越性已越来越受到重视。多移动机器人系统的协同原理和技术的相关研究是人工智能和智能机器人的国际前沿研究课题,也是多移动机器人开发研究的热点和难点问题之一。对多移动机器人的体系结构和协同机制、未知环境的定位与建图、目标定位与跟踪以及多移动机器人通信等,尚有许多关键理论和技术问题有待解决和完善。

　　本书以多移动机器人的协同工作和重构技术及方法为研究内容,在体系结构、可重构通信、协同机制、机器学习、环境认知、多目标跟踪等方面的理论和方法研究上取得一些突破性进展,推动人工智能、模式识别、导航控制等学科的前沿问题研究的进展,为提高多移动机器人系统的协同工作的技术水平,促进相关技术的发展,具有重要的科学意义。本研究成果也为军事、航天、海洋、建筑、交通、工业和服务业等领域多移动机器人协同系统的开发研究提供了新的设计理论和技术,为用于军事、航天、深海作业和其他领域的多移动机器人系统的应用奠定了理论和技术基础。

　　2006 年 1 月至 2008 年 5 月,本人主持了国家国防基础科研项目"异质多移动体的××××与重构技术的基础研究",并于 2008 年 5 月 17 日通过了国防科工委组织的结题验收。在国防科工委的支持和项目组成员的共同努力下,经过近 3 年的深入研究,已取得了一批成果,分别在国际期刊(如 IEEE Transactions 等)上发表论文 21 篇,在国内期刊上发表论文 135 篇,在国内外主流会议上发表论文 101 篇。获得国家发明专利"一种可重构的多移动机器人通信方法"

（200810030495.7）授权 1 项和软件著作权登记"多机器人仿真系统"1 项。由于这些成果都是以分散的形式在各杂志或论文集上出现，不方便查阅和交流，因此有必要将该项目的成果汇集起来，以专著的形式奉献给广大的机器人学研究者和读者们。

本书主要内容有：多移动机器人的研究意义、基本理论、研究现状；多移动机器人的硬件体系结构，包括多移动机器人团队的体系结构、多移动机器人团队的通信机制；多移动机器人的协同机制，包括任务描述和分配方法、多移动机器人的协作、多移动机器人团队的运动协调机制；多移动机器人协作环境感知、目标检测与定位的理论及方法，包括多移动体协作的环境建模与定位研究、有效的多异质传感器信息融合策略、快速的运动目标的检测与定位；最后还介绍了目前已有的多移动机器人系统实例及其应用。与国外已经出版的同类书籍比较，本书内容全面翔实，几乎包括了多移动机器人的主要研究方面；系统性强，结构严谨，不同于一般的科技或学术论文集；学术思想新颖，反映国内外多移动机器人相关技术研究的最新进展；主编和主要作者具有丰富的科研和编写经验，书稿的内容理论联系实际，具有很强的可读性。

本书由蔡自兴任主编，陈白帆任副主编。蔡自兴、陈白帆、刘丽珏、李仪、余伶俐、刘利枚、文志强、任孝平、卢薇薇、匡林爱、陈爱斌、潘薇等参加了编写工作。在编写和出版过程中得到了国内外许多专家、学者以及国防工业出版社的热情帮助。在此，我们衷心感谢中华人民共和国科技部专著出版基金的资助，十分感谢那些参加了本项目研究而没有参加本著作编写工作的其他博士研究生和硕士研究生，不管是在项目的研究过程中，还是在书稿的整理过程中都得到了他们的支持和帮助。由于时间紧迫，成稿匆促，书中难免存在不妥甚至错误之处。我们诚恳地希望各位专家读者不吝赐教和指正，对此我们表示诚挚感谢。

本书可作为智能机器人研究和教学的参考书，也可供从事人工智能、智能控制和智能系统研究、设计和应用的科技人员和高等学校师生学习和参考。

蔡自兴

2010 年 6 月 2 日

于中南大学

目　　录

1

1.1　多移动机器人系统简介

多移动机器人领域研究始于 1980 年,最初的研究集中在体系结构、运动规划、可重构几个方面。随着应用领域的不断拓展,尤其是水下、空间、危险环境探索、服务及教育领域等场合的应用需求,促使多移动机器人领域的研究课题逐渐深入和广泛。与单机器人相比,多移动机器人系统具有许多优点:可以通过对某些任务进行适当分解,使多个机器人分别并行地完成不同的子任务,从而加快任务执行速度,提高工作效率;可以将系统中的成员设计为完成某项任务的"专家",而不是设计为完成所有任务的"通才",使得机器人的设计有更大的灵活性,完成有限任务的机器人可以设计得更完善;可以通过成员间的相互协作增加冗余度,消除失效点,增加解决方案的鲁棒性;可以提供更多的解决方案,降低系统造价与复杂度等。由于这样一些优势,多移动机器人协同技术研究吸引了国内外学术界越来越多的兴趣与关注,出现了大批的文献。

本章对多移动机器人系统的重要研究课题进行了综述,并指出未来的研究趋势,希望能够对本领域的进一步深入研究有所帮助。

1.1.1 多移动机器人系统的优点

与单个机器人相比,多移动机器人系统具有许多优点:

(1)单个机器人不能完成某些任务,必须依靠多个机器人才能完成。例如让移动机器人搬运一个重物,对于这样的任务也许可以设计一个能力特别强的机器人来完成,但从设计的复杂性和成本等方面来考虑,这样的方案不如让多个简单的机器人组成系统来协作搬运。还有一些任务,如执行战术使命、足球比赛等,必须要由一个机器人团队来完成而非单个机器人。

(2)对于可以分解的任务来说,多个机器人可以分别并行地完成不同的子任务,这比单个机器人完成所有的子任务要快得多。也就是说,多移动机器人系统可以提高工作效率。对未知的区域建立地图、对某区域进行探雷均属于这类任务。

(3)对于多移动机器人系统来说,可以将其中的成员设计为完成某项任务的"专家",而不是设计为完成所有任务的"通才",使得机器人的设计有更大的灵活性,完成有限任务的机器人可以设计得更完善。

(4)如果成员之间可以交换信息,多移动机器人系统可以更有效和更精确地进行定位,这对于野外作业的机器人尤其重要。

(5)多移动机器人系统中的成员相互协作可以增加冗余度,消除失效点,增加解决方案的鲁棒性。例如,装配有摄像机的多移动机器人系统要建立某动态区域的基于视觉的地图,那么某个机器人的失效不会对全局任务产生很大影响,因此,这样的系统可靠性更强。

(6)多移动机器人系统与单个机器人相比,可以提供更多的解决方案,因此可以针对不同的具体情况,优化选择方案。

1.1.2 多移动机器人系统的应用领域

由于多移动机器人系统的优点,使得它的潜在应用领域非常广泛。

(1)远地作业。某些应用要求群体自主机器人系统能够自动完成复杂的工作,而人类可以不时地从远处进行干预,以改变操作过程,弥补机器人的能力不足,与机器人协作共同完成复杂的任务。这类应用领域如行星科学探险,在煤矿、火山口等高危环境下作业以及在水下培育作物等。

(2)协助军事行动。现代战争中使用移动机器人代替士兵执行危险的任务能最大限度地减少地面部队和非参战人员的伤亡。这类任务有排雷、放哨、搜索、追踪及架设通信设施等。

（3）协助震后搜索与营救。城市搜寻和营救人员只有48h在倒塌的建筑物中寻找被困的幸存者。否则，他们存活的可能性几乎为零。近来发生在一些地区的地震，造成的城市环境的破坏程度超过了现有的营救资源（搜寻和营救专家、狗和探测器等）的能力。由于难以知道大型建筑物破坏的程度，影响了营救人员对该建筑物进行安全、有效的搜索。有时由于人和狗的体积太大，不能到达要搜索的空间。如果能使多移动机器人协助进行这方面的工作，那么将会产生很大的影响。

（4）自动建造。该应用领域涉及大规模结构的装配，如高楼大厦、行星居住区或空间设备。将来，多异质机器人系统将会在空间组装大型空间设备，而这对于人类来说是非常困难的。

（5）教育及娱乐系统。机器人玩具、教育工具及娱乐系统越来越风行，许多这样的系统（如机器人足球）要求多移动机器人之间进行协调。

（6）自动化工厂。工厂实现自动化是发展趋势，为了增加产量、减少劳动成本，提高效率、安全性及总体质量，越来越多的产业在寻求生产自动化设备。这要求有高效、高鲁棒性的异质多移动机器人系统的协作。

（7）清除危险区域。这样的例子有移动机器人扫雷、清扫核废料及清扫灾区。

（8）农业机器人。在艰苦条件下的重体力劳动、单调重复的工作，如喷洒农药、收割及分选作物等有望由多农业机器人系统完成，以解放出大量的人力资源。

1.1.3 多移动机器人系统的性能衡量指标

各个应用领域要求多移动机器人系统要有很高的性能，这些性能由下列指标衡量：

（1）鲁棒性（Robustness）：对机器人出现故障具有鲁棒性。因为许多应用要求连续的作业，即使系统中的个别机器人出现故障或被破坏，这些应用要求机器人利用剩余的资源仍然能够完成任务。

（2）最优化（Optimization）：对动态环境有优化反应。由于有些应用领域涉及的是动态的环境条件，具有根据条件优化系统的反应的能力成为能否成功的关键。

（3）速度（Speed）：对动态环境反应要迅速。如果总是要求将环境信息传输到别的地方进行处理才能做出决策，那么当环境条件变化很快时，决策系统就有可能不能及时提供给机器人如何行动的指令。

（4）可扩展性（Extensibility）：根据不同应用的要求易于扩展以提供新的功能，从而可以完成新的任务。

（5）通信（Communication）：要有处理有限的或不太好的通信的能力。要求应用领域为机器人之间提供理想的通信，这在许多情况下是不现实的，因此，协调体系结构对通信失效要具有很强的鲁棒性。

（6）资源（Resource）：合理利用有限资源的能力。优化利用现有的资源，是优化多移动机器人协调的重要因素。

（7）分配（Allocation）：优化分配任务。多移动机器人系统中一个主要难点就是确定个体机器人的任务，这是设计体系结构时要考虑的重要因素。

（8）异质性（Heterogeneity）：能够应用到异质机器人团队的能力。为了易于规划，许多体系结构以同质机器人为假设条件，如果是异质机器人的情况，协调问题将更困难。成功的体系结构应当对同质机器人和异质机器人都适用。

（9）角色（Roles）：优化指定角色。许多体系结构将机器人限于完成一种角色的功能，但机器人拥有的资源可以完成多种任务。优化指定角色可以使机器人根据当时可以利用的资源尽可能地完成多个角色的功能，并且随着条件的变化而变化。

（10）新输入（New Input）：有处理动态新任务、资源和角色的能力。许多动态性应用领域要求机器人系统能够在运行过程中处理一些变化，如处理新分配的任务、增加新资源或引进新角色。所有这些都由体系结构支持。

（11）灵活性（Flexibility）：易于适应不同的任务。由于不同的应用，有不同的要求，因此通用的体系结构需要有针对不同的问题可以轻松重新配置的能力。

（12）流动性（Fluidity）：易于适应在操作过程中增加或减少机器人。一些应用要求可以在系统运行过程中添加新的机器人成员。同样，在执行任务的过程中系统也要具有适应减少成员或成员失效的现象，合理的体系结构可以处理这些问题。

（13）学习（Learning）：在线适应特定的任务。虽然通用的系统非常有用，但将它用于特定应用上时，通常需要调整一些参数。因此具有在线调整相关参数的能力是非常吸引人的，这在将体系结构转移到其他应用时可以节省许多工作。

（14）实现（Implementation）：能够在物理系统上实现和验证。和其他问题一样，用实际的系统证实更能令人信服。然而要想成功实现物理系统需要解决那些在仿真软件系统上不能发现的细节问题。

表 1 - 1 是目前多移动机器人系统在一些应用领域的性能指标实现情况。其中，"√"表示对应的指标已实现或达到。

表 1 - 1　多移动机器人系统的应用领域和性能指标

应用领域	鲁棒性	最优化	速度	可扩展性	通信	资源	分配	异构性	角色	新输入	灵活性	流动性	学习	实现
自主群体	√	√	√	√	√	√	√	√	√	√	√	√	√	√
城市侦察	√	√	√	√	√	√	√	√	√	√	√	√		√
城市搜索与营救	√	√	√	√	√	√	√	√	√	√	√	√		√
自动建造	√	√	√	√	√	√	√	√	√	√	√	√		√
教育与娱乐	√	√	√	√	√	√	√	√	√	√	√		√	√
自动工厂	√	√	√	√	√	√	√	√	√	√	√	√		√
探索危险区域	√	√	√	√	√	√	√	√	√	√	√	√		√
清除危险地点	√	√	√	√	√	√	√	√	√	√	√	√		√
农业机器人	√	√	√	√	√	√	√	√	√	√				√

1.2　多移动机器人研究的主要内容

多移动机器人的主要研究内容包括体系结构、通信、任务分配、环境感知与定位、可重构机器人以及多移动机器人的学习理论等。本节从其中上述与协同相关的几个研究课题出发，介绍目前在这些方面的研究理论及方法。

1.2.1　多移动机器人协作的体系结构

目前多移动机器人协作的体系结构主要有三种：

（1）集中式，其代表是基于黑板的多 Agent 系统以及 SRI 的 OAA 软件体系。OAA 设计一个代理助手作为控制与协作的中心与各种功能 Agent 组成 C/S 系统结构，其功能远远超过黑板。代理助手负责管理通信、数据、任务分配等，并且将用户当作具有特权的 Agent，即支持异质 Agent 的集成。但该结构灵活性不足，过分依赖协调中心将可能使系统失去该中心时完全瘫痪。

（2）分布式，其代表是 UPENN 提出的 ROCI 以及基于网格、层次化和对象可重构、多模式交互以及 Ad Hoc 网络等软件框架。ROCI 基于已封装的功能模块组成特定任务的 Agent，进而组成团队。软件体系的核心称为 ROCI 核，每个

Agent上都存在一个 ROCI 核的副本,负责管理网络和维护网络上 Agent 组成的数据库,以实现分布式控制。分布式结构具有结构灵活等优点,但在协调机制上,如任务分配、运动规划等方面开销很大。

(3)混合式,是集中式与分布式的折中。系统中多 Agent 组成层次结构,上层的监控 Agent 对下层的受控 Agent 有部分控制能力。该结构既灵活又能够有效协调,其思想与一些应用的实际情况较接近。

早期的多移动机器人系统的研究中,如 ACTRESS 由计算机、机器人和其他专用设备构成,采用合同网进行任务分配和协商。L. E. Parker 提出的 ALLI-ANCE 与 ACTRESS 相比,可以在某个机器人任务失败后由其他机器人来接替。其缺点在于它只能处理可以被分解成独立的子任务的情况,并且没有明显的协商机制,每个机器人通过广播把自身的状态和行为通知其他机器人。Vidal 等提出一种混合层次体系结构,将机器人置于不同的抽象层次,通过层次间通信实现机器人的互操作。该方法在无人地面/空中移动体的追击—逃避游戏中取得了较好的应用效果。

1.2.2　多移动机器人的任务分配

多 Agent 团队中由于各自能力不同,对协作提出了特殊要求。尤其是当多个成员都能完成某任务只是效果不同的情况下,如何合理有效地进行任务分配和调度是一个挑战性的问题。Parker 提出一种 L-ALLIANCE 机制使多机器人团队能够适应成员能力差异、环境状态变化等,保证团队能够长期工作。Murphy 等提出利用情感计算模型在传感—电动机级(反应式)修改主动行为,从而无需集中规划即可产生团队的社会行为,并极大降低了通信需求。基于市场机制的任务分配策略有利于包容异质成员。各机器人根据自己的局部环境信息对某任务的执行效果做出估计,并将估计值向团队中的成员通报,同时所有得到该通报信息的成员根据各自的局部信息也对该任务做出估计且在团队中通报。如果估计的结果是以效用值表示,则团队中对该任务的效用估计值大者获得该任务的执行权。

对于协调问题,近年来该领域研究逐渐从多移动机器人路径规划、编队等传统研究课题转向目标搜索、多移动机器人停驻等问题。Saptharishi 等提出通过检查站和基于统计运动状态估计的动态权限分配策略进行路径规划,并开发出基于视觉的监视及复杂环境中跟踪多运动目标的实验系统。异质多移动机器人团队中由于各个体具有不同的运动、规划等能力,使得协调问题更加复杂。AL-LIANCE 基于行为集合支持异质移动体的集成,但构造基本行为本身就比较困难,而且没有明显的协商机制。此外,还需要关注动态环境的多移动机器人协调路径规划问题。目前解决这个问题的基本方法有两种:一种是基于"空间—时间"的规划方法,它通过给各个机器人设置优先级的思想或交通规则的思想而把问题简化为单个机器人的路径规划问题;另一种是人工势场法,它基于各个机器人的局部信息而确定其当前运动路线。但当机器人的工作空间比较复杂,或者障碍物的形状比较复杂时,上述两种方法都无法保证一定能够产生出无碰撞的运动路线,也保证不了各个机器人一定能够达到各自相应的目的地。此外,也有不少人提出了采用遗传算法来解决这一问题,但遗传算法包括复杂的交叉运算,并采用无记忆的进化模式,收敛速度较慢,计算复杂。

1.2.3 多移动机器人协作环境感知与定位

多移动机器人协作的环境感知与定位需要考虑选择何种控制结构、如何实现协作及相互间的定位、协作创建全局地图等单机器人不需要考虑的问题。目前研究包括采用一种完全分布式的控制结构,多机器人间通过无线网络进行通信,每个机器人通过广播方式把自己的局部地图信息发送到所有机器人。另外一种是分散探索,然后集中环境建模,即各机器人使用相同的算法处理自己的感知数据并创建局部地图,存在一个中央模块将所有的局部环境模型集成为全局环境模型。而对于多个机器人间相互定位问题,一种方法是多移动机器人在待探索的环境中行动时,某个时刻至少有一个机器人是静止的。其他机器人将该静止机器人作为路标,相对其进行自身定位。另一种方法是某时刻只有一个机器人可以行动,其他机器人则组成等边三角形的信标供移动机器人进行定位。这两种方法具有共同的局限性,即某时刻只能有部分机器人可以移动,机器人与作为信标的机器人间必须保持视觉或距离传感方面的"接触"。

在环境建模与定位算法方面,将单机器人的算法扩展到多机器人领域,取得了较高的定位精度,但算法在适应性等方面仍存在很大的问题。S. I. Roumeliotis 和 G. A. Bekey 将 Kalman 滤波算法扩展到多机器人协作建模领域,将一个 Kalman 滤波估计器分解为多个具有通信能力的小滤波器,存在于每个机器人上,相互之间共享内部传感器信息。多机器人团队行动中,各滤波器根据各自外部传感器信息进行位置估计和修正,并相互交流位置信息。实践表明,协作定位精度明显高于单个机器人使用 Kalman 滤波的定位结果。但该方法在估计与更新阶段都忽略了方向不确定性的影响,因而简化了实际环境的噪声分布。Monte Carlo 定位是近年来单机器人建模与定位领域非常流行的热门技术,之后又被扩展到多机器人领域,具体应用于两个机器人协作探索环境的场合。当两个机器人互相探测到对方时,各自对定位位置估计的信念由于互相印证而得到加强,从而可以比单个机器人更快地收敛到相对精确的估计位置。但目前该方法还只能应用于室内环境,且由于彼此探测时忽略了探测信息的相互依赖,有可能导致过分乐观的位置估计。

目前,大多数多机器人团队协作时只能针对同种传感器以方便融合,有效利用异质传感器融合的多机器人协作环境识别与目标定位还很少见。事实上,各种传感器具有各自的优点。声纳能够较精确探测机器人间的距离,但杂波较多。立体视觉既能探测距离也能探测方向。近年来激光雷达逐渐取代声纳成为测距传感器的主流,融合视觉传感器与激光雷达数据进行协作建模是异质传感信息融合的有益尝试。但目前,这些融合还只是严格约束条件下的像素级融合。

1.2.4 多移动机器人团队的重构技术

重构是针对多移动机器人的故障或任务要求重新配置或重新组织的方法,其目的在于屏蔽发生故障的移动机器人或部件对其他移动机器人和部件的影响,以尽可能最大程度地完成预定任务;或者通过重构满足不同任务要求。

对于多移动机器人系统,重构研究主要集中在可重构机器人,即通过独立模块重新组织或连接而形成不同形状以满足不同功能要求,甚至可实现自修复。L. E. Parker 研究了基于动机行为的异质多机器人容错机制,为机器人赋予“急躁”(Impatience)与“默许”(Acquiescence)两种内部动机。“急躁”导致机器人对某一行为的动机增强而取代其他可能不能顺利完成任务(例如出现故障)的机器人,从而实现对机器人团队内其他成员失效的容错;“默许”导致机器人放弃某个未能完成的任务以实现对自身的容错。受生物启发,有专家还提出了一种基于激素通信机制的自适应通信协议。单个“激素”信号可以在整个模块网络间传递,但导致不同的模块根据其局部接收器,传感器,拓扑连接以及状态信息等不同而做出不同的反应。

1.2.5 多移动机器人的机器学习

由于实时环境瞬息万变,不可能在研制期间完全预知未来的环境变化情况并做出完善的对策,因此必须研究相应的机器学习理论与方法以提高移动体个体及团队的灵活自治性和适应性。

近年来,机器学习已取得了一些突破性进展,其中包括增强学习理论和算法研究、进化学习算法和应用研究等。上述机器学习理论和方法为复杂和未知环境中的多机器人协作信息提取、环境理解、任务规划与行为决策等提供了有效的解决途径。

经典的增强学习仅适用于解决单机器人的马尔科夫决策问题（Markov Decision Process，MDP），而多机器人系统中由于机器人间的相互影响，不是一个完全的 MDP 过程。因此提出并证明一个多 Agent 系统（MAS，又称多智能体系统）的增强学习理论系统的任务就迫在眉睫。Junlung Hu 在 1998 年证明了应用在线 Q－学习实现的动态环境下的多 Agent 协作最终会收敛到 Nash 平衡点，为 MAS 中使用增强学习提供了理论基础。在此基础上，增强学习在多机器人协作领域得到越来越多的应用，分布式增强学习逐渐成为新的研究热点。目前，在真实环境中受传感能力等制约，环境最多只可能模型化为部分可观测马尔科夫决策过程（POMDP，Paritally Observable Markov Decision Process）情况下，如何最大化奖励总和（增强信号），仍是需要解决的问题。

进化学习包括群体进化学习和个体发展学习，协进化策略是近年该领域研究的热点，为解决机器学习、复杂系统动态自适应等问题提供了一种重要的途径。传统遗传算法（GA）在处理复杂的、多目标、多变量优化问题时，往往存在早熟或收敛慢等问题，并且只适用于单个个体的进化。而协进化算法借鉴生态学的种群协同理论，通过构造多个种群，建立它们之间的竞争或共生关系，多个种群相互驱使来提高各自性能和复杂性。其中共生协同进化适合用于能自然分解成相互作用或相互合作的问题，每一个子模块用单独的种群进化，通过问题分解使搜索空间变小，并更容易维持多样性。竞争协同进化适合于求解比较容易获得测试例子的问题，通过问题的解和测试例子一起进化，相互驱使提高各自性能和复杂性，使得参与竞争的种群不断提高复杂度。

但是协进化学习还面临着一些问题，体现在：①目前建立的协同进化模型没有充分考虑生态系统的特性，如时滞性、关键种等；②研究在新环境和动态变化环境 MAS 中协同算法的应用也是很多工作指出的进一步研究方向；③问题如何自动分解，以自动构造协同种群也值得研究。因此，进化学习是否能持续有效、进化结果是否可以进一步扩展到有人参与的团队协同等复杂行为等问题都值得深入探讨。

1.3 多移动机器人系统研究趋势

虽然在多移动机器人技术方面已经有了一些成果，但每个关键问题都没有得到完美的解决。另外，随着对多移动机器人研究的深入开展，人们对多移动机器人系统的功能和实用性要求也越来越高。当前及今后的研究趋势将主要着重于包含人的异质多移动机器人系统及具有容错机制的多移动机器人系统等来展开。

1.3.1 异质多移动机器人系统

近年来,国外对异质多移动机器人协作问题的研究逐渐增多,但国内还很少见,特别是有人参与的多移动机器人协作始终是一个具有挑战性的开放问题。异质移动机器人在所携带的传感器、处理信息的形式和处理信息的能力等方面存在很大差异,因此对以下各方面问题的解决都提出了新的要求。

1. 异质成员间的通信问题

异质多移动机器人间的通信问题是一个比较关键和急需解决的问题。由于团队中不同机器人具有不同的结构、通信能力和信息表达方式,所执行的任务也五花八门,因此设计一种通用的描述语言是非常困难的。此外,还需要考虑通信的开销问题。最理想情况是能够达到按需通信,即在需要的时候某两个机器人才进行通信,在不需要的时候就不通信,这样可以减少整个团队的消耗。

2. 异质成员间任务分配的优化问题

异质团队的优势在于能够根据具体的任务分配不同能力的机器人去完成,达到"人尽其材,物尽其用"。真正做到任务分配优化,就要了解不同机器人的能力,在具体情况下根据机器人所处的状态,将任务分解成多个子任务分配给机器人。其难点主要体现在两个方面:

(1)任务的分解。任务分解是否合理直接影响到任务分配是否达到优化。目前对任务的分解主要根据距离、时间、场合等,很多实际任务是比较难分解的。

(2)子任务的分配。在将任务分解成多个子任务后,应该根据机器人的能力和当前状态来分配子任务。这是一个优化问题,需要考虑众多因素,如所携带的传感器、机器人的速度和灵活程度、机器人的计算能力和通信能力以及当前机器人是否空闲、机器人以前做类似任务时的完成情况等。

3. 异质成员间的信息融合问题

异质多移动机器人团队可以携带更多不同种类的传感器,从而具有不同的功能以完成不同的任务。这样一个异质团队共同合作时,为了完成最终的目标,必不可少需要信息融合。异质间的信息融合就包括了单个机器人上不同传感器的信息融合和机器人与机器人间的信息融合。例如,当异质团队共同完成环境探测时,将视觉信息与激光雷动或声纳信息融合生成单个机器人的局部地图,然后将多个机器人的局部地图信息融合成一个全局地图。因此,异质多机器人间的信息融合涉及到信息表示、匹配、相关以及如何处理不确定性和如何提高处理速度等等难点问题。

1.3.2 具有容错机制的多移动机器人系统

多移动机器人在执行任务过程中容易出现所携带的传感器失效或性能下降,与环境中不可见目标或动态目标冲撞等故障。这些故障不仅影响传感器读数导致很大的定位和建图误差,还直接危及机器人的安全,所以对多移动机器人的故障诊断与容错的研究有重要意义。目前主要在故障模型与传感器误差模型、多模型自适应估计方法、粒子滤波方法、信息融合方法、基于知识的方法、基于定性模型的方法以及层次容错结构等方面进行了深入研究。对于移动机器人故障诊断的难点在于:机器人是资源受限的非线性非高斯系统(如非高斯的噪声模型),难以建立精确的故障模型,对系统以及环境的先验知识稀少。为克服上述问题,基于粒子滤波器的方法正受到越来越多的关注。粒子滤波器可以同时估计离散和连续状态,可以处理非线性非高斯问题,计算复杂度可以根据粒子数目调整。因此粒子滤波器被认为是实现移动机器人实时故障诊断的理想工具。提出克服退化问题以及样本枯竭问题的实用的粒子滤波器算法也是今后研究的一个方向。另外对于环境探索过程中可能被动态障碍物碰撞、被不可见障碍阻挡等安全隐患,也要研究好的检测方法及策略。

2

多机器人体系结构

　　多机器人技术(Multiple Pobotics)是机器人学发展的一个新方向,与单机器人系统相比多机器人的使用有许多明显的优点,能比单机器人更加有效地完成一些任务。而且使用多个低成本的机器人会产生冗余,从而比一个强大而昂贵的机器人具有更好的容错性。多机器人系统具有更广泛的任务领域、更好的鲁棒性、更低的经济成本,并且其分布式的感知与作用和内在的并行性使多机器人系统具有更高的工作效率。因此,多机器人技术现在已经成为了机器人学发展的一个主要方向。

　　早期的几个有影响的多机器人系统包括:L. E. Parker 的 ALLIANCE 和 LALLIANCE,使多机器人团队能够适应成员能力差异、环境状态变化等,保证团队能够长期工作;Alberta 大学研究小组开发的 Collective Robotics 实验系统与 GOFER 系统;Oak Ridge 实验室的 Cooperative Robotics 实验系统;美国 USC 大学的 Socially Mobile 和 The Nerd Herd 实验系统;中科院沈阳自动化所的 MRCAS 系统等。

　　多机器人系统的体系结构定义了整个系统内各个机器人之间的相互关系和功能分配,确定了系统和各机器人之间的信息流通关系及其逻辑上的拓扑结构,给出了控制多机器人并使其可以协调合作的机制和计算结构。

体系结构是一种模式,它包括环境信息,机器人间的控制关系以及解决分布式问题的能力。在分布式协作问题的求解过程中,体系结构为每个机器人以及整个群体提供了如何解决问题的高层观点,确定了每个机器人在结构中的地位。这样多机器人可以确保获得协作,从而能够成功地解决问题。对多机器人系统而言,体系结构的选择将直接影响机器人的自主性和自适应程度。

2.1　多机器人体系结构概述

在多机器人的体系结构中,主要的结构有集中式控制、分布式控制和混合式控制。

在如图 2 – 1 (a)的集中式控制中,通常存在一个功能相对强大的机器人作为群体机器人的"leader",对在其控制下的机器人进行集中控制,所有机器人传感器信息均传送给这个"leader"集中分析处理后,再对每个机器人做出具体的下一步动作规划,如实现任务的分配、相互的调度和动作的选择。在这种体系结构中,机器人本身是一个执行体,没有自己选择动作和进行相互协调的能力,早期的多机器人系统大都如此。这种结构的优点是机器人间的协调效率较高,缺点则主要体现在系统中的主控方需要耗费大量资源、执行机器人仅体现少量智能、系统被局限到一些数目固定的机器人中,系统的容错性只能限定在一些小范围内的错误中,主控机器的故障直接导致系统的崩溃。因此系统的灵活性、自主性、可扩展性和鲁棒性都比较差,无法用于非结构化、动态环境。

分布式控制是每个机器人都有自己的智能,完全按照自己的意愿来选择动作,如图 2 – 1 (b)所示,各成员机器人具有高度自主自治能力,平等、自主地协同完成给定任务,没有主控单元,机器人之间相互之间可以进行通信,交流信息以协调各自行为。它的优点就是系统的可扩展性较强,有较好的容错能力,但这种结构的缺点是对通信要求较高,每个机器人由于只考虑自己而不顾及别人,导致系统的整体性以及协调性就会较差,多边协商效率较低,比较容易产生冲突,有时无法保证全局目标的实现。国外对分布式体系结构研究的系统有许多。ACTRESS 系统是由日本 Asama H. 等人提出的通过设计底层的通信结构而把机器人、周边设备和计算机等连接起来的自治多机器人智能系统,这个系统的主要特点是系统的单个动作和合作动作的并存。日本名古屋大学的 Fukuda 教授提出的 CEBOT 系统被认为是对移动机器人团队协同工作研究的首次尝试。系统中每个机器人可以自主地运动,没有全局的世界模型,整个系统没有集中控制,可以根据任务和环境动态重构系统的体系结构、可以具有学习和适应的群体智

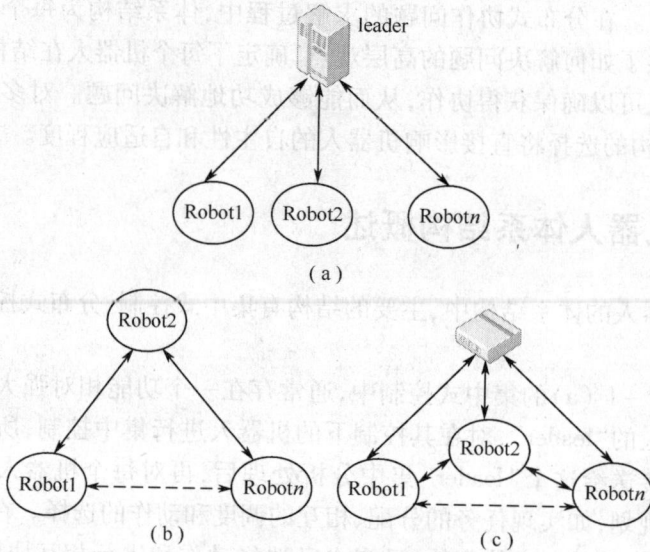

图 2-1 多机器人体系结构
(a)集中式；(b)分布式；(c)混合式。

能,具有分布式的体系结构。SWARM 系统是由许多无差别的自治机器人组成的分布式系统,其主要特点是构成系统的各机器人本身被认为无智能,它们在组成系统后,通过交互可呈现出群体的智能行为。

集中式结构由于采用全局信息集中规划,使得系统的规划较为优化。但信息传递延时等因素也使其实时性和工作效率不高。而分布式结构在实时性和容错可靠性等方面有一定的优势,但由于个体缺乏全局信息和规划,使其动作对总体任务来说未必是最优化的。因此,出现了对结合二者的混合式体系结构的研究。如图 2-1(c),与分布式不同的地方在于它存在局部的集中。在这种结构中,每个机器人被看作独立的智能体(Agent),多机器人系统组成一个多 Agents(Multi-Agents)系统。每个机器人能作用于自身和环境,并能对环境做出反应。每一个智能体都具有自治性、通信能力、推理和规划能力、协作能力及感知能力。每个机器人都能自行控制其状态和行为,并能用通信语言与其他实体交换信息;能够感知外部环境,并根据不同的情况进行推理和规划,解决自身或传递自身领域内的各类问题;多个机器人能够协同完成任务,协调和合作解决复杂问题;具有反应性、能动性、持续性、机动性和可移动性、可靠性、诚实性和理智性等特点。混合式控制的核心就是把整个系统分成若干智能、自治的子系统,它们在物理和地理上分散,既可以分布式的独立执行任务,同时又可通过通信交换信息,相互协调,完成协作任务,这对完成大规模和复杂的任务无疑是富有吸引力的,能够满足多机器人系统适应复杂环境的需求。Le Pape 提出的 GOFER 结构,采用联合集中式和分布式的多机器体系结构完成搬运箱子的任务;上海交通大学陈卫东等采用递阶混合式结构进行多机器人编队和收集垃圾的实验。混合式控制是将集中式和完全分布式控制结合起来的一种多机器人体系结构。

2.2　面向探测任务的单机器人体系结构

机器人的体系结构取决于它们要执行的任务以及执行这些任务的环境,在这个环境中,对不可预料和正在改变着的环境状态的反应应该是快速和果断的。环境探测是机器人系统的主要任务之一,目前机器人在空间探索、危险环境的探查和取样,以及战争侦察、城市救灾、排爆、反恐防化等领域都得到了广泛的应用。由于进行环境探测的机器人一般工作在非结构化的复杂环境中,因此,研究具有局部自主能力的、可以通过人机交互方式进行操作的半自主移动机器人是其发展的重要方向。

执行环境探测任务的移动机器人一般都配备多种传感器组成的复杂感觉系统,并具备全面获取环境信息能力,其基本的任务需求包括:

(1)执行复杂环境探测任务。移动机器人在执行复杂环境探测任务时,要求在移动方面应具备在碎石、草坪和楼道等地方通行的能力,并且对于一些非结构化的复杂环境,机器人无法实现全自主运行时,应具备由人来进行远程式操作与控制的功能。

(2)执行周围环境监测任务。移动机器人在执行周围环境监测时,要求利用自身携带的常规环境传感器,如声纳、红外、摄像头等对探测区域的地形、环境参数等进行探查。

(3)执行大规模搜索任务。移动机器人在执行大规模搜索任务时,由于机器人体积与质量的限制,其能携带的能源有限。因此执行任务时的核心问题是,如何有效地优化运动轨迹,在有限的能源条件下,共同协作完成更大范围的搜索任务。

根据任务的需求,移动机器人应该具有一定的自治特性,并能够相互通信,实现多机器人的协作,还应该能够接受控制命令,实现人工干预,为此单个移动机器人采用分层递阶的四层结构,包括感知执行层、行为规划层、任务决策层和通信层,其总体结构如图 2-2 所示。

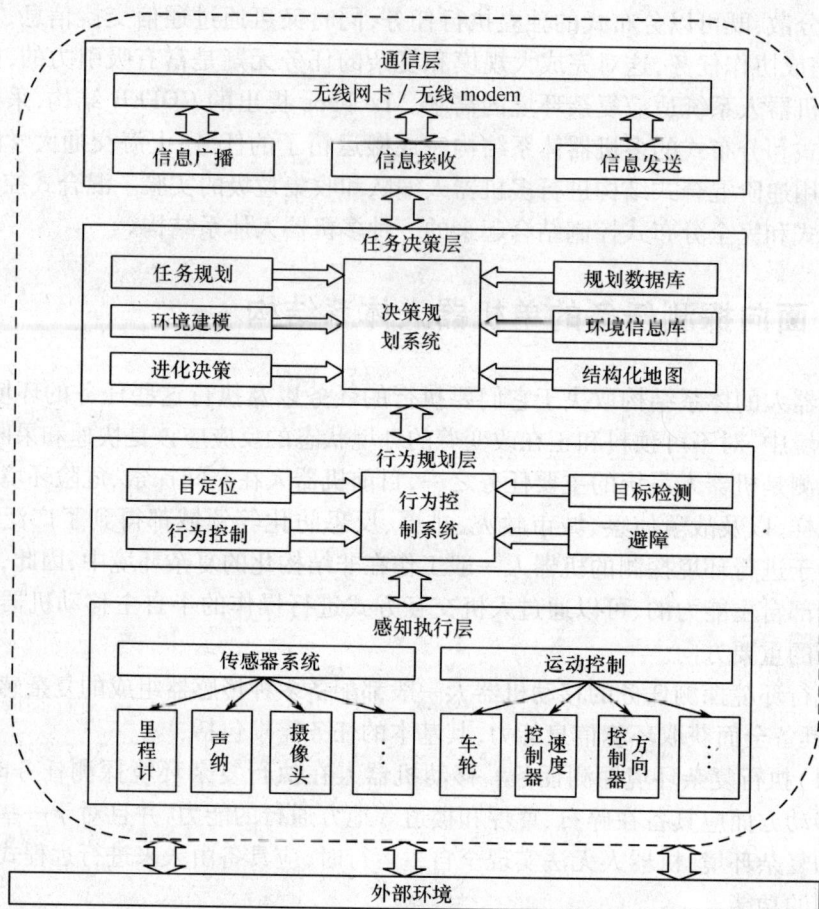

图 2-2　单个机器人体系结构

感知执行层是在机器人本体上实现,由传感器系统和运动控制机构组成。传感器系统是整个系统的信息输入点,提供各种传感器的感知数据,如声纳测量值、激光测距仪数据以及里程仪提供的位置信息、摄像头传感器提供的图像信息等,也负责对感知数据进行初步的处理,完成局部地图创建。运动控制机构对移动机器人的行为进行控制,根据当前感知的环境信息和目标设定,将移动机器人的运动控制变量输送到电机,改变运动的方向和速度。

行为规划层完成一些基本功能和行为,包括自定位、行为控制、目标检测和避障。自定位模块感知层输入的局部地图、全局地图和机器人的感知信息,计算机器人的当前位置。行为控制根据任务规划的结果产生机器人完成任务的动作序列。避障模块采用基于免疫网络的局部路径规划,以实现在线避碰。目标检测根据传感器信息和目标信息识别目标。

任务决策层对每个机器人所分配到的子任务进行建模并完成任务规划,根据传感器信息与图像信息构建环境模型。进化决策模块结合历史环境信息数据、局部状态表以及本位姿态信息等对机器人进行全局路径规划与调整。

通信层负责连接所有机器人,在机器人之间共享信息,并通过远程控制接口接收控制命令,传送到任务决策层,实现人工干预。当移动机器人运行时,自定位模块定时对移动机器人内部定位系统采样,获取当前位姿信息;随后,移动机器人通过通信模块将自身位姿信息向机器人群进行广播;同时,通过通信模块接收相关机器人传送的位姿信息;也可以通过通信模块向特定机器人发送和接收相关信息。

2.3　协作多机器人体系结构

随着多机器人技术的日益发展,越来越多的复杂的作业依靠单个机器人的能力已经难以完成,多机器人系统的应用越来越广泛,一个相互协调的多机器人系统有着单个机器人系统所无法比拟的优势。多机器人系统的组织与控制方法对系统性能的影响极大,如何组织由多个机器人构成的群体,以及在这样的群体中如何实现多机器人的协调问题已成为当前的机器人研究领域的一个新课题,具有重要的理论和现实意义。

为使多机器人系统具有协调协作的能力,利用通信机制使得每个机器人在分别获取自身位姿的前提下,各个机器人通过通信信道交换和共享相关成员的各类信息,然后通过计算得到相关各成员之间相对位姿与状态,并通过协作控制算法完成协作任务。基于协作的多机器人体系结构采用分布式与集中式混合的四层递阶式智能控制系统。通过多机器人之间的协作,实现规划决策、环境建模、视觉信息处理、运动控制、制导信息融合等功能,体系结构如图2－3所示。

采用集中式结构的系统复杂性低,有利于整体性能的优化,但对主控机器人的要求很高,不利于并行处理,而且对于动态、复杂的环境缺乏适应性;分布式结构在可靠性、容错性、并行处理和可伸缩性等方面优于集中式结构,但系统的整体性以及协调性比较差;集中和分布式混合的结构介于集中式和分布式之间,各机器人的基本行为和一些简单任务由机器人自己自主完成,但局部又存在集中,当面临复杂任务和需要协作的任务时,可以集中规划,协调处理。

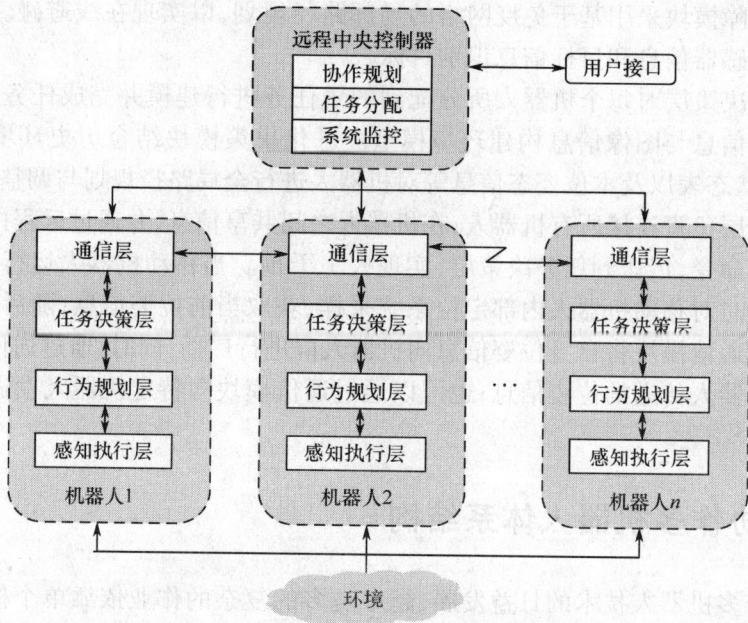

图 2-3　基于协作的多机器人体系结构

由图 2-3 中的远程中央控制器就是完成需要集中规划的任务的部分,该部分通过无线网络与各个机器人相连,包括了协作规划、任务分配和系统监控三个主要模块。

全局规划模块负责对任务的协调规划,包括全局地图创建、全局路径规划等。全局地图创建将在不同时刻、不同地点,不同机器人提供的各自的局部地图合并,把它们融合为单一的环境地图,以建立环境的全局地图。全局地图创建模块向自定位、任务分配、路径规划模块提供全局地图信息,同时监控模块也需要实时的获取全局地图以显示地图变化;全局路径规划模块对每个移动体各自规划的路径进行协调,根据已知的环境信息,采用协同进化方法为每个机器人生成各自的避碰、避障和符合优化条件的安全行驶路径。

任务分配模块负责将需要协作完成的任务根据每个机器人的情况进行任务的分解和分配,包括目标跟踪任务分配:根据颜色或运动信息检测目标,并根据各移动体目前的状况分配跟踪任务,指定跟踪对象;停驻任务分配:在当前全局地图中设定多个探索目标,并把这些目标根据各个机器人的当前位置和能力分配给它们,分配原则是提高多机器人的探索效率,其输出是各个机器人与对应的探索目标位置,并提供给路径规划模块。

系统监控模块通过人机接口提供对所有机器人状态信息的监控、监视,显示地图创建任务的进度,包括当前全局地图和各机器人位置、速度、方向等各类信息。提供较好的人机界面,能够直接输入控制命令,允许人工干预规划和分配的结果,提高执行任务的准确性。

在本系统中多机器人的全局络经规划采用协同进化的策略进行,这就要求每个机器人的思维推理机制中都有一个进化算法,对应一个进化种群,多个机器人就有多个进化种群。但是,每个机器人的进化并不是独立的,而是与系统中其他机器人的进化算法按照协同进化机制共同进化。在对某一个机器人进化种群中的个体进行评价时,不仅要考虑其自身的表现,更重要的是必须考虑它与其他机器人的相互联系及协作关系。要做到这些,各个机器人必须具有共享的记忆单元,记录其各自的进化过程和协作行为的产生,这些都在中央控制器的全局规划模块中实现。多机器人协同进化的运行机制如图2-4所示。

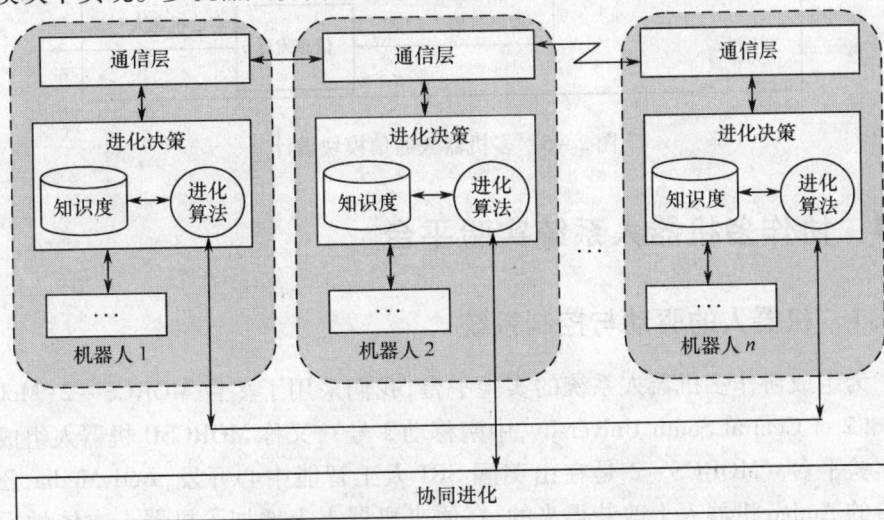

图2-4 多机器人协同进化的运行机制

多机器人之间的协作体现在机器人与环境、机器人与其他机器人的交互过程中,机器人通过传感器感知周围环境,通过通信获得其他机器人和它本身传感器探测范围之外的其他事物的信息,并通过自身行为对环境产生影响,进而影响到其他机器人的感知信息,影响到其他机器人的行为。因此,建立机器人与外界的通信交互过程是多机器人体系结构的核心,机器人对环境的感知,以及机器人和其他机器人的通信交互过程体现了机器人从环境中获取信息、进行思考、执行动作,最终影响环境和其他机器人的过程。

为达到全双工、可靠的信道传输,机器人的通信层采用了 TCP/IP 协议,运用 Socket 网络编程技术加以实现。通信模块被划分为信息广播、信息发送和信息接收模块。信息广播模块是各机器人与远程中央控制器的通信模块,被用于定时接收和发送机器人位姿信息,以保证控制实时性指标和对机器人的监控。信息发送和接收模块被用于不定时接收和发送机器人之间的对话信息,接收控制指令等,多机器人通信模块的设计如图 2-5 所示。

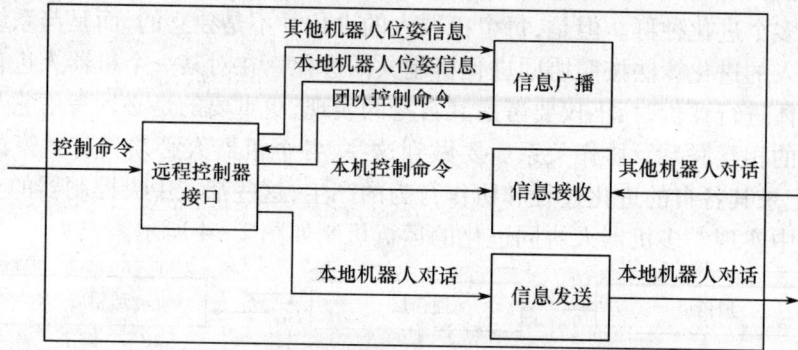

图 2-5 多机器人通信模块设计

2.4 协作多机器人系统实验平台

2.4.1 机器人的驱动与控制系统

为组成协作多机器人系统的实验平台,我们采用了多台 MORCS-2(Mobile Robot 2 of Central South University,中南移动 2 号),又称 MORCSII 机器人组成系统实验平台。MORCS-2 是在由美国 SRI 人工智能中心开发,ActivMedia 公司制造的 Amigo 机器人上改装得来的,在原来机器人上增加了机器人本体的操作系统,使得每个机器人都具有了独立思考推理和通信的能力。改造后的机器人如图 2-6 所示。

MORCS-2 机器人的移动平台包括两个可独立驱动的驱动轮和一个被动的支撑轮,可实现平面 X、Y 平动及 θ 角转动,直线最大运动速度为 750mm/s,利用内部联动的光电码盘,采用测程法实现定位。经过改造后,系统采用主频 667M 的 6310 工控版,内部存储器 256M,与 Pioneer 1 微控制器通过 RS232 串行通信构成 Server-Client 模式,实现低层的运动控制和传感器数据采集与高层的规划与协调的交互,MORCS-2 的控制结构如图 2-7 所示。自身携带电池,可实现

（a）　　　　　　　　　　（b）

图 2-6　MORCS-2 机器人及机器人团队

（a）MORCS-2 机器人；（b）MORCS-2 机器人团队。

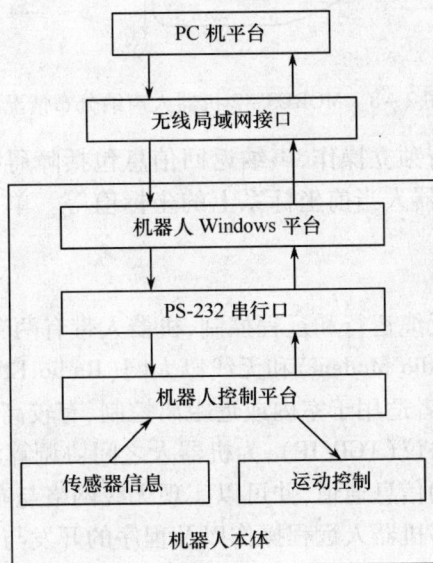

图 2-7　MORCS-2 控制结构

全无缆化操作。

2.4.2　传感和通信系统

1. 声纳系统

传感器系统是机器人感知环境的媒介，是机器人智能化的突出表现。MORCS-2 机器人的传感器系统主要由声纳构成。

　　机器人有 8 个声纳组成的声纳环,其中前方四个声纳,包括正前方两个,左右两侧各一个声纳,以及正后方两个声纳。可提供 360°的环境探测数据。其声纳分布情况如图 2 - 8 所示。

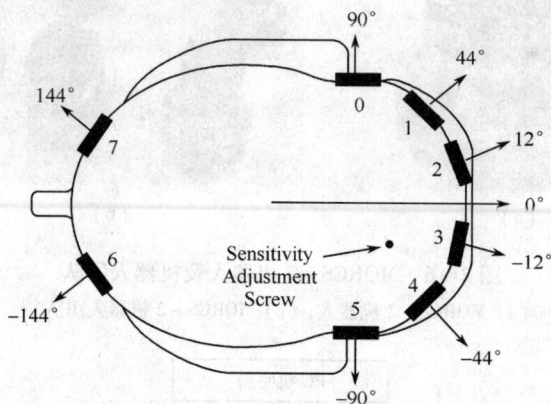

图 2 - 8　MORCS - 2 机器人声纳分布情况

　　每个声纳都可进行独立操作,声纳返回信息包括障碍物与机器人中心点的距离,以及障碍物在机器人当前坐标系上的坐标值等。单个声纳的测量范围为 10cm ~ 500cm。

2. 通信系统

　　为实现机器人的无缆运行和远程控制,机器人带有两套无线通信系统,分别是无线调制解调器(Radio Modem)和无线以太网(Radio Ethernet)。前者适用于室外或远距离控制;后者适用于室内或近距离控制,有较高的通信速度(3Mb/s)和普遍支持的以太网协议(TCP/IP),为机器人之间协调算法的实现和视觉图像传输提供了相对宽松的信息通道,并可以实现无线网络与有线网络的无缝连接,便于实现基于网络的多机器人远程操作以及程序的开发与调试。

2.5　协作多机器人软件平台

2.5.1　协作多机器人系统功能结构

　　为实现集中和分布式混合的控制结构,协作多机器人的软件系统分为两个部分:远程中央控制平台和移动机器人平台,分别安装在中央控制器和各个移动机器人上。其中机器人端的程序主要实现一些自己就可以完成的简单任务和行为的规划;控制台端主要实现对机器人团队的监控,从控制台可看到每个机器人的位置、速度等相关信息,还能直接对每个机器人体发布控制命令,对其行为进行主动干预和控制,同时控制台也负责定时地将各机器人的位姿信息进行广播。在执行复杂和需要协作的任务时,也通过控制台程序对各机器人的规划结果进行协调,控制台和机器人通过无线网络连接。控制台端系统的软件结构如图 2-9所示。

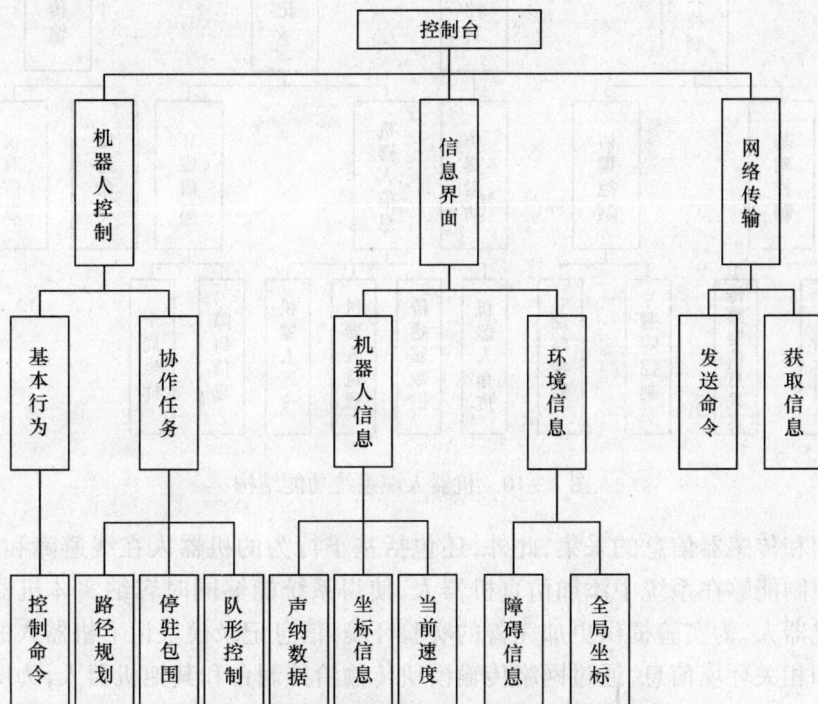

图 2-9　控制台端系统软件结构

控制台功能模块主要分为机器人控制、信息界面和网络传输三个部分,机器人控制模块可直接对机器人团队或个体发布命令,控制其基本行为,包括前进、后退、左转、右转等,同时对于需要协作完成的任务,也由这个部分来进行协调;信息界面的主要功能就是提供一个友好的人机接口,实现对各个机器人的实时监控和环境信息的显示;网络传输模块则与各机器人端的程序通信,获得每个机器人的局部信息,并传输控制命令和全局信息等给各个机器人。

图 2-10 所示为机器人端系统的功能结构,机器人端功能主要分为机器人控制、仿真控制、信息记录和网络传输四个部分。

机器人控制模块直接与机器人的运动和传感系统相连接,负责机器人的运

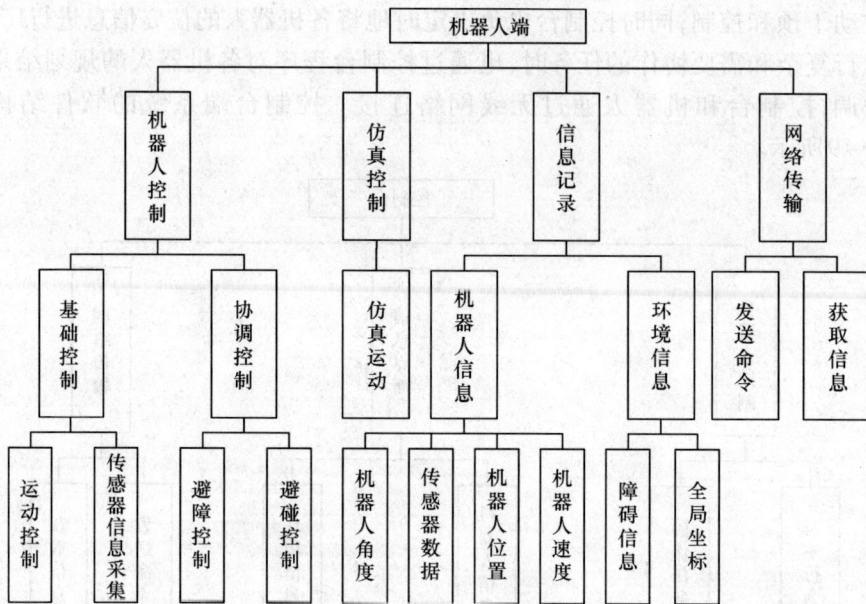

图 2 - 10 机器人端系统功能结构

动控制和传感器信息的采集,此外,还包括基于行为的机器人在线避障和避碰;仿真控制能够在系统中添加仿真机器人,使得系统能够同时容纳实体机器人和仿真机器人,为实验提供更加完善的实验环境;信息记录模块记下机器人的位姿信息和相关环境信息,通过网络传输模块传输给控制台和其他机器人,为协作任务和系统监控提供数据支持。

2.5.2 协作多机器人系统控制平台

在前述多机器人协作系统的设计基础上,在 Windows 操作系统下,采用 VC6.0 集成开发环境,开发了多机器人的系统软件。图 2 - 11 给出了该系统的主控界面。

系统界面被划分为两个主要区域,左边是信息显示区,右边则是图形监控区。在左边的区域中还有一些控制按钮,可以控制机器人的前进、后退、转角等基本行为,而在编辑框中则根据列表框中选中的机器人,相应的显示该机器人的速度、角度、位置、方向等信息。此外最上面的消息框则显示发布的控制命令。右边的区域以图形的方式按一定比例尺显示环境地图,以及机器人在环境地图

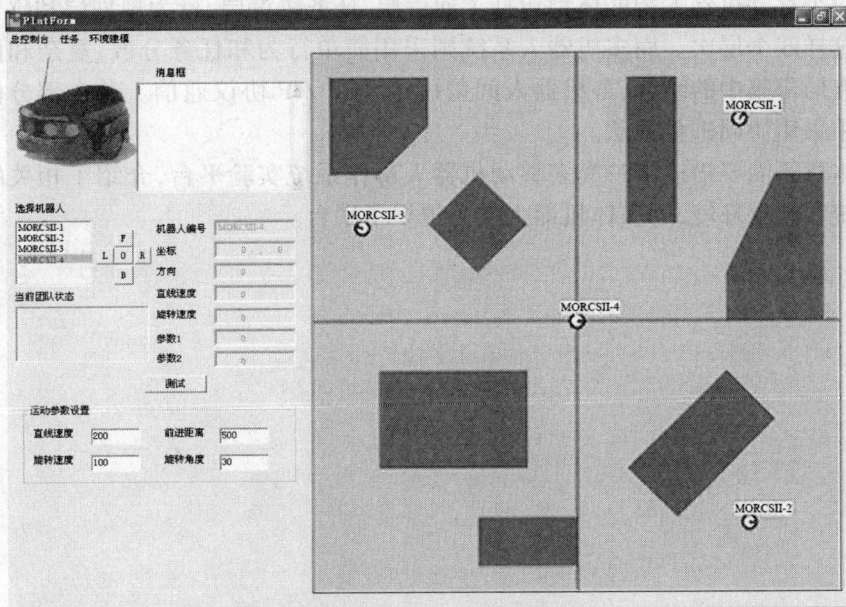

图 2 – 11　多机器人系统主控界面

中的位置和移动情况,便于直观地对机器人进行监控。

　　机器人端的程序通过 WinSocket 接口,采用 TCP/IP 协议与控制端连接,当一个机器人连接成功,主控程序将该机器人的坐标转换成全局地图坐标,并在地图中显示该机器人的位置,图 2 – 11 中的显示表示现在有 4 个机器人连入了系统。

　　特别的是,由于在机器人端程序中还包括了仿真控制的部分,所以系统也支持仿真机器人的接入,在图 2 – 11 中所示的 4 个机器人中有两个是仿真机器人。

　　机器人端的程序虽然也有显示界面,但那主要是为调试程序方便而设的,由于机器人并不携带显示屏,所以一般情况下,该界面并不可见。

2.6　小结

　　系统体系结构的设计,是研究和实现多移动机器人协作系统首要考虑的问题之一。本章首先对多机器人体系结构做了一个简单的回顾,,综合了探测机器人应当具备的能力,提出了面向探测任务四层递阶式机器人体系结构,并在此基础上提出了一种集中和分布式结合的,基于通信机制的多机器人系统体系结构。

每个移动机器人智能体都包括了通信层、任务决策层、行为规划层和感知执行层这样四个层次。而多机器人系统则采用简单行为和任务分散,复杂和协作任务有局部集中的结构,各机器人间采用了 TCP/IP 协议通信。并在部分任务决策中采用协同进化方法。

本章还简要描述了一类多移动机器人协作系统实验平台,介绍了相关的硬件系统和软件环境,为实体机器人实验提供了平台。

3

多移动机器人通信

3.1 多移动机器人通信机制的研究

单个机器人获得外界信息的能力十分有限。随着任务的复杂化，单个机器人执行任务的缺点越来越明显，有些任务对单个机器人来说是很难或者无法完成的。所以在需要高效完成复杂任务时，采用多机器人团队协作完成任务是一个较好的选择。

多机器人联合执行任务时，它们需通过信息交流来进行多机器人间的同步或协调，如坐标确定、路径规划、防止死锁、避免碰撞等。为了保持多机器人间的协调与合作，更加全面的了解多机器人执行任务的环境，机器人之间就需要通过交互从而更好的完成给定的任务。机器人间的交互方式可分为以下三种主要类型：

（1）通过通信交互。通信交互是指借用已有的计算机网络技术（如网络拓扑和通信协议），每个机器人之间可传递信息来交互。以这种形式交互的方式类似于计算机网络通信。然而，多机器人系统的通信方式与计算机网络通信有很大的不同。当系统中机器人的数量成倍增加或者通信网络拓扑变化频繁时，通信网络的负担将会使多机器人系统的运行效率显著下降。

（2）通过感知交互。通过感知交互是指，机器人可以通过各种传感器（如超声波、红外、机器视觉）而非通过外在通信进行交互。这种交互方式要求机器人能分辨出组内的其他机器人或环境中的物体，因此这种交互也称为"亲属识别"

（Kin Recongnition）。

（3）通过环境交互。这种形式的交互也被称为"无通信协作"。通信系统中每个机器人都作为环境的一部分,机器人之间没有直接联系但仍可通过环境感知附近组员的位置。通过环境进行交互时,该交互方式就是一种最简单的但却受限最多的方式。

还有一些交互机制,就像动物群体中使用的化学通信机制一样,随着时间而逐渐的减弱。机器人群体行为可以使用这种交互方式,此时机器人传感器信息融合和有效利用都是值得研究的问题。

综上所述,机器人之间交互的方式和多机器人的通信结构是相互关联的,在后面的章节当中,将介绍多机器人通信研究的研究现状和主要内容,最后介绍作者在实际的项目当中的一些通信系统设计与实现的工作。

3.1 多移动机器人通信机制的研究

在多移动机器人通信方面,目前大量的研究工作都集中在对通信语言的表示法和这些表示法所处的现实世界的背景知识的研究上。在计算机网络中广泛应用的物理链路形式、传输方式、通信协议等为多移动机器人系统的通信机制提供了基本的解决方案,然而由于多移动机器人系统通信的实时性、可靠性等方面具有特殊要求,针对适用于多移动机器人系统分布式控制结构的通信机制的研究具有重要意义。

目前,对多移动机器人通信机制的研究已取得了一定的进展,这方面的研究主要包括多移动机器人通信方式,多移动机器人通信内容和语言,多移动机器人通信网络拓扑结构,多移动机器人通信协议,基于网络的多移动机器人协作、定位及覆盖研究等方面。然而这些技术远未成熟,还要进行大量的研究以实现不可靠通信环境中多移动机器人群体的可靠性运行。

3.1.1 多移动机器人通信系统研究现状

随着多移动机器人研究的深入,除了经典的 CEBOT、ACTRESS、SWARM、GO-FER、ALLIANCE 多机器人系统,各个研究机构不断研究出了新的多移动机器人通信平台 Cougaar、MinDART、CoCoA。下面简要介绍这些有代表性的通信解决方案。

1. 国外的多移动机器人系统现状

1）Cougaar

近年来,分布式多艾真体系统技术已经很成熟了,有强大的处理数据的能力。但是关于可量测性、安全性和抗毁性的疑虑使它的应用受到了很大的限制，尤其是在未知环境中有可能遇到的各种复杂情况。目前，虽然有很多研究人员致力于自主机器人方面的研究，有很多针对特定平台研制的系统和应用程序，却没有一个机器人控制体系结构的高级标准。机器人系统没有一个统一标准的软件框架或平台，因此进行了大量的重复劳动。

Cougaar 源于 ALP 项目（DARPA 的一个子项目）。该项目主要工作是开发基于 JAVA 的分布式艾真体套件 Cougaar MicroEdition。该套件可以运行在小型无线设备上，通过配置大规模的、具有鲁棒性的分布式应用程序，形成无线自组网，以完成实时的机器人控制和监视任务。这种小型无线移动设备能量和计算机能力是很有限的。值得指出的是，Cougaar 系统采用了直接通信的方式。有文献指出该项目未来的研究内容是复杂的网络唤醒行为、网络感知运动控制算法、系统集成仿真能力。

2）CoCoA

CoCoA（Coordinated Cooperative localization for mobile multi-robot Ad Hoc Networks），是一种基于 Ad Hoc 网络的多移动机器人协作定位系统。该方法的特点是低功耗、可快速部署、高效且可为机器人任务提供合理的精确性。在 CoCoA 中，一部分机器人装备了额外的定位装置（如 GPS、激光测距仪、视觉传感器）。这样机器人执行任务时，就不要静态路标就可以协助其他机器人进行定位。

在 CoCoA 系统中，部分机器人装备了定位设备，机器人用 RF 信号灯进行通信和定位。RF 信号灯是通过 IEEE802.11 无线网卡进行工作的。无线网络的传输十分耗费能量，因而 CoCoA 可以调整 RF 信号灯以减少机器人的能量损耗。

3）MinDART

基于隐式通信的通信策略主要是依靠环境中的信息（这种通信，在生物学上叫做 stygmergy），也越来越多地应用到机器人领域当中。

在 MinDART 多机器人系统实验中，用一个灯塔（Beacon）作为通信的媒介（例如机器人停下来打开它的灯塔，过一段时间再关闭，用这种方法尝试召集其他机器人到它自己位置）。实验表明这种通信（Reflexive Communication）与其他协商策略比较起来更为复杂。

4）其他多移动机器人系统通信系统

经典的 CEBOT 被认为是对多机器人协同工作的首次尝试。它是一种受生物体细胞自组织启发而设计的分布式、分级体系结构。这个系统可以进行重构，从而与其他细胞组成最佳的配置来适应不断变化的复杂环境。在 CEBOT 系统中,由"主细胞"分配子任务,并与其他"主细胞"进行通信。通过增加个体细胞的智能来降低通信需求。

ACTRESS 系统中,机器人群体和谈判的机制都是基于一种被称为接触网(Contract Net)的通信体制,并构建了多级协商协议达到通信协作的目的。

SWARM 是一种由大规模自主机器人构成的分布式系统。每个机器人之间通过与邻居的状态起反应来完成通信的。。

GOFER 用传统的 AI 技术解决啦室内环境中多机器人的分布式协作问题。在 GOFER 体系结构中,由中央任务规划和安排系统协调当前机器人与其他机器人进行通信。

ALLIANCE 体系结构是由大量独立、无联系的异质小型机器人组成。每个机器人都有感知它们自己的动作行为和通过观察以及外在广播通信感知其他机器人行为的能力。

CWMRP(Clodbuster Wheeled Mobile Robot Platform)平台配备了全向摄像头和 IEEE802.11b 无线网卡,构建了 Ad hoc 网络。使用传感器信息组织机器人构建移动网络,通过一个广播协议进行通信,在此基础上,进行机器人定位和控制算法的研究。该系统中采用 JBox 的模块,来组建 Ad Hoc 网络并提供在网络中的多跳路由。JBox 模块是"太空和海军作战系统中心"、BBN 公司和 GRASP 实验室合作开发的 Ad Hoc 网络解决方案,是目前较为流行的独立 Ad Hoc 网络解决方案。

2. 国内的多移动机器人系统现状

目前国内也广泛开展了多移动机器人通信系统的研究。例如,采用基于 Linux 的集中控制式的通信机制,各机器人之间以打包(Pack)方式交换状态信息(State Message),同时接收其他机器人传来的信息。通过获取其他机器人位置状态以及系统自身状态来调整自身运动。有参考文献以 Ad Hoc 方式组建室外机器人群的移动通信网络,数据传输速率理论上达到 54Mb/s。在无线网的有效通信距离内还放置了一个移动控制台对机器人实施快速有效的控制。但是该种方案中并没有体现出通信网络的分布式多跳转发的优势。还有学者采用了基于 DSSS 的多机器人组网方案,实验表明该组网方式能满足机器人通信网络带宽的要求,没有提到数据分组转发的细节。有的多移动机器人通信系统采用 11 Mb/s 无线 Hub 及工作站适配器,构建了基于 Infrastructure 模式的 WLAN 的通信平台作为多移动机器人无线通信的载体,设计了基于 TCP/IP 协议簇的 Client/Server 网络模型,最终完成了多机器人合作推箱子的试验。

随着多移动机器人系统研究的深入,国内外提出许多新的多移动机器人系统。总体来看,国外多移动机器人通信系统不仅进行了体系结构方面的研究,而且做了很多基于通信网络的实际研究工作,甚至已经生产出了像 JBox 这样的通用模块。国内多移动机器人通信系统大部分是基于无线局域网和移动自组网的,研究内容也较为简单。通信系统作为多移动机器人系统的一个子系统,需要单独列为一个内容来研究,然而目前的研究工作大多是与多机器人编队、定位或建图等内容混合在一起进行研究的。

3.1.2　通信研究主要内容

1. 多移动机器人通信方式研究

通信是机器人之间进行交互和组织的基础。通过通信,多移动机器人系统中各机器人可以了解其他机器人的意图、目标和动作以及当前环境状态等信息,进而进行有效的磋商,协作完成任务。Balch 和 Arkin 通过实验得出:即使是少量的通信也可以大大地提高多机器人系统的性能。

机器人之间的通信交互可以分为显式通信和隐式通信两类,详细分类如图 3-1 所示。

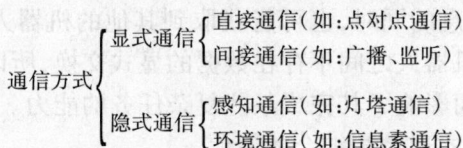

$$
通信方式
\begin{cases}
显式通信
\begin{cases}
直接通信（如:点对点通信）\\
间接通信（如:广播、监听）
\end{cases}\\
隐式通信
\begin{cases}
感知通信（如:灯塔通信）\\
环境通信（如:信息素通信）
\end{cases}
\end{cases}
$$

图 3-1　多移动机器人通信方式

1）显式通信

显式通信指利用特定的通信介质,通过某种共有的规则和方式实现特定含义信息的传递,因而可以快速、有效地完成各机器人间数据、信息的转移和交换,实现许多在隐式通信下无法完成的高级协调协作策略。

显式通信又包括直接通信（Explicit Communication）和间接通信（Implicit Communication）两种。直接通信要求发送和接收信息时能保持一致性,因此在机器人之间就需要一种通信协议。直接通信最重要的特征是通信时发送者和接收者同时在线（Online）,而间接通信不需要发送和接收信息之间保持一致性。广播是一种间接通信方式,它不要求一定有信息接收者,也没必要保证信息是否正确地传送到其他机器人。观察（或监听）是另一种间接通信方式,它的重点在信息接收者。一般来讲,直接通信存在于有智能的机器人之间,而间接通信方式存在的范围则比较大,如个体和个体的通信、个体和群体的通信、个体和环境的通信等。

多移动机器人系统的显式通信虽然可以强化机器人之间的协调协作关系，但也存在以下问题：各机器人的通信过程延长了系统对外界环境变化的反应时间；通信带宽的限制使机器人之间的信息传递、交换出现瓶颈；随着多移动机器人系统中机器人数目的增加，通信所需时间大量增加，信息传递中的瓶颈问题更加突出。

2）隐式通信

在很多领域，多移动机器人协作完成任务比单个机器人完成任务有着更大的优势。然而多移动机器人必然造成资源的冲突，使得任务分配变得复杂化，从而需要相应的通信管理策略。由于系统噪声或者硬件错误，显式通信有可能不可靠，这时，依靠共享环境信息而非专用的通信链路实施的隐式通信显得更能胜任通信这个任务。

隐式通信系统通过外界环境和自身传感器来获取所需的信息并实现相互之间的协作，机器人之间没有通过某种共有的规则和方式进行数据转移和信息交换来实现特定含义信息的传递。也可以说，隐式通信是作为机器人其他行为的副作用而产生的。在隐式通信中机器人在环境中留下某些特定信息，其通过传感器获取外界环境信息的同时，也可能获取到其他的机器人遗留下的信息。在隐式通信系统中，各机器人之间不存在数据的显式交换，所以无法使用一些高级的协调协作策略，从而影响了其完成某些复杂任务的能力。

3）显式通信和隐式通信相结合的通信

显式通信与隐式通信是多移动机器人系统各具特色的两种通信模式，如果将两者各自的优势结合起来，则多移动机器人系统就可以灵活地应对各种动态未知环境，完成许多复杂任务。显式通信包括发送（广播）和接收（观察、监听）特定的信息，它不同于隐式通信，因为发送信息的机器人必须判断是否发送和接收信息，而不是盲目的发送和接收（这样十分消耗能量）。自然界中此类通信例子有很多，如当蜜蜂发现一个花蜜很多的地方，飞回蜂房然后通过"跳舞"来通信，"舞蹈"中就包括了蜂房到花蜜的方向和距离信息。

利用显式通信进行少量的机器人之间的上层协作，通过隐式通信进行大量的机器人之间的底层协作，在出现隐式通信无法解决的冲突或死锁时，再利用显式通信进行少量的协调工作加以解决。这样的通信结构既可以增强系统的协调协作能力、容错能力，又可以减少通信量，避免通信中的瓶颈效应。

2. 多移动机器人通信语言研究

多艾真体（Agent）机器人系统主要功能就是把整个系统划分为若干智能、自治子系统，它们在物理和位置上是分离的，可独立完成任务，同时又借助通信交换信息相互协调,从而完成全局任务。在基于多智能艾真体机器人系统中,最集中和关键的问题之一,表现在系统结构和相应的协作机制上,通信与协作是实现多个艾真体之间协同工作的关键。

在一个动态变化的环境当中,即使一个独立的艾真体也要有能力去感知特定情形下的环境。当不同的艾真体有不通的感知能力时,它们相互之间的通信就变得很复杂。多艾真体的许多理论和成果更多是针对一些软件智能体之间的协调与通信,还难以直接应用到实际的多机器人系统之上。因此,还没有通用的多机器人通信语言。

目前国际上流行的艾真体通信语言是 KQML(Knowledge Query Manipulation Language)、KIF(Knowledge Interchange Format)以及 FIPA(Foundation for Intelligent Physical Agents)。KQML 是一种最通用的艾真体通信语言,KIF 支持交换格式,而 FIPA 是定义的 ACL 通信语言。通信语言绝不仅仅是协议本身,还应考虑通信的本体。对于多移动机器人系统通信的内容和语言的研究,言语行为(Speech Act)理论和 KQML 理论具有重要指导作用。

NASA 已经展开了基于地面的多艾真体控制方面的项目,Goddard 太空飞行中心也在做同样的工作。Agent Concepts Testbed 是一个基于组件的框架结构,用于组建多艾真体团队。各个艾真体之间通信采用的是 FIPA-ACL(Foundation for Intelligent Physical Agents' Agent Communication Language)。在 SOHO(Solar and Heliospheric Observatory)任务中,多艾真体基于 BDI(Belief-Desire-Intention)框架,采用 KQML 语言进行艾真体通信。另外,有学者提出了一个基于异质感知受限能力多艾真体通信框架,多艾真体在动态变化的环境中有能力融合高阶和低阶的知识库。

3. 多移动机器人通信拓扑结构研究

计算机网络通信拓扑结构大致分为:星形、环形、总线、网状等。工业机器人一般位置固定,在各种拓扑结构中,总线结构是目前多机器人通信系统中采用最多的一种拓扑形式,它将多台工业机器人通过有线网进行连接,根据某种协议进行通信(多采用直接通信方式)。然而机器人的移动特性,使得上述拓扑结构已显得不能胜任,迫切需要研究一种适用于多机器人通信网络的拓扑结构。

在多机器人间存在直接通信的时候,机器人之间必然构成一个小型的通信网络,由于工作环境的限制,有线通信是不适合的,故一般在多移动机器人系统中通信网络是无线的。传统的无线通信系统需要一定的网络设施支持,对于不确定的、复杂的或紧急的场合,无法及时有效地布设展开。

从理论上讲,多移动机器人通信就是一点对多点、多点对多点的通信(如同一个团队中有一个组长,每个机器人可以相互通信,也可以只与组长通信)。多台可移动的机器人组成一个无线局域网(WLAN, Wireless Local AreaNetwork)。目前许多国家在结合 WLAN 的多机器人系统方面取得了一定的成果,但由于多移动机器人通信系统具有体积小、功耗低、可移动性、动态组网的特点,所以要将一般的 WLAN 通信系统应用到机器人上时,还有一定难度。另外还有采用其他的通信技术,如蓝牙通信和红外通信,而依赖这种技术建立的通信链路有很多限制,如说距离很短。因为每个机器人不可能总在其他机器人的发射范围之内。所以,必须寻求一种能适合移动性要求的无线网络来构建多机器人通信系统,它可以依靠动态路由将信息进行多跳转发。Ad Hoc 网络由于其自身的特点成为首选。目前有很多机器人通信系统都是以 Ad Hoc 方式组建通信网络。

在 Ad Hoc 网络中就机器人的角色而言:各个机器人的地位是同等的,在每个机器人需要发送信息的时候它们就可以立即发送数据。当然这种通信网络内部存在很大的通信冲突的可能,从而使得发送的数据被破坏。而且由于执行任务的环境的不同,通信的条件也会有很大的差别,且每个机器人通信覆盖范围有限,因此有必要通过中间机器人来完成较远距离的通信。此时就需要对多移动机器人通信网络进行适当的规划和设计。

在 Ad Hoc 通信网络中,多移动机器人通信一般是采用广播的方式进行信息共享。广播即个体机器人将自己的位置和从事的任务等信息广播出去或主控机器人通过广播分配任务等,其他机器人可以依据自己的需要选择信息是否接收。采用广播通信可以通过一次发送过程使得所有的机器人都接收到信息,无需对每个机器人都发送一次,因此节约了通信带宽和能量。另外也可以进行点对点的直接通信,若两个机器人相距很远时,可以通过中间节点机器人进行信息转发。

4. 多移动机器人通信协议研究

1) MAC 子层协议

在通信网络结构中,总线式 CSMA/CA 得到广泛应用。CSMA/CA 存取方式存在的一个问题是报文分组冲突后,仍然继续发送直至全部结束,如果冲突各方检测到冲突后能及时停止发送,则可使信道有效利用率得到提高。CSMA/CA 的目的就是避免冲突,而不是检测冲突是否存在,而 CSMA/CD 协议的存取方式是根据上述要求改进而来的。

目前针对保证多移动机器人通信网络 MAC 子层的研究工作有很多。J. Wang 等人描述和仿真了用于分布式机器人系统的无线 CSMA/CD 协议,并采用媒体接入协议用于机器人间的通信。很多学者针对多水下机器人的水下无线通信问题,提出了种基于调度的水下无线环状媒介访问控制协议,克服了由于多跳带来的隐藏终端和暴露终端的问题。还有学者提出了将基于传输介质的CSMA/CA（可避免冲突的二次检测）技术用于多机器人臂间在工作空间中的路径协调。

2）网络层路由协议

在基于 Ad Hoc 的多机器人通信网络中,机器人一方面作为主机运行相关的应用程序;另一方面作为路由器运行相关的路由协议,进行路由发现、路由维护,并对接收到的目的地非自身的信息进行转发。用于多机器人网络路由协议的研究具有相当大的复杂性和挑战性,目前这方面的工作都集中于网络层。

多移动机器人在城市环境执行任务时,通信协议需要适应机器人快速的运动和各种大障碍物的信号干扰。有学者比较了 8 种路由协议,给出了在城市环境下各种协议的性能比较,为在多移动机器人系统的 Ad Hoc 组网做了很有意义的工作。在许多场合,分组通信可以用来进行复杂的控制、组织和管理机器人。

机器人之间或从机器人到操作员直接的信息路由需要路由协议来传输,这种传输不需要中心控制,且由于机器人的移动特性需要处理动态变化的网络拓扑。传输信息按要求可分为两类:

（1）单播　即从一个机器人到另一个机器人点对点发送信息。它由于逻辑清晰、原理简单,已被多个机器人仿真和控制系统所采用。这种传输方式在很多任务中都能体现,如发送数据和图片,请求协助等。

（2）多播　即从一个操作员或一个机器人向一组接收者发送信息。它主要用于协作控制等任务。

多播可为信息发送者和接收机器人之间提供有效的通信带宽,但它们仅用于一般的移动 Ad Hoc 网络,没有考虑多移动机器人任务中两个典型的特征:第一,机器人是典型的"任务导向型",根据计划行动且可以预测机器人的位置;第二,机器人经常在不同的地方停留,可以事先估计出持续时间。例如,一个机器人停下来测量环境的某些参数时,可以估计出来测量任务用的时间。

3）应用层传输协议

TCP 协议通信的特点是面向连接,具有可靠的通信质量。目前多移动机器人实时通信系统中多用 TCP 协议来接收和发送机器人之间的对话信息,这样可以保证系统的稳定性和可靠性,基本不发生丢包的现象。对应用层协议进行了深入的研究,对多机器人系统采用"呼叫—应答"TCP 协议来通信。

然而基于 TCP 协议的通信是以牺牲多移动机器人系统实时性为代价的,往往往达不到预期的效果。相反,UDP 协议通信的特点是无连接、广播式通信、通信速率高,虽然没有差错控制、超时重发、拥塞控制等可靠性保证策略,但可以保证系统的实时性。因此在网络质量较好的情况下 UDP 协议仍然是首要选择。故结合 TCP 协议和 UDP 协议的通信协议是较好的解决方案,另外实时性流传输协议(RTP 协议)在无线链路中的性能也较好。

5. 基于多移动机器人通信的应用研究

基于通信网络的多机器人系统可用于环境监控等用途,如利用机器人的通信能力观察环境和收集数据、室内环境的监督控制、帮助和进行救援任务等;利用与传感器网络相结合进行的定位、导航和覆盖任务。然而虽然基于通信网络的多移动机器人系统有很多成功的应用实例,但是仍然有很多亟待解决的重要问题,如多自主移动体的协作和为了使它们能高效地协作所必须考虑的通信、控制和感知环境的问题。

1) 基于网络的多移动机器人协作定位

多移动机器人团队通常以 Ad Hoc 网络或无基础设施支持的形式投入工作,这样的任务包括探测偏僻的地形、灾难现场等。在这些任务当中,定位是一个极其困难的问题。通常有两种定位方案,一是所有机器人均配备定位装置(如GPS、激光测距仪、视觉传感器),机器人直接进行协作定位,然而在所有机器人身上安装定位设备是不切实际的;二是所有的机器人开始工作之前都有初始位置,接下来通过传感器计算车轮行走过的距离进行自定位。这种技术经常会遇到定位错误,因为有很多地面是不平坦的。所以结合通信网络的协作定位研究,对提高多移动机器人定位精度和容错性有着很好的促进作用。

有学者结合无限传感器网络和机器人研究于定位的方法。部分机器人携带GPS 定位设备,在 WSN 中当做移动路标,用于传感器节点的定位。有的则在机器人探索环境的时候将通信网络布置到环境当中,然后通信网络再指导进一步的环境探测。机器人在传感器网络中就可以进行定位,因此不需要特征探测或先验地图信息。

城市环境中,视野受到了很大的限制,通信网络的性能无法预测,GPS 定位可能不可靠或根本不可用,此时空中和地面机器人协同工作反而能取得良好的效果。此时可以构建一个三维立体的感知网络,空中和地面机器人团队能提供更多更完整的信息,因而对环境有更强的适应性。

2) 无线传感器参与者网络(WSAN)的覆盖问题

多移动机器人成功地完成救援和搜索任务主要依赖于可靠的通信覆盖。一般说来,无线电传输的特性很难预测,因为它们取决于各种各样的因素,这导致了很难设计一个可以单个机器人在可靠的通信传输范围内稳定的工作的多机器人系统。

研究表明：基于802.11b的多移动机器人通信网络不能满足机器人团队的异质性和复杂性。无线传感器参与者网络（WSANs，Wireless Sensor And Actor Networks）是一种结合无线传感器网络（WSNs）和移动 Ad Hoc 网络（MANET）的新型网络，在机器人和自主无人车（UAVs）上得到了应用。

有学者对在城市战场环境中的无线传感器网络和机器人相结合的问题进行了研究。这种网络可以用来感知环境，并产生相应的反馈，并可为网络中需要信息的节点提供信息，重新布置或自组织使其更好的获得和传输信息，从而在各种环境中达到无缝的环境切换感知能力。文中同样用无线电连通地图获得信息来，并为多移动机器人制定任务。无线电连通地图可以反映出环境中任意两点间信号的强弱程度。一般说来，在工作地点很难观察出所有位置的连通性，这就需要事先构建一个先验的位置地图。对小规模的机器人团队来说，构建无线电连通地图可以归结为图搜索问题。

6. 其他一些通信研究议题

1）通信受限问题及通信质量、复杂度研究

（1）通信受限。有限的通信范围使得多移动机器人通信能力受阻，进而影响到执行任务的质量和效率。目前在很多的研究当中，并没有考虑每个机器人通信范围的局限性，使得机器人没有任何通信范围的约束而经常远离其他机器人进行工作，而有很多多机器人团队根本离不开基站而进行活动。采用基站的通信方式不能探索任意大的未知环境，它总是受限于需要总是与这个基站保持联系。一组机器人漫游探测整个环境，唯一的限制是每个机器人需要与其他机器人时刻保持联系。带着通信受限的约束的机器探测环境时，总是比不带这种限制困难的多。通信受限问题的研究是目前的一个研究热点。

（2）通信质量。如果机器人之间的距离变得很远使得无线通信都不能使它们联系上，又或者暂时性的网络错误，机器人可能去探测别的机器人已经探测过的地方，这就造成了不理想的资源浪费。如果一个机器人脱离了与其他机器人的联系，第二个机器人可以自主地创建一个新的通信网络，从而保证那个丢失的机器人和团队及遥操作人员之间的通信质量。

VBCP（Value-Based Communication Preservation）是一个基于行为的导航方法，用于在机器人团队间保持直线（Line-of-sight）通信。VBCP 用于为机器人选择一个移动的方向使之与团队中其他成员之间可以保持最佳的通信质量。它利用其他机器人的信息，实时服务质量检测和环境的先验地图来近似的计算出一个最佳的移动方向。实验结果表明，VBCP 显著改变了机器人团队中相互之间的通信质量，尤其是当团队中机器人数增加的时候。

朱法强等人提出了机器人以打包（Pack）的形式发送数据，同时接收其他机器人的信息。以 leader 机器人为参考点，其他 follower 机器人通过接收 leader 机器人的信息决定自己下一步的位置，从而形成一定的队形。这些方法将无线通信网络应用于自主机器人，使得领队机器人不再受限于预先规定的路径或其他复杂的环境。但是当机器人数量增加时，就存在通信冲突的问题；当机器人数量增多时，就要提出更完善的通信机制保证通信畅通。因此，提高通信质量是一个值得研究的问题。

（3）通信复杂度和切换不适应性。多移动机器人系统通信网络研究的主要挑战在于通信、计算和控制三者的结合。通信复杂度是多移动机器人系统控制的一个重要研究方向。

当多 Agent 体需要适应其他特定的任务或环境时，这种突然的调整会给整个团队带来混乱（Chaos），即前面提到的环境切换感知能力不足。如何达到无缝的环境切换感知能力，有学者提出了规一化熵索引（Normalized Entropy Index）的模型。模型通过估计每个 Agent 对组内的贡献来探测系统状态。

2）蚁群机器人

无论是原始社会，还是无关个体间横向基因的转移，信息传输在生物进化中扮演着很重要的角色，尤其是社会性的物种。信息的产生、管理、感知和解释在神经生理学范围内已经研究的比较透彻，但是有利于通信进化（Evolution of Communication）的条件和过程还是一知半解。

无论在物种数量、种类和分布情况，昆虫都是最成功的群居物种。昆虫学家已经证实了昆虫的感知系统对于昆虫社会的发展是至关重要的。对比人类的大脑，昆虫的中央神经系统无论结构和功能都是极其的原始和简单，而且无任何的学习能力。有如此多的限制，昆虫进化出了极其有效的感知系统，虽然结构上很简单，功能却是强大的。近年来，研究人员想仿照昆虫感知系统研究出新的通信和计算方法，且取得了相当大的进展。

Israel A. Wagner 等在如何为个体设计自适应规则以保证获得期望的群体行为研究中使用了这种隐式通信。依据蚂蚁等昆虫利用化学物质进行相互之间的通信和协调的原理，Israel A. Wagner 等给出了一种多移动机器人在未知地图的环境中协作执行清扫任务的方法。机器人在所经之处留下可随时间逐渐消失的气味，各机器人根据当前位置气味的大小来进行行为决策，从而实现协作清扫任务。Kimberly Sharman Evans 等给出了一种应用于体积小、相对便宜的多机器人系统的隐式通信机制,这种多移动机器人系统可以通过协作实现复杂的任务。蚁群机器人跟踪轨迹前进并到达终点,它们并不知道自己确定的位置,这就限制了解决复杂和耗时的定位任务。

Felner 等人将 A* 算法应用于大规模信息素(Large Pheromones)通信模型,每个 Agent 依靠读写节点的数据来与环境保持通信。该模型假设信息素的规模没有限制,因而每个 Agent 可以把它自己所有的知识写到节点当中,该节点称为"通信 Agent",用于全局知识库共享通信。这是一个新颖的想法,目前已经用于多 Agent 火灾检测。

目前研究蚁群机器人的难点在于:应用群智能的一些原理到嵌入式平台时,如何理解自然和人工系统之间的区别。系统每个成员都要解释周围的环境,且成员之间不能交换信息,这使得设计多机器人通信系统变得很困难。研究真实的生物进化系统是不切实际的[33],而且基于昆虫感知的通信研究还有很长的一段路要走,故通信进化和分布式通信仍然是研究人员致力于解决的问题。

3) 有线通信还是无线通信

城市搜索和救援(Urban Search and Rescue,USAR)机器人采用两种方式进行操作,电缆或无线通信。绳索机器人有着续航能力强、通信可靠的特点。缺点是得依赖笨重的电缆,而且很容易被破坏。如果多机器人也采用有线通信的方式,则显得更加笨重和复杂。IEEE802.11 标准具有简单的体系结构、鲁棒性、易扩展和性价比高的特点,而且不用定制任何设备就可以组建 Ad Hoc 网络。目前,采用无线通信仍是一个较好的解决办法,而且可以使用中继器使得无线网络扩展到很远的地方。

虽然无线通信克服了有线通信带来的困难,但同时遇到了另一个难题。无线信号很容易受到干扰、散射或衰减。墙壁使通信范围大大缩短,尤其是钢筋混凝土结构几乎完全阻止了通信。安全是另一个很重要的问题,任何同频率信号都有可能控制机器人或者使得信道拥塞。除了带宽和可靠性的限制之外,无线通信对于救援机器人来说还有一个重大的缺陷。救援任务包括消防员、警察、医疗部门等,如果他们每个都有自己的通信系统,对于大范围的灾难(如地震),会有很多来自于不同国家的救援小组,每个小组都有自己的通信设备。使用无线信道需要一个协调,否则这将会是一个很严重的问题。任何新来的救援机器人都会面对它自己的通信网络到底是否会妨碍这个稀缺资源的问题。

到底采用无线还是有线的通信方式,在不同的环境中有可能有不同的答案。所以不要轻易下结论无线通信是最好的解决方案。

3.2 多移动机器人通信协议分析

3.2.1 多移动机器人通信网络路由协议及其评价标准

移动自组网,即 Ad Hoc 网络(Mobile Ad Hoc Network,MANET),是指由移动节点通过无线通信方式临时组成,由移动节点互相充当路由器进行分组转发,而不依赖于任何固定的基础设施和服务的网络。它可以在任何时刻、任何地点快速构建起一个移动网络,网络中的每个终端可以自由移动,地位相等。

衡量移动自组网网络路由协议的性能指标主要有三种,即有效发送量、平均时延、丢包率。这三种都是定量的指标,计算方法如下:

(1)有效发送量,是应用层信源发送的分组数目与信宿接收的分组数目之比(同一个分组重复发送的次数不计算在内)。该项指标描述的是通过应用层观察到的网络所支持的最大吞吐量,也可以反映网络为发送者提供服务的质量。

$$有效发送量 = \frac{成功接收分组}{发送分组数} \times 100\% \tag{3-1}$$

(2)平均时延,用下面的公式表示,其中 N 表示成功传输的分组数,rt 表示分组到达目的节点的时间,st 表示分组被发送的时间。

$$端到端平均时延 = \frac{1}{N} \sum_{i=0}^{N} (rt_i - st_i) \tag{3-2}$$

(3)丢包率,公式为

$$丢包率 = \frac{发送端发送的包数 - 接收端接收的包数}{发送端发送的包数} \times 100\% \tag{3-3}$$

3.2.2 基于 TCP 传输的平面路由协议分析

根据发现路由的驱动模式不同,移动自组网路由协议可以分为先验式(Proactive)路由协议、反应式(Reactive)路由协议以及混和式路由协议。根据网络拓扑结构的差异,又可以分为平面结构的路由协议(Flat Protocols)和分簇路由协议(Clustered Protocols)。

MANET 工作小组目前正专注于移动自组织网络路由协议的研究,提出了许多协议草案,如 DSR、AODV、ZRP 等路由协议。此外,研究人员也发表了大量关于移动自组织网络路由协议的相关文章,提出了 DSDV、WRP、CBRP 等协议。根据路由触发原理,目前的路由协议大致可以分为表驱动路由协议、按需路由协议和层次型路由协议三种。下面以 DSDV、DSR 和 AODV 这三种最为典型的协议进行实验仿真和性能评价。

1. 目的节点序列距离矢量协议(DSDV)

DSDV(Destination Sequenced Distance Vector)是基于经典的 Bellman-Ford 路由算法,通过给每个路由设定序列号避免了路由环路的产生。采用时间驱动和事件驱动技术控制路由表的传送,即每个移动节点在本地都保留一张路由表,其中包括所有有效信宿点、路由跳数、信宿路由序列号等信息,信宿路由序列号用于区别新旧路由以避免环路的产生。

路由表更新分组在全网内周期性地广播而使路由表保持连贯性。每个节点周期性地将本地路由表传送给邻近节点;或者当其路由表发生变化时,也会将其路由信息传给邻近点。当无节点移动时,DSDV 使用间隔较长的大数据包(包括多个数据单元)进行路由更新,在节点移动时使用较小的数据包,且只对移动的节点进行路由更新,这样降低了整体的开销。

2. 动态源路由协议(DSR)

DSR(Dynamic Source Routing)是一种源路由协议,是最早采用按需路由思想的协议。每个分组的分组头中包含了源—目的整条路由信息。它最大的特点是使用了源路由机制,每一个分组的头部都包含整条路由信息。采用路由缓存技术,用于存储源路由信息,当学习到新的路由时则修改路由缓存内容,这样有利于快速建立路由并从一定程度上减少了洪泛报文的开销。

DSR 协议还支持主机睡眠功能,节省了网络开销和电池能量,对于负载小的移动自组网有较好的性能表现。当然,缓存的引入会增加网络的开销,中间应答机制还会产生过期路由问题,而且每个分组都需要携带完整的路由信息,造成开销很大,不适合网络直径大的自组网。

3. Ad Hoc 按需距离矢量法(AODV)

AODV(Ad Hoc On-Demand Distance Vector Routing)是 DSDV 的改进,但它并不维持一个路由表,而是根据需要创建路由,以减少广播数。当有数据包需要传送时,为了寻找路径,源节点广播路由请求分组,邻近节点收到广播后再向其他邻近点广播(丢弃收到的重复路由请求分组),直到到达目的地或者到达已有最新路由的中间节点。路由请求分组采用序列号编码以避免环路,并保证中间节点只回应最新的信息。

事实上 AODV 是 DSR 和 DSDV 的结合,它借用了 DSR 的路由发现和路由维护机制,并且利用了 DSDV 的逐跳路由、序列编号和周期更新的机制。和 DSR

相比,AODV 的好处在于源路由并不需要包括在每一个数据分组中,这样会使路由协议的开销有所降低;而缺点则是它依赖于对称性的链路,而不能处理非对称性的网络。

4. 路由协议的分析与评价

表驱动路由协议 DSDV 使节点维护的路由表可以较准确反映网络的拓扑结构。节点一旦发送报文,可以立即获取目的节点路由,因此,该路由协议的时延较小,但是协议需要付出大量的路由控制报文,开销较大。在网络规模和移动性增大到一定程度时,大部分表驱动路由协议表现一般。相反,按需路由协议 DSR 不需要周期性维护尚未需要的路由,只有在发送报文之前才需要获取路由,因此,产生的路由控制信息比表驱动路由协议要少得多。但因为数据传输之前必须先获取路由,所以存在一定的时延。按需路由协议适用于网络载荷不太重、节点移动速度不太大的场合。

理论上看 AODV 也是按需路由协议的一种,但是它又结合了表驱动路由的某些特点。它的性能的好坏有待于进一步的实验验证。仿真中采用的是基于 TCP 传输的仿真,移动节点以不同的速度进行运动,这样可以比较出在移动速度一样的情况下,三种路由协议的性能表现,并且能从移动速度的不断加快得到协议性能的变化趋势。

5. 分析结果

图 3-2～图 3-4 为三种路由协议的比较结果。

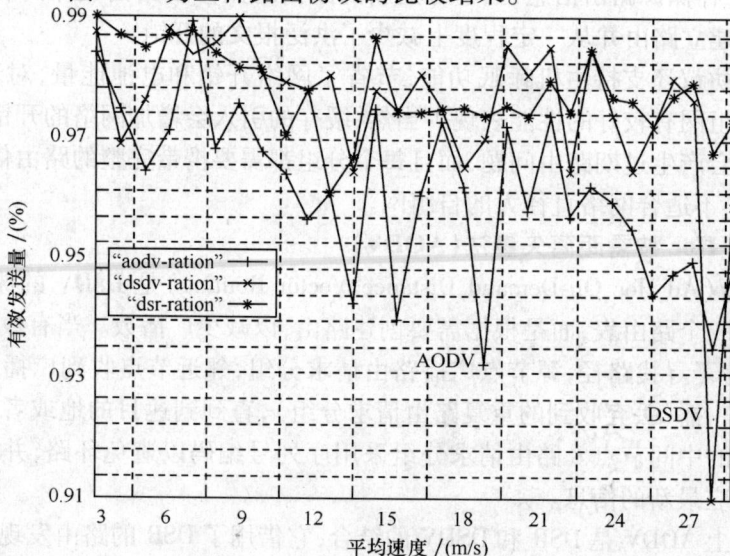

图 3-2 有效发送量比较图

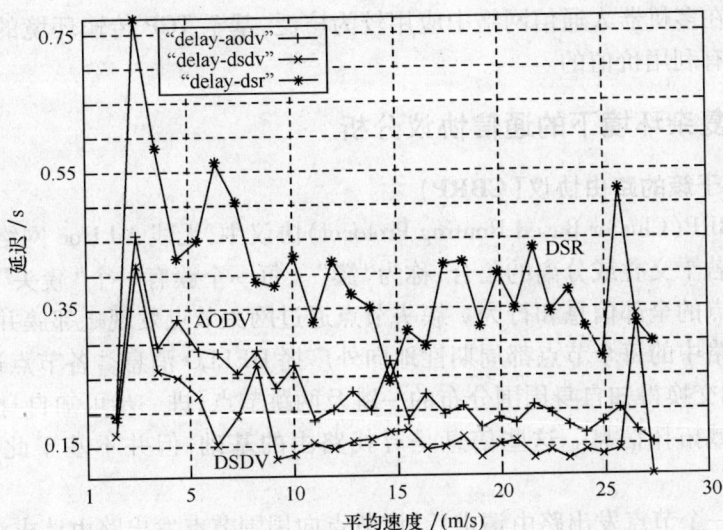

图 3-3 各协议延时比较图

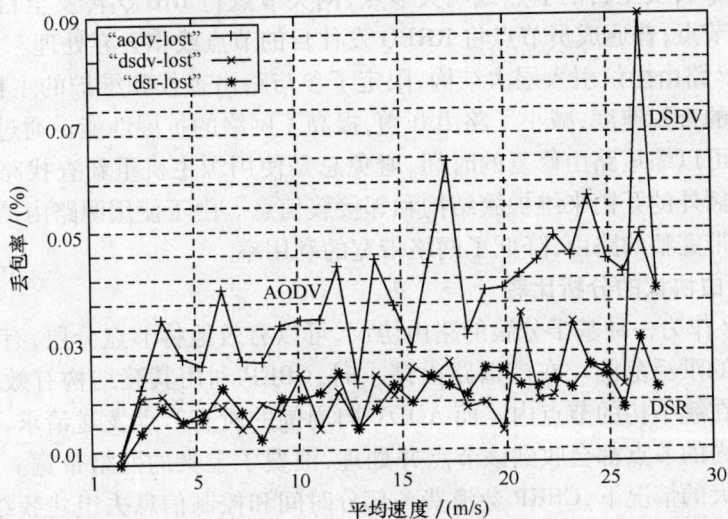

图 3-4 各协议丢包率比较图

综合以上的仿真结果：在有效发送量方面来看 DSR 好于 DSDV，AODV 最差；从延时方面分析，DSDV 具有最小的端到端延时，而 AODV 又比 DSR 好；在丢包率分析时，AODV 的丢包率最大，DSDV 的次之，DSR 的丢包率最低。

传统的对 Ad Hoc 路由协议的性能分析，采用 UDP 数据流作为分析对象，而

TCP 协议在多机器人通信网络中应用较为广泛,基于 TCP 传输环境的性能分析和比较是有利用价值的。

3.2.3　复杂环境下的通信协议分析

1. 基于簇的路由协议(CBRP)

在 CBRP(Cluster Based Routing Protocol)协议中,无线 Ad Hoc 网络分布的节点被分为若干交叠或分离的集合,称为"簇"。每一个簇有一个"簇头"来管理簇内所有节点的全部信息和行为。簇头节点通过网关节点发现毗邻簇并由此寻找路由。网络中的每个节点都周期性地向外广播 HELLO 消息。各节点通过 HELLO 消息的交换得知自身周围分布的一跳及两跳节点,进一步可知自身所在网络分部的局域拓扑信息。这些信息是寻找路由的基础,但并不基于此完成路由发现。

当每一个节点发出路由请求后,该节点向周围节点发出路由请求消息,各节点根据自身所在网络分布的拓扑结构以及自身身份采取不同处理方法:簇头节点将 RREQ 转发至目的节点或网关节点;网关节点将 RREQ 转发至目的节点或毗邻簇头节点;普通成员节点将 RREQ 发往目的节点或作丢弃处理。

CBRP 路由协议引入层次结构,限定了参与路由查找和维护的主机数量,加快了路由的查找速度,减小了路由开销,提高了网络的扩展性能。通过使用主机局部修复可以缩短路由修复的时间,避免总是使用源主机重新查找路由。但是需要一些额外的开销来维护簇结构和邻接簇信息。由于使用源路由需要在每个报文中携带完整的路由,降低了网络带宽的利用率。

2. 路由协议的分析比较

CBRP 作为一种基于分簇的路由协议,可以有效地将节点分层,有效地控制广播报文的洪泛范围。在广播路由请求时,CBRP 利用其簇结构有效地将广播范围控制在簇结构的节点内。而 AODV 向周围的所有节点发送请求,凡是在其信号范围内的节点都会收到该节点并处理,浪费了宝贵的网络带宽。在网络规模不是很大的情况下,CBRP 会浪费一部分时间和控制信息去组建簇结构,因此在小规模的网络中,AODV 比较实用。

CBRP 采用的是源路由机制,分组的路由信息已经包含在分组内部,当中间节点收到该分组转发时只需要查看分组内部的路由信息即可转发,降低了网络时延。理论上看 AODV 也是按需路由协议的一种,但是它又结合了表驱动路由的某些特点。在 AODV 的运行过程中,包括了路由表的维护,在连续的数据传输下,不需要重新发现路由,可以直接使用路由表进行转发,降低了路由开销。

仿真过程中的移动节点以不同的速度进行运动以及不同的数据流量,这样可以比较两种路由协议在不同的网络拓扑变化和负载情况下的性能表现。

3. 复杂环境下的协议性能分析

为了对 AODV、CBRP 在复杂环境下的性能进行分析,采用网络拓扑的范围为 (1000×1000) m²,这样一个比较大型的场景适合无线网络的特点。在 (1000×1000) m² 区域内,随机分布了 100 个节点。

表 3 - 1 的数据说明仿真场景是一些路由改变非常剧烈的场景。

表 3 - 1　每种平均速度下的路由变换次数

平均速度/(m/s)	平均路由变换次数	平均速度/(m/s)	平均路由变换次数
2.0	12579.3	4.0	23356.4
6.0	35146.7	8.0	55292.1
10.0	64528.5	12.0	81392.4
14.0	91988.3	16.0	110451.2
18.0	120968.3	20.0	135565.8

由于节点的运行速度对网络拓扑的影响较大,为了分析这两种路由协议在不同的网络拓扑下的性能,因此对节点采用不同的平均移动速度进行仿真。节点平均移动速度设置在 1.0m/s ~ 20.0m/s 之间,节点最大的移动速度为 30.0m/s。每个数据流每秒发送一个 512B 的数据包,仿真时间为 200s。在这种仿真场景中,每个节点基本上能运动至场景中的每一点,以保证仿真的真实性。另外对网络拓扑复杂情况的评价,采用仿真场景中每种速度情况下平均的路由变化次数来说明。表 3 - 1 列出了平均的路由变换次数。

另外,由于音频、视频等大数据量的网络应用对于网络延时的要求较高,而对于数据是否按发送顺序到达和数据的偶尔丢失要求不高。从而通常在传输层采用 UDP 的数据链接,使数据包能够快速转发而不去注意某一两个数据包的丢失情况。为了实现这种大数据量传输的仿真,采用了基于 UDP 传输的仿真。在 100 个节点当中,随机选取 50 对链接,启动 50 条 CBR 数据流,建立了一个数据传输频繁的场景。在繁重的网络负载下的性能,是衡量一个网络路由协议的重要指标。因此,对于仿真中的数据链接,采用不同的传输速率,来分析两种路由协议在不同的网络负载下的性能。对于场景中的 50 条数据流,每个数据流产生的数据包在 256B/s ~ 1024B/s 之间。

1)有效发送量

图 3 - 5 横坐标表示仿真中节点移动的速度(单位:m/s),纵坐标表示有效

发送量(%)。从图中可以看出,在网络规模较大的场景中,基于分簇的路由协议在有效发送量这个指标上有较大的优势。从总体看,协议的有效发送量都随节点的移动速度增加而减少。AODV 协议的有效发送量变化幅度较大。CBRP是基于分簇的路由协议,大部分的簇内节点的数据包都通过簇头节点转发,只由簇头保存相关路由信息,更新路由信息较快。而 AODV 每个数据包都是每个节点独立发送和发现路由,对于网络拓扑变化,扩展到全局的速度较慢,从而丢失较多数据。

图 3-6 所示为随负载增加两协议有效发送量的比较情况。横坐标表示仿真中每条 CBR 数据流每秒需要发送的字节数(单位:B),纵坐标表示有效发送量(%)。从图中曲线可以看出,在负载情况不大时,两协议的有效发送量基本保持稳定,而在超过 500B/s 的负载情况后,有效发送量呈直线下降,CBRP 下降的幅度小于 AODV。

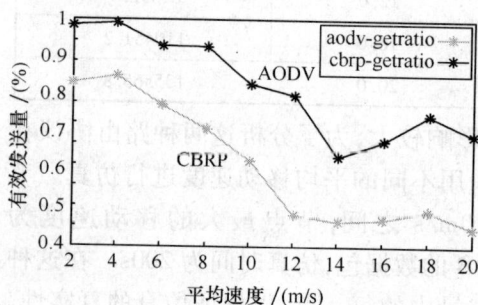

图 3-5 随速度增长两协议
有效发送量对比图

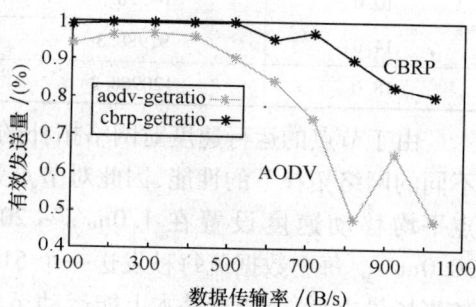

图 3-6 随负载增长两协议
有效发送量对比图

2)平均时延

图 3-7 所示为随速度增长两协议的平均时延对比图。总体而言,两种协议的平均时延都是随着速度的增加而增加。在速度为 8.0m/s 往下, CBRP 协议的时延略优于 AODV,然而在节点移动速度高于 8.0m/s,特别是在大于 12.0m/s 的情况下,CBRP 的网络时延急剧增加。而 AODV 则在速度增加的情况下,时延的增幅比较缓和。分析其原因,CBRP 是一个源路由协议,在数据包中包含了所需的全部路由信息,然而在节点移动速度较大,网络拓扑变换剧烈时,数据包中的路由信息往往在到达目的之前就已失效,导致数据包的传输时延大大增加。而在节点移动速度不是很快的网络中,网络数据能直接通过数据包中的路由信息快速转发。

图 3-8 所示为随负载增加两协议的平均时延对比图。与有效发送量类似,

在小负载情况下，两协议不相上下，而在负载超过 500B/s，平均时延开始明显增加，AODV 上升的更加明显。分析其原因，由于 CBRP 在发现了路由信息后，是采用源路由的形式发送数据包，所需的路由信息都包含在数据包中，而 AODV 由于采用了路由表的形式存储路由信息，每次转发都需要查询路由表，当节点数很大时，查表的过程会花费很多时间，从而导致平均时延上升的较快。

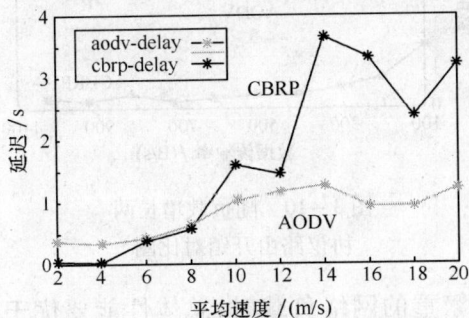

图 3 - 7　随速度增长两协议
平均时延对比图

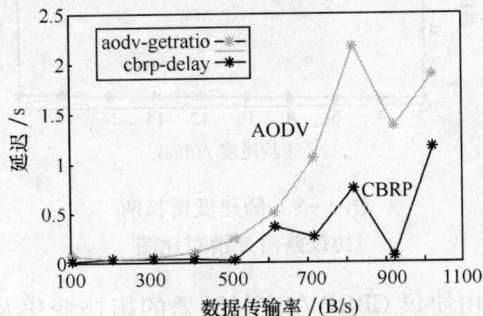

图 3 - 8　随负载增长两协议
平均时延对比图

3）路由开销

图 3 - 9 所示为随速度增长两协议路由开销对比图。从图中可以明显的看出，在本文中设置的大规模节点复杂场景中，在路由开销一指标上，CBRP 大大优于 AODV，CBRP 在形成簇结构后，簇内节点的数据转发都由簇头节点来处理，大大减少了路由请求信息的广播洪泛，减少了大量的控制信息。在速度增长而网络拓扑变换较为频繁时，协议中的簇头节点互相遭遇的控制算法保证了簇结构的相对稳定，所以路由开销增加的不是很明显。

图 3 - 10 所示为随负载增加两协议路由开销对比图。根据图中显示，曲线的前一段随着负载的增加，路由开销有下降的趋势。分析原因是，由于在小负载情况下，其普通的 HELLO 控制消息仍在每个节点上广播，而 CBRP 的簇结构也一样要形成，同样需要控制消息。相对于小规模的普通数据传输，控制消息占的比例就比较大，当负载适当增加时，协议能充分使用网络带宽发送数据。在控制消息增加的不多的情况下，发送更多的普通数据，而使得控制消息占的比例减少。在负载数据流增加到每秒 800B/s 时，AODV 的路由开销突然上升，不排除误差的可能，可能原因是大量负载通过某些节点，而这些节点移动速度较快，导致拓扑不断变化而发送大量的控制信息。

综合以上的仿真结果可知，在复杂的大规模节点网络中，基于分簇的网络路

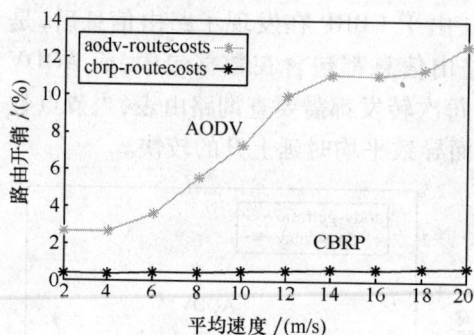

图 3-9 随速度增长两
协议路由开销对比图

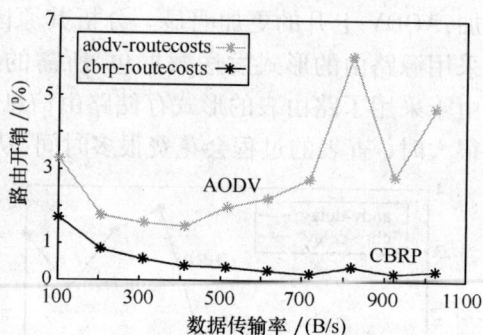

图 3-10 随负载增长两
协议路由开销对比图

由协议 CBRP 在应付频繁的拓扑变化及繁重的网络负载时,总体性能要优于
AODV。由于 CBRP 是基于簇的路由协议,把网络节点分为一个一个独立而又
部分重叠的簇结构,从而有效地减少网络中出现的控制消息的广播洪泛。然
而,当簇结构中的簇头节点失效时,会形成原有簇结构的重新选举,会使网络
拓扑变化时收敛时间较长。在小规模节点的应用当中,基于簇的路由协议会
首先占用带宽去建立簇结构,然后再发送为数不多的普通数据包,会浪费宝贵
的无线网络带宽。因此,基于簇的路由协议更适用于大规模机器人团队的无
线网络应用。

3.3 基于通信的多移动机器人区域覆盖

区域覆盖是指对一个指定区域,用一系列称为一跳覆盖区的小区域(圆)将
其有重叠地完全覆盖。一个有效的区域覆盖策略应能达到如下要求:

(1)在静态的情况下,要求节点能覆盖所有区域,不存在盲区(不能通信的
区域);

(2)尽可能使全部一跳覆盖区半径之和为最小,即用最少的圆覆盖整个区
域,这样才能节省节点资源;

(3)各个节点覆盖范围的公共部分应满足一定的限制,以完成路由节点的
转发任务。

目前国内外对移动自组网的研究主要集中在移动自组网路由协议、功率控
制、安全性、分布式算法以及 QoS 等方面,而对于在某一个区域如何快速、有效

地部署机器人及分配资源的问题,研究较少。本节主要讨论如何在机器人和资源有限的情况下,尽可能大的覆盖一个待探索区域。

3.3.1　正多边形区域覆盖理论

区域划分问题是一个 NP 难问题,在可以接受的多项式时间内得到最优解是不可能的,因为不可能穷举圆的任意形状的内接多边形来覆盖这个正方形区域。因此,可以采用圆的内接正多边形覆盖方案,即一个以正多边形为基本图形覆盖某一平面区域的问题。

考虑用同种的正 n 边形来覆盖平面,在一个顶点周围集中了 m 个正 n 边形的角,由于这些角的和应为 360°,所以等式(3-4)成立。

$$m \cdot \frac{(n-2) \cdot \pi}{n} = 2\pi \tag{3-4}$$

即

$$m \cdot \left(1 - \frac{2}{n}\right) = 2 \tag{3-5}$$

由 m、n 都是正整数,并且 $m > 2$,$n > 2$,所以 $m-2$,$n-2$ 也都必定是正整数。故有约束条件(3-6)成立。

$$\begin{cases} m > 2 \\ n > 2 \\ m, n, m-2, n-2 \in Z^* \\ m \cdot \left(1 - \dfrac{2}{n}\right) = 2 \end{cases} \tag{3-6}$$

可以解得三组解如式(3-7)。

$$\begin{cases} n-2 = 1, m-2 = 4 \Rightarrow n = 3, m = 6 \\ n-2 = 2, m-2 = 2 \Rightarrow n = 4, m = 4 \\ n-2 = 4, m-2 = 1 \Rightarrow n = 6, m = 3 \end{cases} \tag{3-7}$$

式(3-7)证明了只用一种正多边形覆盖平面区域,存在如下三种情况:①由 6 个正三角形覆盖;②由 4 个正四边形覆盖;③由 3 个正六边形覆盖。

用半径相同的圆的内接正 $n(n > 2)$ 边形来覆盖平面,则相邻两个圆的公共面积占一个圆面积的比例 λ_n 如式(3-8):

$$\lambda_n = 2 \cdot \frac{1/2(2\pi/n)r^2 - 1/2\sin(2\pi/n)r^2}{\pi r^2} = 2 \cdot \frac{\pi/n - \sin(2\pi/n)/2}{\pi} \tag{3-8}$$

则当 n 取以上三种情况 λ_n 分别为

$$\begin{cases} n=3,\lambda_3=39.10\% \\ n=4,\lambda_4=18.17\% \\ n=6,\lambda_6=5.77\% \end{cases}$$

定义单位覆盖面积平均半径和 L_0 如公式(3-9):

$$L_0 = \frac{\text{全部一跳覆盖区半径之和 } L}{\text{最大覆盖区面积 } S} \qquad (3-9)$$

当用 $m \times m$ 半径为 r 的正 $n(n=3,4,6)$ 边形覆盖时,如图 3-11 所示。

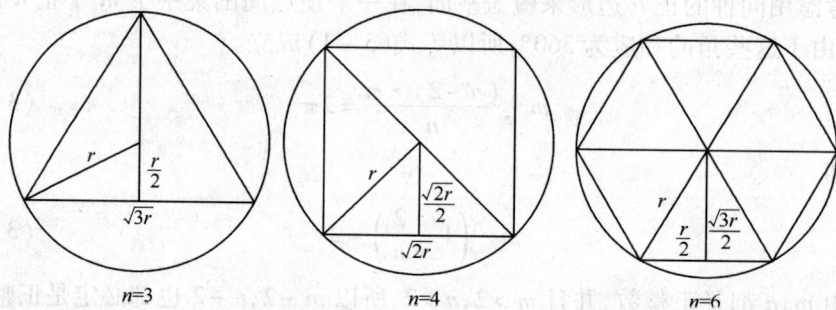

图 3-11　圆内接正 $n(n=3,4,6)$ 边形示意图

(1) $n=3$ 时:

边长 $a=\sqrt{3}r$;覆盖区域: $x_3=ma$, $y_3=(m-1) \cdot \dfrac{a}{2}$;半径之和: $L=m^2r$;

覆盖面积: $S=x_3 y_3=m(m-1) \cdot \dfrac{3r^2}{2}$;

单位覆盖面积平均半径和: $L_{03}=\dfrac{L}{S}=\dfrac{2m}{3(m-1)r}$

当 $m \to \infty$ 时: $L_{03}^* = \lim\limits_{m \to \infty} \dfrac{3m}{3(m-1)r} = \dfrac{2}{3r}$

(2) $n=4$ 时:

边长 $a=\sqrt{2}r$;覆盖区域: $x_4=ma$, $y_4=ma$;半径之和: $L=m^2r$;

覆盖面积: $S=x_3 y_3=2m^2 r^2$;

单位覆盖面积平均半径和: $L_{04}^* = \dfrac{L}{S} = \dfrac{m^2 r}{2m^2 r_2} = \dfrac{1}{2r}$

(3) $n=6$ 时:

边长 $a=r$;覆盖区域: $x_6=a+\dfrac{3}{2}(m-1)a$, $Y_6=\sqrt{3}ma$;

半径之和:$L = m^2 r$;

覆盖面积:$S = X_6 Y_6 = \sqrt{3} \cdot \left(\dfrac{3}{2}m^2 - m\right)r^2$

单位覆盖面积平均半径和:$L_{06} = \dfrac{L}{S} = \dfrac{m^2 r}{\sqrt{3} \cdot \left(\dfrac{3}{2}m^2 - m\right)r^2} = \dfrac{2m^2}{\sqrt{3} \cdot (3m^2 - 2m)r}$

当 $m \to \infty$ 时:$L_{06} = \lim\limits_{m \to \infty} \dfrac{2m^2}{\sqrt{3} \cdot (3m^2 - 2m)r} = \dfrac{2}{3\sqrt{3}r}$

可见,多边形分别取 $n = 3, 4, 6$ 时,$L_{03}^* > L_{04}^* > L_{06}^*$。

综上分析,可得如下结论:为使覆盖区半径之和最小,应取 $n = 6$;另外又由 $L_{06}^* \propto \dfrac{1}{r}$,应使 r 在移动节点的发射距离内尽可能大。

3.3.2 仿真实验

采用上述理论,进行模拟性区域划分。假设在一个 1000×1000(面积单位)的区域内构建一个多机器人通信网络,各节点通信距离最大为 100(单位长度),每个机器人所能覆盖的范围(一跳覆盖区)看作一个圆,如何进行覆盖区划分使得全部一跳覆盖区半径之和最小且节点数最少。

要使该正方形区域内连通,必须使所有机器人全覆盖该区域。由公式(3-9)可以看出 L_0 越小,则 L 越小。由 3.3.1 节分析同半径时应采用正六边形覆盖。

对于用两种正多边形的混合覆盖的情况,其加权公式如式(3-10):

$$L_{0i}^* = \alpha \cdot L_3^* + \beta \cdot L_4^* + \gamma \cdot L_6^* \tag{3-10}$$

其中 α、β、γ 是正三角形、正方形和正六边形占覆盖总面积的比例($\alpha + \beta + \lambda = 1$,且 α, β, γ 中至少一个为 0),可得 $L_{0i}^* > L_6^*$,故此时也应采用正六边形覆盖方案。

又由公式 $L_{06} = \dfrac{2m^2}{\sqrt{3}(3m^2 - 2m)r}$ 得,半径 r 取最大发射距离 100 时 L_{06} 最小。

综上所述,采用发射距离为 100 的节点,以正六边形的模型覆盖该 1000×1000 的区域,可以使的全部一跳覆盖区半径之和最小且节点数最少,区域划分方式如图 3-12 所示,各圆的圆心即各机器人。

X 方向圆心在正方形内的圆列的数量关系:$1.5r \cdot (n_x - 1) + r = 1000 \Rightarrow n_x = 7$

Y 方向圆心在正方形内的圆行的数量关系:$\sqrt{3}r \cdot n_y = 1000 \Rightarrow n_y = 5.7735$,

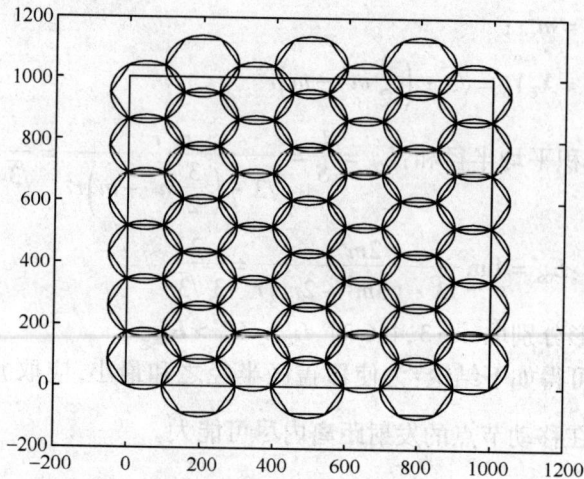

图 3 - 12　1000 × 1000 区域内移动节点分配方式

取 $n_y = 6$

圆心在正方形外的数量:3 个

则总共需要的最少的节点数量为: $n = 6 \times 7 + 3 = 45$,而此时相邻两个移动节点覆盖区域的公共面积占一跳覆盖区的比例 λ_6 为 5.77% 。45 个移动节点即将待划分区域划分为 45 个区域,其圆心坐标:

$$R(x_i, y_j) \quad i = 1, 2, 3, \cdots, 7, j = 1, 2, 3, \cdots, 6(i \text{ 为第 } i \text{ 列}, j \text{ 为第 } j \text{ 列})$$

当圆位于奇数列时(即 $i = 2k + 1$),圆心坐标见式(3 - 11)。

$$x_i = r/2 + 3r(i - 1)/2 \tag{3 - 11}$$

$$y_i = \sqrt{3}r/2 + \sqrt{3}rj$$

当圆位于偶数列时(即 $i = 2k$),圆心坐标见式(3 - 12)。

$$x_j = 2r + 3ri/2$$

$$y_j = \sqrt{3}rj \tag{3 - 12}$$

此时全部一跳覆盖半径和为: $L = 45 \times 100 = 4500$ 。

3.3.3　网络抗毁性分析

依照上述覆盖方案得到了 1000 × 1000 的区域划分方式,建立起初始的多机器人通信网络。但是实际情况并非如此简单,移动自组网的一个特点就是节点的移动性和网络拓扑结构的不稳定性,因此下面我们对该网络的抗毁性进行分析。

网络的抗毁性,是指当网络中出现确定性或者是随机性故障时(如链路或节点故障),网络维持或恢复其性能到一个可接受程度的能力。随机性抗毁性量度主要取决于网络拓扑结构,故可以采用基于连通性的量度进行衡量。

网络的连通性,是指构成网络的部件(一般指节点或链路)在某部分失效的情况下,整个网络仍能保持连通的程度,它由连通度来表示。

网络连通度为网络受到干扰或者破坏后仍可互相通信的节点对的百分数。这里节点对仍可以互相通信的含义是指在该节点对之间至少还存在一条以上的通路。连通度计算公式如式(3 – 13):

$$连通度\ \delta = \frac{受到干扰后相互通信的节点对}{干扰前相互通信的节点对} \times 100\% \qquad (3 - 13)$$

这里分别按随机抽取节点以及部分节点做随机移动产生的网络不稳定性,构建了两个模拟场景。

1. 模拟场景一:随机抽取节点,模拟节点失效

在实际网络中,由于某种不确定的因素,移动节点在整个 Ad Hoc 网络中失效了,这会对网络的拓扑结构和信息传输造成很大影响。对于上述初始网络,令每个公共部分中心和相应圆心各恰有一个节点,从节点集合中随机地抽掉2%、5%、10%、15% 等数量的节点后,计算网络的连通度,这样就能很好地模拟实际情况当中节点失效的情况。

设 n 为节点总数,r 为抽取率(2% ,5% ,10% ,15% …),则剩余节点数 $n = n(1 - r)$,抽取前图存储矩阵为 $\boldsymbol{G}(n)$,抽取后图存储矩阵 $\boldsymbol{G}(n')$,连通度函数 $F(G)$。

$$
\boldsymbol{G}(n) = \begin{bmatrix}
a_{11} & a_{12} & a_{13} & \cdots & a_{1n} \\
a_{21} & a_{22} & a_{23} & & a_{2n} \\
\vdots & \vdots & \vdots & \ddots & \vdots \\
\vdots & \vdots & \vdots & & \vdots \\
\vdots & \vdots & a_{ij} & \ddots & \vdots \\
\vdots & \vdots & \vdots & & \vdots \\
a_{n1} & a_{n2} & a_{n3} & \cdots & a_{nn}
\end{bmatrix}
\qquad (3 - 14)
$$

其中,a_{ij} 代表节点之间是否相连,1 为邻接点,0 为自身,∞ 表示节点之间不相邻。

根据流程图 3 – 13 计算出网络抽取节点后的连通度,如表 3 – 2 所列,可以进一步分析网络的抗毁性。

表 3 - 2　不同抽取率的连通度

抽取率	连通度	抽取率	连通度
抽取 2%	0.9618	抽取 20%	0.6514
抽取 5%	0.8998	抽取 25%	0.5906
抽取 10%	0.8048	抽取 30%	0.5328
抽取 15%	0.7261	抽取 35%	0.4443

2. 模拟场景二:部分节点做随机移动

随机选取 45 个节点中的 10 个做随机运动,每 30 个单位时间可能改变一次运动的方向和速度,运动的方向角、速度是分别服从在$[0,2\pi]$、$[0,2]$上均匀分布的随机变量,其他节点不移动。移动节点到达正方形区域边界后只可能向区域内运动。计算 400 单位时间后多机器人通信网络的连通性。

由 Matlab 中 rand 函数产生的随机数是服从均匀分布的,则 400 单位时间内节点运动的速度 v 及方向角 θ 由式(3-15)求得

$$v = 2 \cdot \text{rand}(13,1)$$
$$\theta = 2 \cdot \pi \cdot \text{rand}(13,1) \qquad (3-15)$$

设计一随机运动过程,流程图如图 3-14 所示。

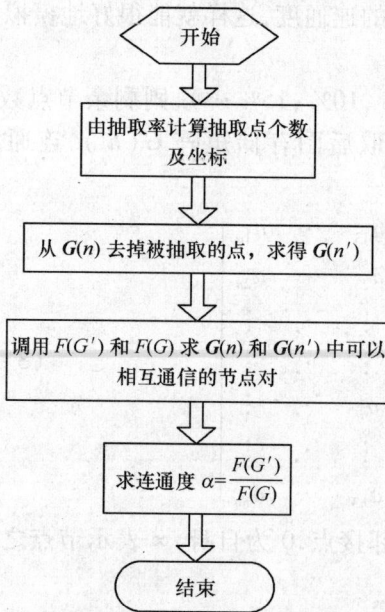

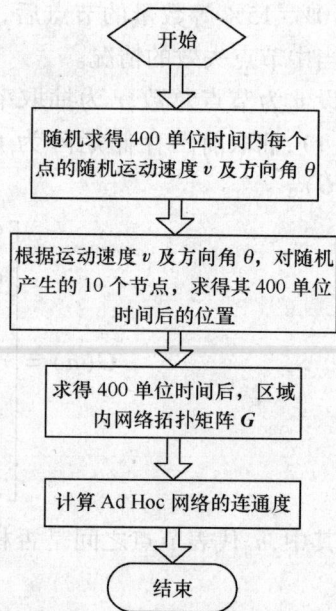

图 3-13　计算网络抽取节点后的连通度流程图　图 3-14　模拟点随机运动过程流程图

这样,可以模拟出 10 个节点在 400 单位时间内随机运动的情况,其中一次运动的情况如图 3 – 15 所示,其轨迹充分体现了模拟的随机性与正确性。

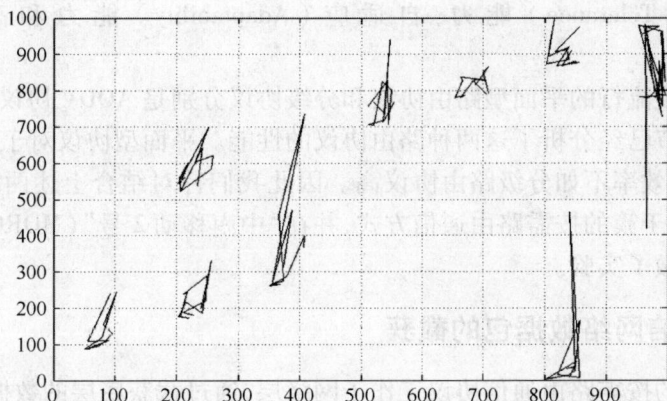

图 3 – 15　10 个点随机运动轨迹

做 10 次同样的模拟,对各次仿真试验做连通性分析,如表 3 – 3 所列。

表 3 – 3　10 次随机运动后矩形区域的连通度

仿真次数	1	2	3	4	5
连通度	0.9872	0.9829	0.9861	0.9899	0.9800
仿真次数	6	7	8	9	10
连通度	0.9849	0.9808	0.9979	0.9878	0.9817

从各次仿真后的连通度可以看出,节点的移动对网络的连通性还是有一定影响的,但是与抽取节点对网络的影响相比,还是小一些。

从表 3 – 2 和表 3 – 3 中看出虽然区域内的连通度比较高,但这并不能说明 Ad Hoc 网络的通信效果是非常理想的。不妨考虑最坏的情况,如图 3 – 13 所示,如果中间某一竖行的节点全部失效或移动开的话,那么左半部分与右半部分完全不能相互通信,由连通度的定义可知,此时连通度虽然也很高,但是有效的通信链路却是非常少的。

3.4　基于簇的按需路由通信机制研究

由于异质多移动机器人之间建立的通信网络是一种典型的 Ad Hoc 网络,而由于该网络的特殊性,目前还在深入研究中。在多移动机器人系统中,错误的数据传递将会导致机器人做出错误的判断与决策,从而产生严重后果,因此研究异质多移动体的重构技术(Reconfiguration Technique),必将提高多机器人系统的容错(Fault Tolerance)能力、自适应(Adaptability)能力和高效(High Efficicncy)性。

目前比较流行的平面型路由协议和分级协议分别是 AODV 协议和 CBRP 协议。前面几节已经分析了这两种路由协议的性能。平面型协议对于大规模网络来说,其工作效率不如分级路由协议高。因此我们针对结合上述两种协议的优点,提出了基于簇的按需路由通信方式,并在"中南移动 2 号"(MORCS - 2)多机器人团队上做了实验。

3.4.1　通信网络数据包的截获

基于簇的按需路由通信协议工作于网络层,通过截获底层的数据包,判断数据包的来源和分析数据包的目的地址,本机进行相应的处理,包括接收、丢弃和重新打包转发、组建簇结构、了解拓扑状况并进行链路重构等。图 3 - 16(a)所示为该网络体系结构的示意图,图 3 - 16(b)所示为数据包载获原理。

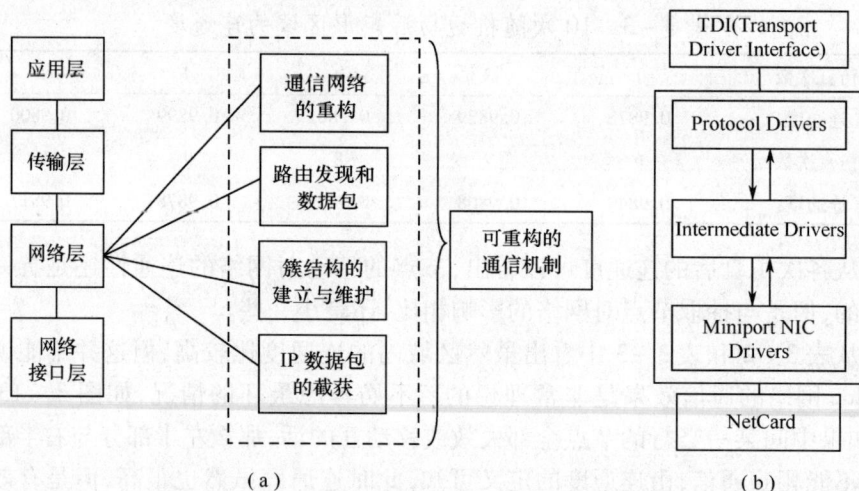

(a)　　　　　　　　　　　　　　　(b)

图 3 - 16　网络体系结构

(a)通信系统体系结构;(b)数据包截获原理。

机器人节点每隔 HelloInterval/2 + rand( ) · (HelloInterval/2)向周围广播 HELLO 消息,HELLO 消息用于组建或更新每个节点自己的邻居节点表以及维护簇的结构。

3.4.2　机器人邻居链表的维护

机器人邻居链表的维护包括 HELLO 消息的发送和邻居机器人节点表的维护。HELLO 消息的发送用于组建或更新每个机器人的邻居节点表。每个机器人每隔一段时间 t 向周围机器人节点广播 HELLO 消息,通知其周围邻近机器人自己的存在。如果时间 t 固定,可能会造成网络的阻塞,因此采用随机策略广播消息,确定方法为 $t = \text{HelloInterval}/2 + \text{rand}() \cdot (\text{HelloInterval}/2)$。其中 HelloInterval 为一个时间常量,表示 HELLO 信息发送的一个间隔时间,rand() 是一个产生 0 ~1 之间的随机函数。

机器人通过周期性的发送 HELLO 包来监听周围机器人的情况。在接收 HELLO 包的同时,组建本节点的邻居节点信息表 NeighborIPAddrList,邻居节点信息表中包含的信息有:当前节点已经连接着的邻居的 IP 地址,那条链路的状态(单向还是双向的)以及该邻居的角色(是簇头或者是成员)。机器人 A 在从它的邻居 B 收到一个 HELLO 包 ,A 按图 3 – 17 修改它自己的邻居表。

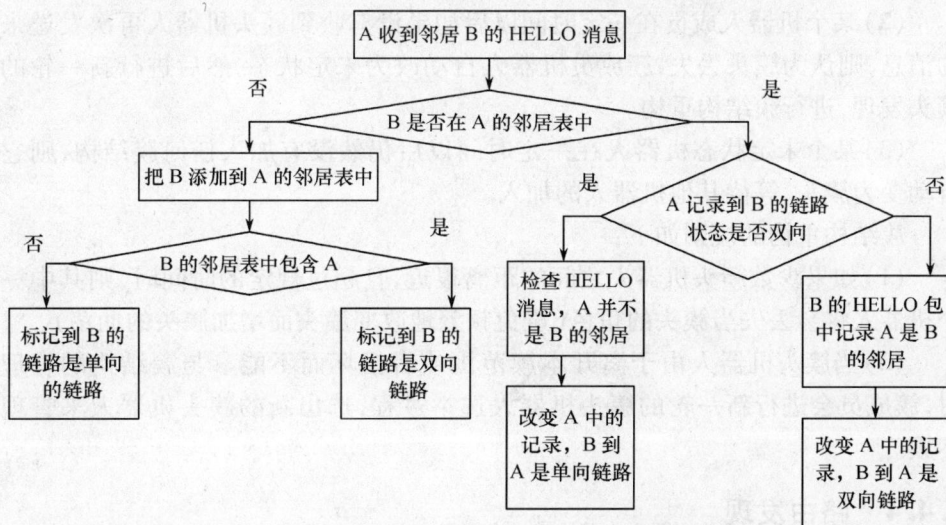

图 3 – 17　一个机器人收到 HELLO 消息后修改邻居表流程图

邻居表的信息存在一个过期时间,将每个邻居和一个定时器设定相关,如果一个登记节点的 HELLO 包没有在(Hello_loss + 1) × HelloInterval 间隔内到来,则该登记项会被删除。当一个节点附近的拓扑稳定时,该节点的邻居表会立刻完善所有到它自己有双向或单向链路的所有点的信息。

3.4.3 簇结构的建立与维护

邻居表的信息存在一个过期时间,如果在过期时间 t 内没有收到登记机器人发送的 HELLO 包,则删除该机器人的记录项。这种机制可以保证机器人自身对周围环境有较灵敏的感知度。时间间隔设为 $t = ($Hello_loss$ + 1) \times$ HelloInterval,其中 Hello_loss 是允许丢失的 HELLO 信息的数目,HelloInterval 为一个时间常量。当一个机器人节点附近的拓扑稳定时,该机器人节点的邻居表会立刻完善所有到自身有双向或单向链路的所有点的信息。

在一个通信网簇结构中,簇头机器人到簇内每一个机器人节点都有一个双向通信链路。定义机器人有三种状态:簇头、簇成员、未定状态。每个机器人初始化的时候都是未定状态。簇头机器人的选举过程如下:

(1)如果一个未定机器人从一个簇头机器人收到 HELLO 消息,且该机器人与该簇头机器人之间有双向通信链路,则该机器人会加入该簇头机器人所在的簇结构,并设置自身的状态为簇成员。

(2)某个机器人成员在一定时间以后如果没有收到簇头机器人再次发送来的消息,则认为簇头丢失,簇成员机器人自动改为未定状态,然后进行新一轮的簇头发现,进行簇结构重构。

(3)某个未定状态机器人在一定时间以后仍然没有加入任何簇结构,则它自动变为簇头,等待其他机器人的加入。

簇结构重构的规则如下:

(1)如果少数簇头机器人之间的距离很近,且超过规定的时间时,则其中一个机器人将会丢失当簇头的角色(避免频繁地改变簇头而增加簇头的动荡)。

(2)当簇头机器人由于离开本簇范围或者损坏而不能参与簇结构的管理时,簇成员会进行新一轮的簇头机器人选举过程,选出新的簇头机器人来管理本簇。

3.4.4 路由发现

路由发现是机器人节点 R_S 获得一个到 R_D 的源路由,然后发送一个包到终点 R_D 的机制。本路由协议,在路由发现过程中,只有簇头洪泛 RREQ,寻找一个到终点的源路由。

图 3 - 18 所示为利用簇机制进行路由发现的过程。路由发现以后,数据包就可以发送。

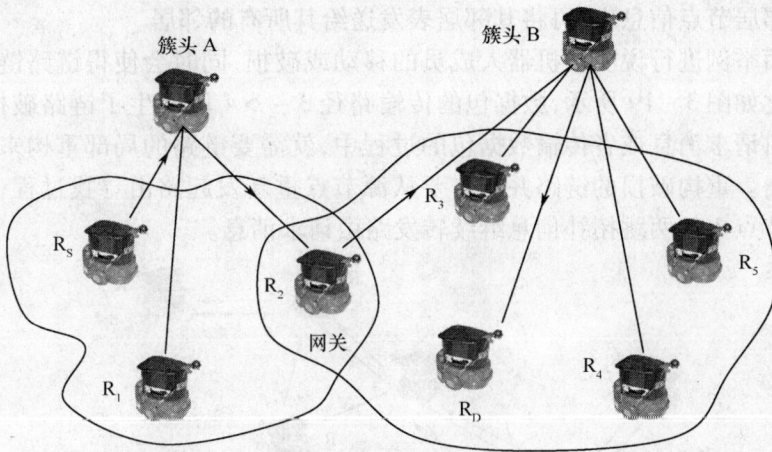

图 3 - 18　利用簇机制进行路由发现过程的示意图

3.4.5　两跳拓扑数据结构

节点在周期性的发送 HELLO 消息的同时,每个节点都维护了一个邻居节点信息表。在发送 HELLO 消息时把自己的邻居表发送给其他机器人,可以用于组建两跳拓扑数据结构。

构造一个特殊的 HELLO 消息格式如表 3 - 4 所列。下面分别对各个数据域的功能进行描述:

表 3 - 4　TwoHopTopo 数据结构

Type	ToIPAddr	FromIPAddr	TTL	Length	Current_Status	BelongTo	ExpiryTime

数据包类型(Type)用于区别 RREQ,RREP 还是 RRER,接收到包以后进行不同的处理;目的地址(ToIPAddr)指示该数据包要发送的目的地址,如果 HEL-LO 包是广播的,这里的地址就是 255.255.255.255;源节点地址(FromIPAddr)为发送者本机的地址;生存时间(TTL)表示该 HELLO 包在传输过程中还可以继续传输的跳数;邻居表的长度(Length)是本 HELLO 包中所携带的邻居表长度,便于从邻居表中读取信息;当前发送者的状态(Current_Status)包括三种类型:C_UNDECIDED、C_HEAD、C_MEMBER;所属簇头节点(BelongTo)指示发送该HELLO 包的节点属于哪个簇头管理;过期时间(ExpiryTime):表示本条记录的过期时间,定时器到期时,就要删除该条陈旧记录。

3.4.6　链路重构

机器人在周期性的发送 HELLO 消息的同时,每个机器人节点都在本地维护了一个邻居节点信息表,可将其邻居表发送给其所有的邻居。

下面举例进行说明。机器人成员的移动或破损,同时会使得链路链接状态发生变化如图 3 – 19 所示,数据包的传输路径 3 – >4 段发生了链路破损,此时发送路由请求消息或者传输数据包的过程中,就需要链路的局部重构来重构破损的链路。重构破损的链路并不需要从源节点重新发起路由寻找过程;而通过机器人节点 3 的两跳拓扑信息继续转发路由请求消息。

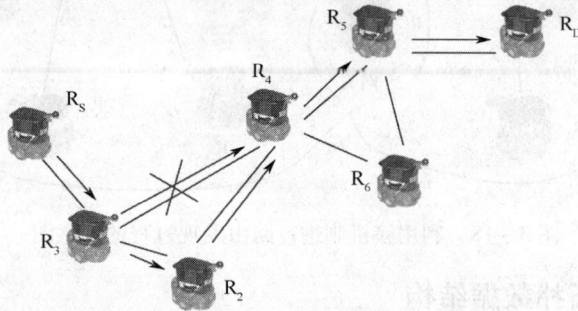

图 3 – 19　破损链路局部重构示意图

链路的局部重构流程图如图 3 – 20 所示。R_i 在收到 R_j 的 Ack 消息时,组建本机的一个邻居机器人信息 l_i,如表 3 – 5 第二列所示。发送 Ack 消息的同时,将本机的 l_i 也发送出去。这样每一个机器人可以获取邻居的邻居信息,见表 3 – 5 第三列。理论上每个机器人都可以维护一个距离自己 k 跳的 l_i,它记录了该网络所能收集到的 k 跳内的网络拓扑结构。

表 3 – 5　k 跳远邻居表

R_i	$k = 1$	$k = 2$
R_S	R_3	R_2, R_4
R_2	R_3, R_4	R_S, R_3, R_4, R_5, R_6
R_3	R_S, R_2, R_4	R_2, R_4, R_5, R_6
R_4	R_2, R_3, R_5, R_6	$R_S, R_2, R_3, R_5, R_6, R_D$
R_5	R_4, R_6, R_D	R_2, R_3, R_4, R_6
R_6	R_4, R_5	R_2, R_3, R_4, R_5, R_D
R_D	R_5	R_4, R_6

图 3 – 19 中,信息传输路径 R_3 – >R_4 段断开,此时通过表 3 – 5 所示的 k 跳邻居表来重构链路。R_3 通过搜索 k 跳邻居表,发现机器人 R_4 仍然是 2 跳远邻居,进而传输路径重构为 R_3 – >R_2 – >R_4、一个转发路由请求消息的机器

人节点,通过它自身的两跳拓扑信息来修复破损的链路重构机制,可以有效地减少重新发起路由请求的延时和相应的能量损耗,提高协议的执行效率。

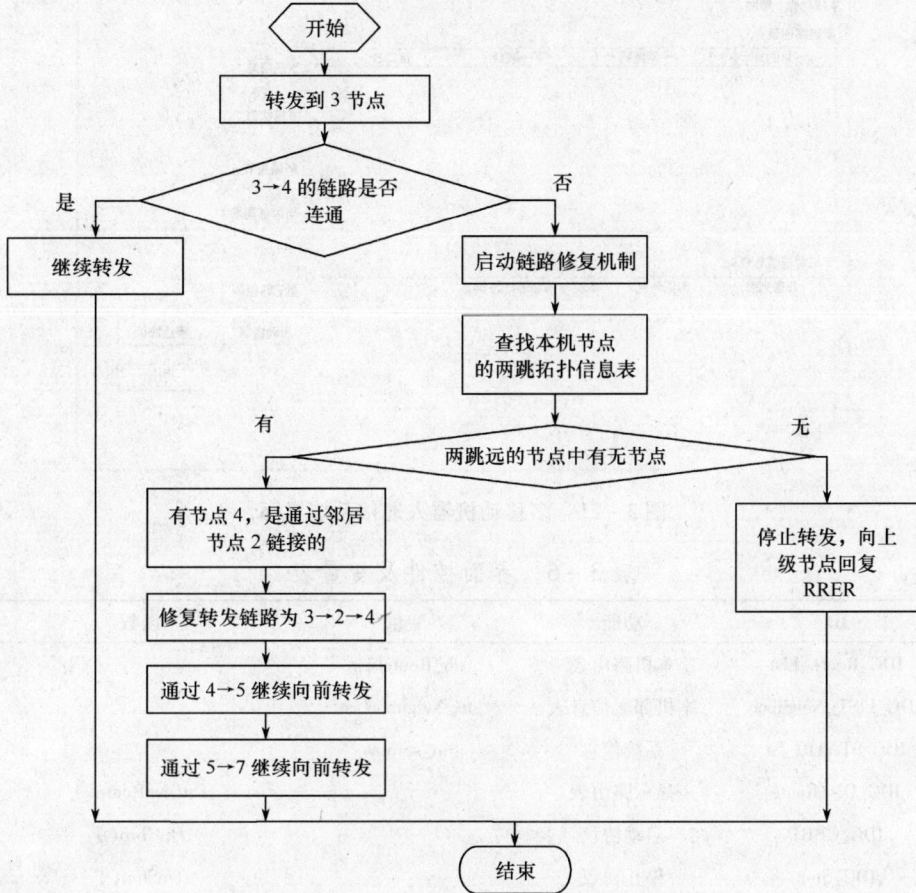

图 3 - 20　链路局部重构流程图

3.5　多移动机器人通信系统设计与实验

3.5.1　多移动机器人通信系统设计

多移动机器人通信系统是根据多机器人通信的特点,通过采用当前比较方便的面向对象的设计方法,在 Windows 环境下,采用 VC + +6.0 编程语言实现。图 3 - 21 所示为多机器人通信系统的主界面。界面分为三部分:本机路由表显示、本机邻居信息表显示、以及一些系统信息的提示（本机状态、所属头节点等）。表 3 - 6 所列为界面控件及变量表。

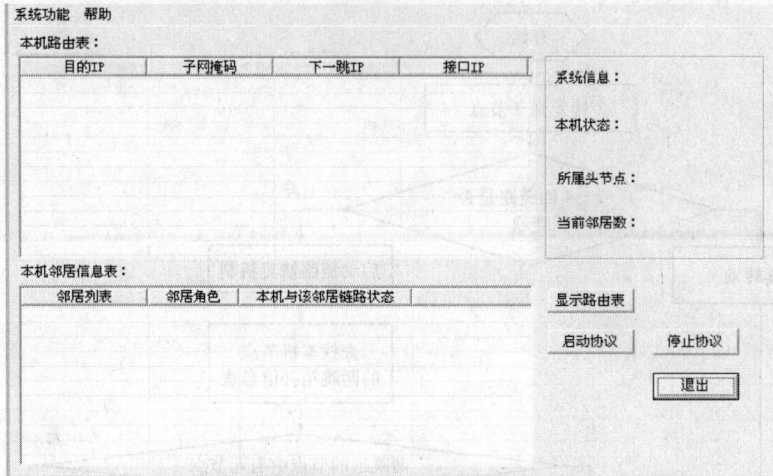

图 3 - 21　多移动机器人通信系统界面

表 3 - 6　界面控件及变量表

ID	功能	变量	函数
IDC_Route_List	本机路由表	m_RouteList	
IDC_LIST_Neighbor	本机邻居信息表	m_NeighborList	
IDC_STATIC_Ss	系统信息	m_sStutas	
IDC_DispRoute	显示路由表		OnDispRoute( )
IDC_CBRP	启动协议		OnCbrp( )
IDC_Stop	停止协议		OnStop( )
IDOK	退出		OnOK( )
IDC_Status	本机状态		
IDC_BelongTo	所属头节点		
IDC_Neighbor_Num	当前邻居数		

1）周期性的显示路由表

界面上的 m_RouteList 变量通过 DispRouteThreadFunc 线程，周期性的进行改变。DispRouteThreadFunc 线程调用 PrintIpForwardTable 函数，它的作用是显示系统的核心路由表，每隔 1000ms 调用一次。系统路由表的相关知识，请参阅windows 网络编程。

2）显示协议执行情况

通信协议在执行过程中，有一些提示信息需要显示，如协议的启动情况、本机当前的角色、所属头节点、本机邻居情况。这都需要一个线程独立的进行显示，该线程即为 DispClusterStatus，通过调用 PrintStatus（）函数来实现，每次调用相隔 600ms。

由于要显示本机的状态，故要读取程序其他线程的变量，包括系统的邻居链表、HELLO 包等。两个线程要读取同一个变量，故需要对该变量进行加锁操作。本程序的互斥锁如表 3-7 所列。

表 3-7　互斥锁列表

互斥锁变量名称	对应变量	备注
pHELLOLock	HELLOMsg	HELLO 消息锁
pNeighborListLock	neighborIPAddrlist	邻居链表锁
pWinCBRPLock		WinCBRP 系统主锁
pLoggingLock		记录日志锁
pPtDriverLock		PT Driver 锁

3）其他函数说明

OnDispRoute（）启动 DispRouteThreadFunc 线程函数。

OnCbrp（）启动路由协议，在启动之前，判断对象 cbrproute 是否初始化成功，Init（）包括一些参数和系统路由初始化的功能。接下来调用对象 cbrproute 中的线程启动函数 start（），包括所有线程函数的启动。注意 Init（）和 start（）函数中，都要持有 pWinCBRPLock 锁。Init（）和 start（）中主要的函数如图 3-22 所示。

OnStop（）是停止该协议的函数，（通过调用 cbrproute 对象的 Stop（）函数），包括线程的停止、状态位的恢复以及界面 m_RouteList 变量的清空。OnOK（）是退出整个程序函数。

cbrproute 对象中的 Init（）函数详见图 3-22。HELLO 包是周期性广播的数据包，用于建立和维护簇结构，数据结构如图 3-23 所示。发送 HELLO 包的函数是 SendHelloPacket（），由 HelloSendThreadFunc 线程调用，周期性的向 255.255.255.255 广播 HELLO 包。SendHelloPacket（）函数内调用的是 packetsender 对象的 SendHELLO（）函数。

4）Start（）函数说明

Cbrproute 对象的 Start（）函数详见图 3-22，Start（）函数主要是启动各相关线程。下面说明其他各主要线程的功能，线程列表如表 3-8 所列。

OnCbrp() ⎰

cbrproute.Init() ⎰
SetDefaultValue()
ReadConfigFile()
LogInit()
GetSystemRoutes()
UpdatePTDriver()
osroute.SetGatewayMAC()
osroute.EnableRouting()
packetsender.Init()
HelloPacketInit()

cbrproute.Start() ⎰
PacketReceiverThreadInit()
HelloSendThreadInit ()
DispClusterStatusThreadInit ()
ChangeStatusThreadInit ()
DispClusterHeadNearThreadInit ()
RouteExpiryThreadInit ()
DeleteExpiryThreadInit ()
RREQIDExpiryThreadInit ()
HelloExpiryThreadInit ()
RouteDiscoveryTimerInit ()
ClusterHeadExpiryThreadInit ()
NeighborExpiryThreadInit ()

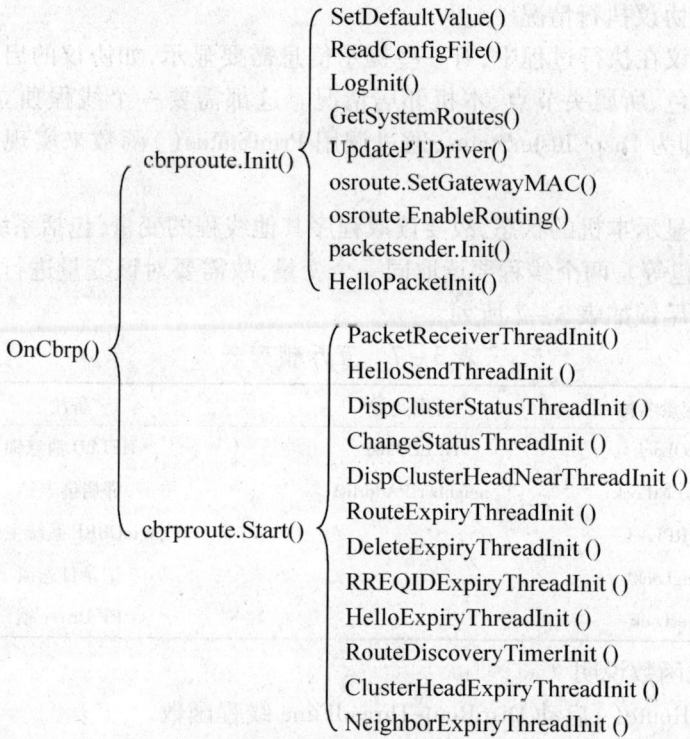

图 3 – 22　OnCbrp( ) 启动函数

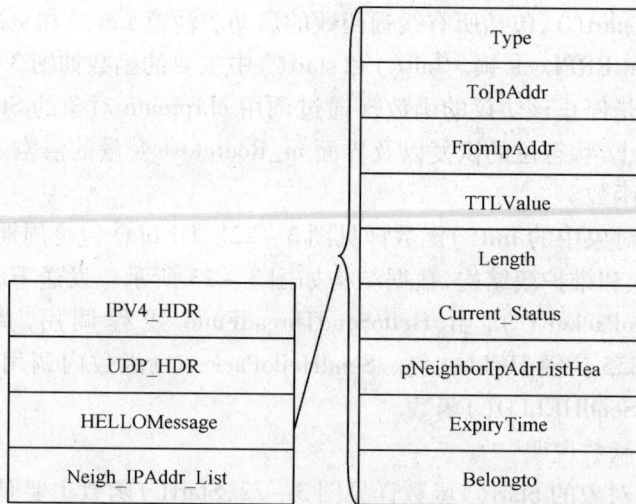

| IPV4_HDR |
| UDP_HDR |
| HELLOMessage |
| Neigh_IPAddr_List |

| Type |
| ToIpAddr |
| FromIpAddr |
| TTLValue |
| Length |
| Current_Status |
| pNeighborIpAdrListHea |
| ExpiryTime |
| Belongto |

图 3 – 23　HELLO 包内容及 HELLOMessage 数据结构

表 3−8　系统线程及标志位列表

线程名	线程变量	执行函数	启动标志	功能
DispRoute ThreadFunc	pDispRoute Thread	PrintIpForward Table( )	DispRoute ThreadStarted	显示系统路由表
DispCluster Status	pDispCluster StatusThread	PrintStatus( )	DispCluster Statused	显示状态信息
HelloSend ThreadFunc	pHelloSend Thread	SendHello Packet( )	HelloSend ThreadStarted	Hello 包发送线程
PacketReceiver ThreadFunc	pPacketReceiver Thread	GetAndProces sPackets( )	PacketReceiver ThreadStarted	包接收线程
RouteExpiry ThreadFunc	pRouteExpiry Thread	CheckActive RouteLifetime( )	RouteExpiry ThreadStarted	检查活动路由项是否过期
DeleteExpiry ThreadFunc	pDeleteExpiry Thread	CheckDelete RouteLifetime( )	DeleteExpiry ThreadStarted	删除到期路由
HelloExpiry ThreadFunc	pHelloExpiry Thread	CheckHello Received( )	HelloExpiry ThreadStarted	Hello 包到期线程
RouteDiscovery TimerThreadFunc	pRouteDiscovery Timer	ReRoute Discovery( )	RouteDiscovery TimerStarted	保存的路由请求到期线程
ChangeUndecided Status	pChangeStatus Thread	ChangeStatus( )	ChangeStatus Started	周期性的检查本机状态是否未定,超过一定时间就会主动变为簇头
DispClusterHead NearTooClose	pDispClusterHead TooNear	DispCluster HeadNear( )	DispClusterHead NearStarted	周期性的检查簇头是否靠得太近
CheckCluster HeadExpiry	pClusterHead ExpiryThread	CheckClusterHead ExpiryThread( )	ClusterHeadExpiry ThreadStarted	检查簇头过期线程
CheckExpiry Neighbor	pNeighbor ExpiryThread	CheckExpiry NeighborFunc( )	NeighborExpiry ThreadStarted	检查邻居是否过期线程
RREQIDExpiry ThreadFunc	pRREQID ExpiryThread	RemoveRREQIDAt Expiry( )	RREQIDExpiry ThreadStarted	请求 ID 到期线程的初始化函数

GetAndProcessPackets( )函数中处理包的函数是 ProcessEachPacket( )。检查包如果是发布给网关的 ARP，则调用 ProcessGatewayARP( )函数；如果包是非 UDP 包，则调用 BuildNormalPacket( )函数；如果数据包是从 CBRP 端口进来的包，则调用 BuildCBRPMsg( )函数。详细流程图如图 3 - 24 所示，截获所有包的服务是通过前述安装的 Passtrhu 服务来达成的。ProcessNormalPacket(PIPPacket pIPPkt)，用来处理单个的 IP 包，有三种可能的处理途径：①使用已经存在的路由处理包；②包来自刚被发现的目的地址；③这个包没有路由，发路由请求。处理 IP 包的流程图如图 3 - 25 所示。

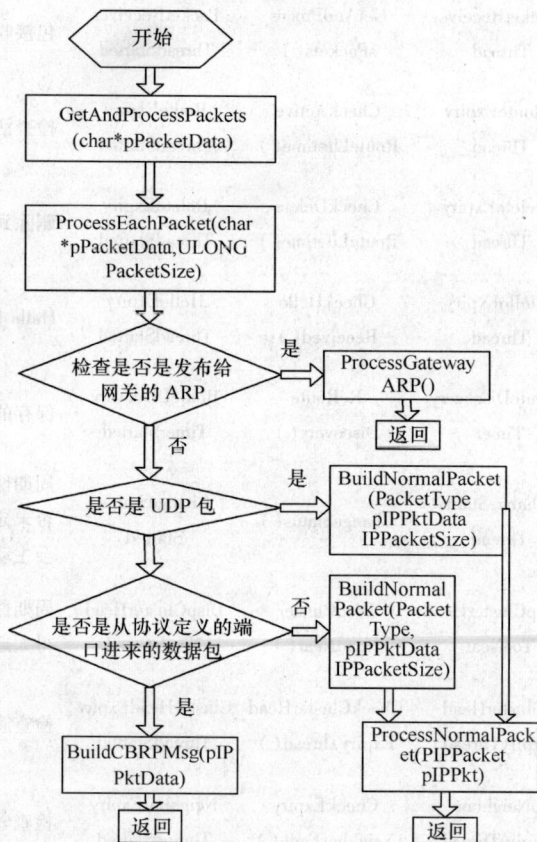

图 3 - 24　截获数据包处理流程图

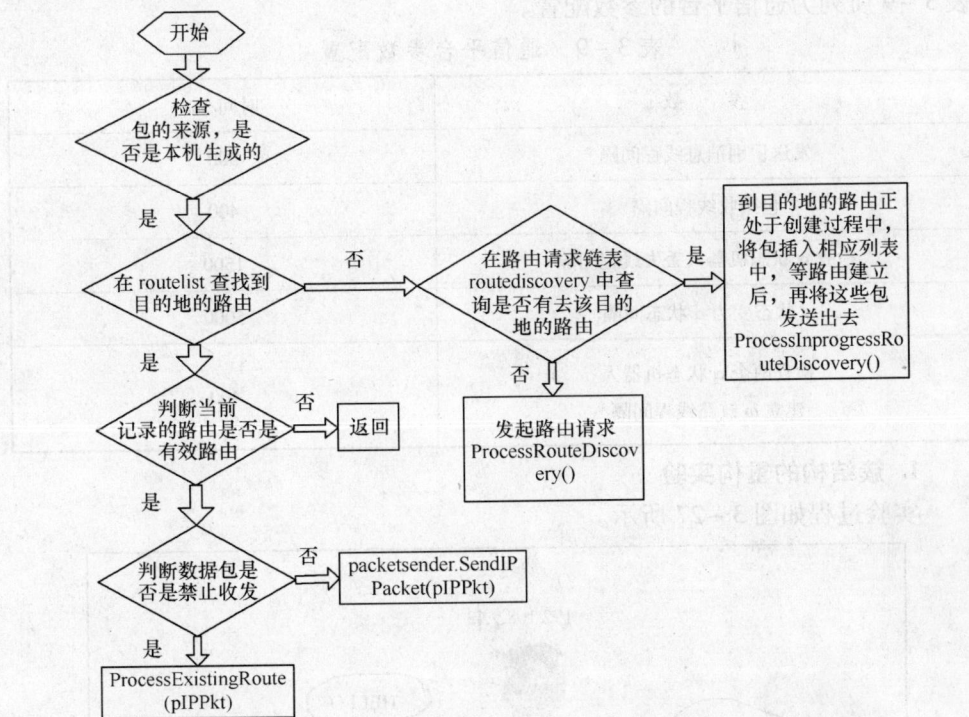

图 3 - 25 处理 IP 包流程图

3.5.2 多移动机器人通信系统实验

多移动机器人通信系统实验是在我们研制的"中南移动 2 号" MORCS - 2 多移动机器人团队进行的,如图 3 - 26 所示。机器人安装 Windows XP 操作系统,并且配备了 TP-LINK 公司的 TL-WN322G 无线网卡,实验环境为室内。

（a）
（b）

图 3 - 26 MORCS - 2 团队及机器人详图

（a）MORCS - 2 团队；（b）MORCS - 2 机器人详图。

表 3-9 所列为通信平台的参数配置。

表 3-9　通信平台参数配置

参　　数	时间/ms
发送识别消息线程间隔	300
包接收线程间隔	400
检查 α 状态机器人丢失线程间隔	1500
γ 状态变为 α 状态间隔	5000
检查两个 α 状态机器人 建立 $\bar{\omega}$ 链路线程间隔	400

1. 簇结构的重构实验

实验过程如图 3-27 所示。

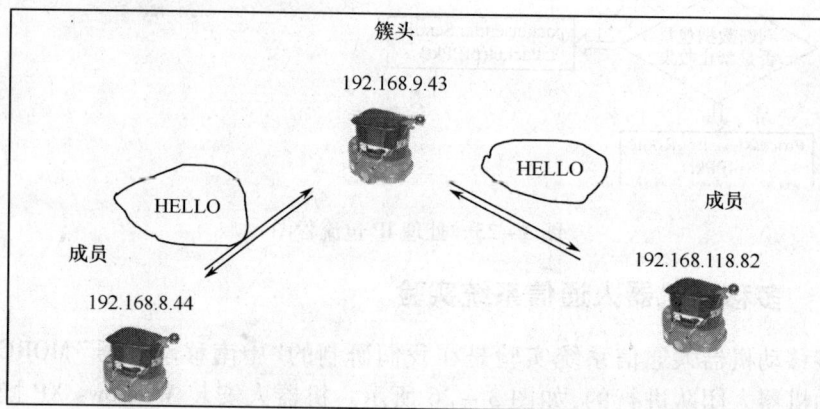

图 3-27　簇结构重构实验

首先组建一个簇结构,根据最小 ID 的原则,192. 168. 9. 43 机器人充当簇头节点。此时,断开 43 号机器人,这样 192. 168. 8. 44 和 192. 168. 118. 82 号会同时失去与簇头之间的联系,判断簇头丢失,进行簇结构重构。

由于 192. 168. 8. 44 的 ID 号小于 192. 168. 118. 82,故由 44 号充当簇头节点。此时 43 号机器人再次启动,会加入这个新的簇结构,成为成员节点。此时需要注意,虽然 43 号 ID 比 44 号的要小,但是不会进行簇的重建,这样做的好处是避免了簇结构的动荡。示意图参见图 3-28。实验数据表明,在室内环境,重构时间小于 2s。

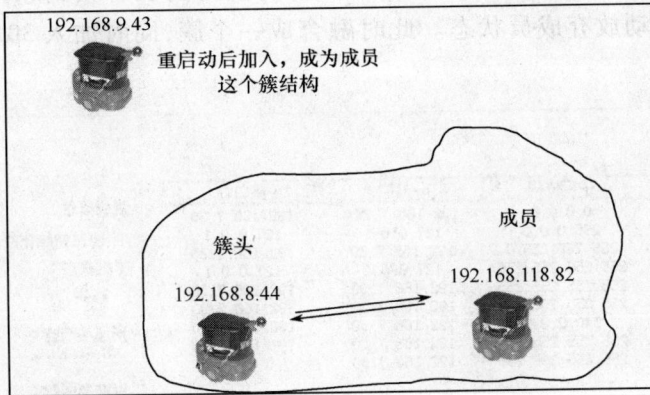

图3-28 簇结构重组示意图

2. 两簇结构靠近时的网络重组

该实验用于测试两个簇结构靠的过近超过一定时间时,进行簇结构重组,融合成一个簇的过程。实验过程如图3-29所示。

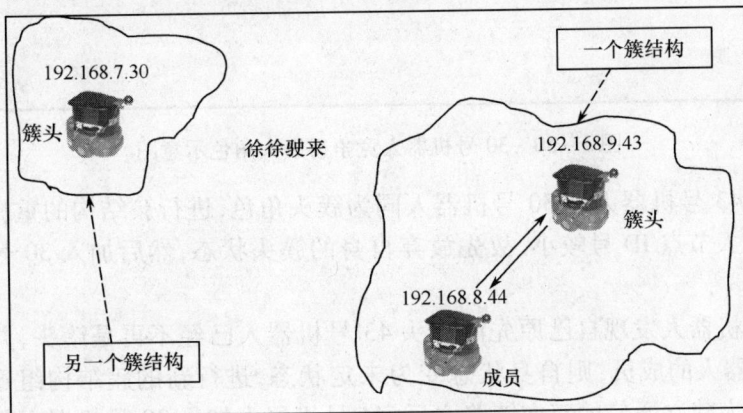

图3-29 两簇结构靠近时的网络重组

开始时,192. 168. 7. 30 自成为一个簇,192. 168. 9. 43、192. 168. 8. 44 组成第二个簇,由于两个簇距离很远,不能直接相连,故各自独立。30号机器人在向另一个簇移动的过程中,当收到该簇发来的 HELLO 消息时,此时在计时一段时间以后,进行簇结构的重构。两个簇头比较 ID 号,小的一方放弃。此时43号簇头放弃簇头角色,变为未定状态。

当两个簇结构相遇之后,进行簇的重构,30号机器人竞争为新的簇结构的簇头,如图 3-30 所示。44 号机器人在一段时间没有收到原先簇头 43 号的消息,则自动放弃成员状态。此时融合成一个簇,同时加入 30 号这个机器人簇节点。

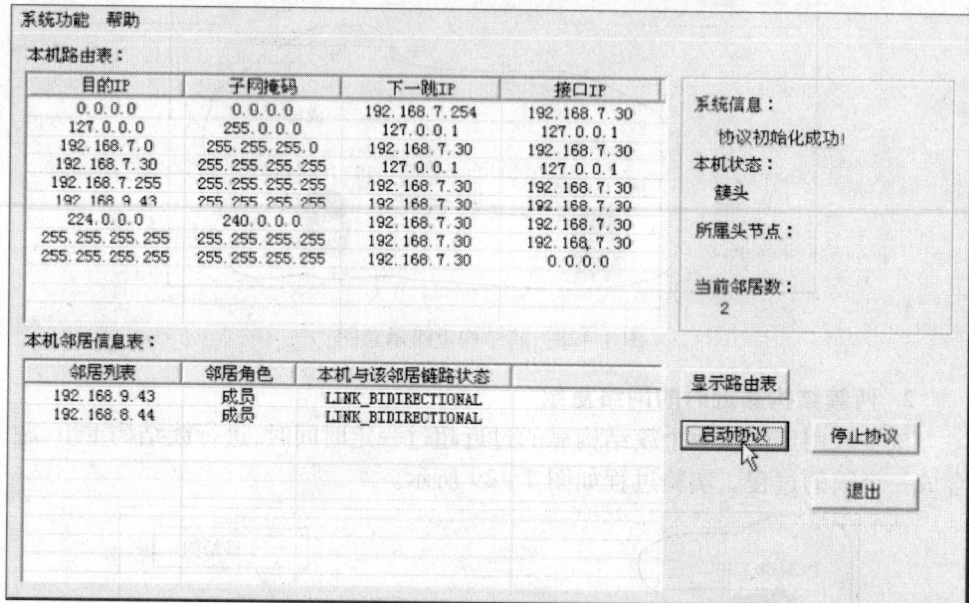

图 3-30　30 号机器人竞争得簇头角色示意图

由于 43 号机器人和 30 号机器人同为簇头角色,进行簇结构的重构。由于43 号机器人节点 ID 号较小,故先放弃自身的簇头状态,然后加入 30 号机器人的簇结构。

44 号机器人发现自己原先的簇头 43 号机器人已经不再是簇头,并且变为另一个机器人的成员,则自身状态变为未定状态,进行新的簇结构组建。在与30 号机器人建立通信的双向链路之后,44 号机器人加入 30 号机器人新组建的簇结构,至此,两个簇结构融为一个,进行了簇的重构,如图 3-31 所示。

3. 路由转发功能

通过中间节点进行转发路由消息,实验如图 3-32 所示。

机器人 C 需要发送消息给 A,在发送路由请求 RREQ 之后,发现不能与机器人 A 建立双向链路,无法将消息直接发送给机器人 A。这个路由请求 RREQ 被机器人 B 收到之后,它将该路由请求转发,因为它可以到达机器人 A。这样 C的路由请求消息通过 B 转发给 A。路由转发过程如图 3-33 所示。

系统功能 帮助

本机路由表:

目的IP	子网掩码	下一跳IP	接口IP
0.0.0.0	0.0.0.0	192.168.8.254	192.168.8.44
127.0.0.0	255.0.0.0	127.0.0.1	127.0.0.1
192.168.7.30	255.255.255.255	192.168.8.44	192.168.8.44
192.168.8.0	255.255.255.0	192.168.8.44	192.168.8.44
192.168.8.44	255.255.255.255	127.0.0.1	127.0.0.1
192.168.8.255	255.255.255.255	192.168.8.44	192.168.8.44
224.0.0.0	240.0.0.0	192.168.8.44	192.168.8.44
255.255.255.255	255.255.255.255	192.168.8.44	192.168.8.44

系统信息:

协议初始化成功!

本机状态:

成员

所属头节点:

192.168.7.30

当前邻居数:

2

本机邻居信息表:

邻居列表	邻居角色	本机与该邻居链路状态
192.168.7.30	簇头	LINK_BIDIRECTIONAL
192.168.9.43	成员	LINK_BIDIRECTIONAL

显示路由表

启动协议　停止协议

退出

图 3-31　44 号机器人加入新的簇结构

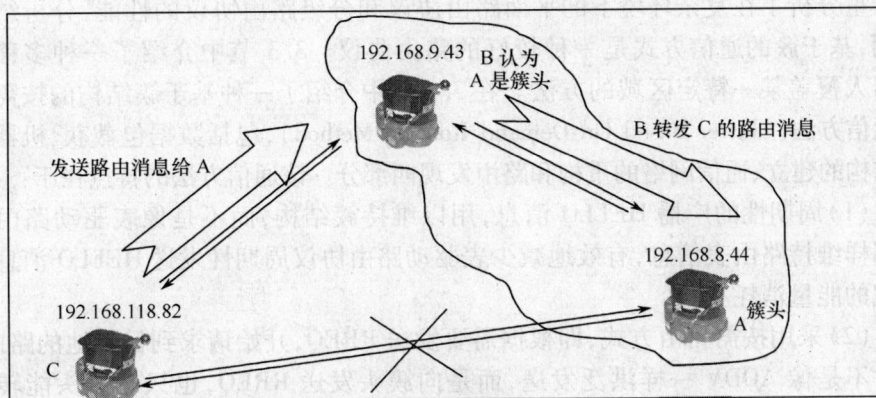

图 3-32　路由转发实验

本机路由表:

目的地址	子网掩码	下一跳地址	接口地址
0.0.0.0	0.0.0.0	192.168.118.254	192.168.118.82
127.0.0.0	255.0.0.0	127.0.0.1	127.0.0.1
192.168.8.44	255.255.255.255	192.168.9.43	192.168.118.82
192.168.9.43	255.255.255.255	192.168.118.82	192.168.118.82
192.168.118.0	255.255.255.0	192.168.118.82	192.168.118.82
192.168.118.82	255.255.255.255	127.0.0.1	127.0.0.1
192.168.118.255	255.255.255.255	192.168.118.82	192.168.118.82
224.0.0.0	240.0.0.0	192.168.118.82	192.168.118.82
255.255.255.255	255.255.255.255	192.168.118.82	192.168.118.82

图 3-33　路由转发示意图

3.6 小结

本章系统介绍了多移动机器人通信系统的国内外研究现状和主要的研究内容,主要包括多移动机器人通信方式的研究、多移动机器人通信语言研究、多移动机器人通信拓扑结构研究、多移动机器人通信协议研究以及基于多移动机器人通信的应用研究。

通信方式的选择与机器人通信系统结构相关,结合显式通信和隐式通信的通信方式是未来的研究方向;目前还未有通用的多移动机器人通信语言,对于多移动机器人系统通信的内容和语言的研究可结合多艾真体通信语言的研究成果;目前多移动机器人大量采用基于 Ad Hoc 的组网方式,虽然有其他形式的网络结构,但是远不如 Ad Hoc 网络适用于多移动机器人系统。目前结合传感器网络的多机器人系统研究有了很广阔的研究方向。

3.2 节中分析了一些组件多移动机器人通信网络常用的路由协议的性能,并着重分析了在复杂环境下的平面路由协议和分级路由协议的性能,分析结果表明,基于簇的通信方式是一种较好的路由协议。3.3 节中介绍了一种多移动机器人覆盖某一特定区域的方法。在 3.4 节中介绍了一种基于簇结构的按需路由通信方法(Cluster Based On-Demand Routing Method),包括数据包截获、机器人簇结构的建立、通信网络的重构和路由发现四部分。该通信方法的特点在于:

(1)周期性的广播 HELLO 消息,用以维持簇结构,而不是像表驱动路由协议那样维持路由表信息,有效地减少表驱动路由协议周期性发送 HELLO 消息所造成的能量消耗。

(2)采用按需路由方式,即根据需要发送 RREQ,开始请求到目的地的路由。此时不是像 AODV 一样洪泛发送,而是向簇头发送 RREQ,也只有簇头能转发 RREQ,体现了分簇路由协议速度快、延时小、参与节点少的优势,适合于多机器人间信息实时交互。

(3)发送的 RREQ 消息中并不携带完整的源路由信息,这样节省了路由开销的能量。

(4)HELLO 消息中携带本机邻居表信息,通过组建两跳拓扑数据结构,可以进行局部的链路修复,适合于多机器人在大范围内的信息交互。

(5)可重构通信技术保证了簇结构和链路的可重构性,提高了多移动机器人通信平台对环境的适应能力。该协议能高效实现多机器人间的信息传递,为多移动机器人相互协作提供通信服务。

4

多移动机器人协同机制

4.1 多移动机器人任务规划

任务规划是异质多移动机器人协同机制研究的重要内容,任务规划研究包含任务分配和路由规划两个方面。多移动机器人协调侦察多个目标点是一类颇具代表性的任务类型,如多个军事据点的侦察、多个军事目标的打击、侦察传感器的散播等都可以抽象为这种类型的任务。然而即使在静态环境下,这类任务的最优分配问题也是 NP 问题。若以多移动机器人完成全部侦察任务所需要移动的路径总长度作为评价任务分配的最优性指标,则实现最优任务分配的困难表现在各移动体的侦察路径长度与所分配任务的分布以及各机器人规划的侦察路径(侦察任务序列)相互影响,而各移动体侦察路径的规划问题是著名组合优化问题 TSP(Traveling Salesmen Problem)的一种一般形式(起点与终点不一定相同)。因此,静态环境下多移动机器人协同侦察多个目标点的任务分配问题可以归结为求解一般形式(各移动体的起点、终点不一定相同)的多旅行商问题(Multiple Traveling Salesmen Problem,MTSP)。如果考虑到多移动机器人的工作环境动态不确定、环境信息不完备等条件时,多移动机器人侦察任务的分配问题将更为复杂。

4.1.1　多移动机器人系统中的任务分配

协同多移动机器人系统比单机器人系统具有许多的优势,在执行大规模复杂任务时,协同多移动机器人系统具有较高的工作效能和较强的容错能力。协同多移动机器人系统的典型应用有环境地图构建、星球探测、搜索与营救、协同侦察以及安全监控等。

任务分配问题是多移动机器人系统中的基本问题之一。任务分配可以简单描述如下:给定一个机器人集合、一个任务集合及系统性能评价指标,为每个子任务寻找一台合适的机器人负责执行该子任务,且使得机器人系统执行完任务集合中的全部任务时所获得的收益最大。遗憾的是,在实际工作中任务分配问题是很难寻找到最优分配方案的,因为该问题是一个 NP 问题。对这类问题求解是往往采用启发式方法求出问题的一个可接受的满意解。

最近十年中,多移动机器人系统的任务分配(Multiple Robot Task Allocation, MRTA)问题受到了研究者们的广泛关注,但人们通常考察的重点在于如何降低任务的执行总成本和提高机器人系统的总收益,而很少关注如何降低个子任务的平均完成时间的问题。

1. 任务分配问题

设执行侦察任务的移动体是自主移动的机器人,则多移动机器人协同侦察多个目标点的任务分配问题可以简单描述为:给定机器人集合 $R = \{r_1, \cdots, r_n\}$ 以及待侦察的目标任务集合 $T = \{t_1, \cdots, t_m\}$,试对目标任务集合进行划分使得划分后的各子集互不相交,即 $T = \bigcup_{i=1}^{n} T_i, T_i \cap T_j = \varnothing$,对 $\forall i, j \in \{1, \cdots, m\}, i \neq j$,将划分后的任务子集合分配给各机器人使得每个机器人最多承担一个任务子集的侦察任务,且系统性能指标达到最优。通常用来评价任务分配质量的性能指标有下列三种:①全体机器人侦察路径的总代价最小;②全体机器人探测路径中最大的侦察路径代价最小;③全体目标的平均侦察代价最小。

设机器人 r 已经沿探测路径依次探测了目标 $t_1, t_2, \cdots, t_s$,则 $t_i (1 \leqslant i \leqslant s)$ 的目标代价为

$$T_c(t_i) = \sum_{j=1}^{s} F_c(t_{j-1}, t_j) \tag{4-1}$$

而机器人 r 的路径代价(Path Cost)为

$$P_c(r) = \sum_{i=1}^{s} F_c(t_{i-1}, t_i) \tag{4-2}$$

式中：t_0 是机器人的初始位置；代价函数 F_c 在欧几里得空间中满足三角不等式 $F_c(i,j) \leqslant F_c(i,k) + F_c(k,j)$。

不等式说明机器人在移动过程中应该尽可能地选择直线路径。多移动机器人任务分配问题可以表示成对一个加权无向完全图 G 的划分问题。G 的顶点集合对应机器人和探测目标的位置，边的权值对应两个位置之间的距离。问题的是如何对 G 的顶点进行划分，使得每个部分恰好包含一个机器人对应的点，对每个部分从机器人对应点开始构造一条路径，使得个目标点的平均路径的长度最小。

例如现有三个机器人（R1，R2 和 R3）、6 个待探测的目标（G1，G2，G3，G4，G5，和 G6），它们的位置如图 4 - 1 所示。如果将 G1 和 G2 分配给机器人 R1，G3 和 G4 分配给 R2，而 G5 和 G6 分配给 R3，则 Fc(R1，G1) 等于 2 个单位代价，F_c(G6) 等于 6 个单位代价，这 6 个目标的平均目标代价为 22/6 个单位代价，其中一个单位表示一个网格距离。

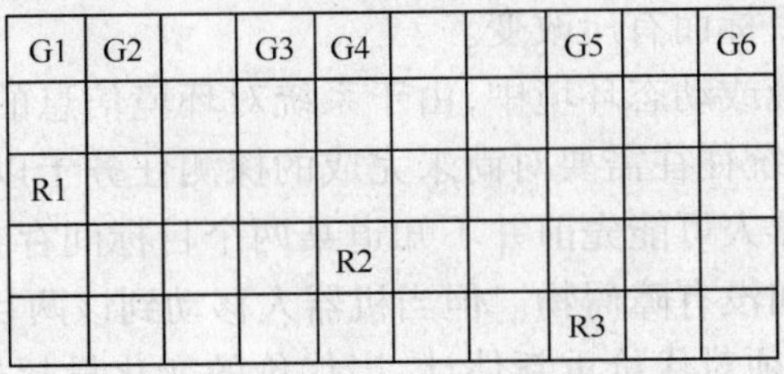

G1	G2		G3	G4		G5		G6
R1								
				R2				
							R3	

图 4 - 1　探测代价示意

这个例子也反映出最小化多移动机器人系统的总消耗代价与最小化平均目标代价是不同的问题。如果问题所追求的目标是探测总代价最小，则机器人 R1 应该负责探测全都目标。因为此时机器人 R1、R2 和 R3 的路径代价分别是 11、0、0，总代价达到最小值 11，而平均目标代价 32/6 大于 22/6。

2. 分配算法描述

基于拍卖的分配方法是一类适合多移动机器人系统任务分配的方法。这类方法往往将任务的分配过程通过竞标的方式分布实现：每个机器人根据自己掌握的局部信息和全局信息做出规划，估计出执行该规划的代价，并将规划以及代价信息以广播的方式告知系统中的其他机器人，这些信息相当于该机器人的一份标书，然后按照拍卖仲裁机制根据各个机器人代价信息裁定任务的最终分配。考虑到寻找最优分配方案的计算复杂性，提出了一种基于拍卖机制的任务分配算法。该算法能够获得近似最优解，且计算复杂度是线性的。任务的分配过程很类似于用 Prim 算法寻找加权完全图的最小生成树,完全图中各边的权值是对应两个位置间的欧几里得距离。算法中的集合 V_T 包含全部未分配的目标, V_R 是机器人集合。每个机器人 r 所申请到目标构成一棵树 T_r, 每轮竞标时对目标 t 的代价估计为 $NewBid_r(t)$。机器人 r 对 T_r 中全部的目标实施探测所需要的代价估计值为 $ApprCost(T_r)$, $ApprTcost(t)$ 表示当前对目标 t 拥有探测权的机器人对 t 实施探测所需要的目标代价估计值,每一轮分配都根据 $NewBid_r(t)$ 值将目标 t 分配给 r。当所有的目标都分配完后,各个机器人根据自己获得的目标树采用深度优先搜索规划出一条探测路径。算法 MiniAveCost 实现时可以利用多优先数据结构,这与 PRIM ALLOCATION 所采用的方法类似。为每个机器人构建一个优先队列,每个队列包含所有尚未分配的目标,队列中的元素根据其所代表的目标位置与相应机器人位置的距离以递增的次序排序。每次分配完一个目标 t 给机器人 r 后,将 t 从其他机器人的优先队列中删除,而机器人 r 的优先队列中尚未分配的元素需要重新排序,因为该队列对应的机器人前往这些目标的代价可能因这新分配的目标而有所改变。

在部分未知环境或动态环境中,由于系统对环境信息的掌握不完整或环境本身发生了变化,系统往往需要对尚未完成的探测任务予以重新分配而最小化探测代价。例如机器人可能先前并不知道某两个目标间存在障碍物,因而往往乐观地认为它们之间没有障碍物。但当机器人移动到该两目标之间并发现了障碍物时,该机器人必须对代价重新估计,当代价的变化量超过设定的阈值时,系统必须重新分配尚未探测的目标。

3. 结果讨论

述两个算法都已经用 Matlab 仿真实现,实验结果表明了它们的有效性。机器人的探测区域大小设定为 40×40, 系统拥有 3 个机器人,待探测的目标位置以及各机器人的初始都采用随机的方式产生。表 4 - 1 列出了部分实验的结果。列 InitNum 表示的是初始尚未分配的目标数目, StAveCost 是根据算法求得的平均目标探测代价, OptAveCost 表示最优的平均目标探测代价。

表 4 - 1　实验结果

IniNum	StAveCost	OptAveCost
5	32.7	27.3
8	30.5	21.6
12	15.3	10.8
17	25.9	18.5
20	27.7	16.3

在很大程度上是因为探测路径的生成过程中没有考虑探测次序对平均目标代价的影响,因而只能求得次优解。

4. 结论

多移动机器人任务分配问题是机器人学中的基本问题之一,目前尚没有一个通用的理论用来解决它。如何使得平均目标探测代价最小是一个具有挑战性的问题。该问题源于在单位时间内如何提高单位时间内搜救受灾人员数的问题。因为寻求此类问题的最优解是 NP-hard 问题,提出的算法是基于拍卖机制的简单快速算法,其时间复杂度是线性的。研究结果离问题的完全解决还有很远,许多的研究工作需要继续深入开展。

4.1.2 基于异质交互式文化混合算法的机器人路由规划

1. 机器人路由规划模型

机器人探测任务遍历规划可描述为:已知机器人所处环境为简单环境,即任务点数不会随时间变化而变化,同时机器人有足够能量和能力来完成这一探测任务,并不考虑执行探测任务所需时间的前提下,需要在遍历任务点集合中找出一条经过每个任务点(有且仅经过一次)的最短路径(最终回到起始任务点)。如果用 d_{ij} 表示任务点 i 到任务点 j 的距离,则总的探测路径长度为 $d = \sum d_{ij}$。机器人探测任务的最优解是指 d 最短的一条有效路径解。若不限定路径方向,并除去循环冗余的路径条数,其可行解空间大小为 $\frac{n!}{2n}$($n \geq 4$, n 为任务点数)条。计算复杂度随任务点数目增加呈指数增长,这是完全非确定性多项式问题(NP 完全问题)。不失一般性,将机器人探测任务遍历规划模型建立成完全无向图形式,如式(4-3)所示,其中式(4-4)为约束条件。

$$\min f = \sum_{i=1}^{n} \sum_{j=1}^{n} d_{ij} x_{ij} \qquad (4-3)$$

$$\sum_{i=1}^{n} x_{ij} = 1, j = 1, \cdots, n$$

$$约束条件: \sum_{j=1}^{n} x_{ij} = 1, i = 1, \cdots, n \qquad (4-4)$$

$$x_{ij} \in \{0,1\}, \forall (i,j) \in E$$

2. 异质交互式文化混合算法(Heterogeneous Interactive Cultural Hybrid Algorithm,HICHA)

图 4-2 所示为 HICHA 体系结构框架图。

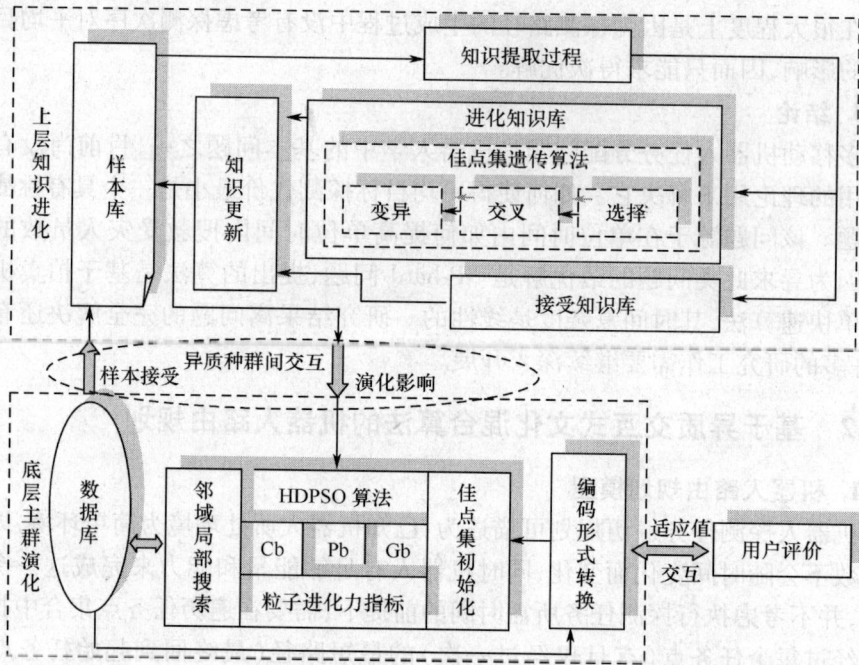

图 4 – 2 HICHA 体系结构框架图

1）主群空间演化——混合离散粒子群（HDPSO）算法进化运算规则

在 PSO 算法中，每个粒子的行为主要受到当前动量，个体认知部分和社会认知部分的影响，因此传统的粒子速度公式和位置更新公式可由式（4 – 5）、式（4 – 6）表示。

$$v_{t+1} = [w_k \otimes v_t] \circ [C_1 \otimes (L_{\text{best}} \Theta x_t)] \circ [C_2 \otimes (G_{\text{best}} \Theta x_t)] \quad (4-5)$$

$$x_{t+1} = x_t \oplus (w_k \otimes v_{t+1}) \quad (4-6)$$

其中符号 Θ 表示位置与位置减法运算，如果两位置某维上的分量相同，则对应的分速度为零，如果两位置同一维上的分量不同，则分速度与被减数分量一致。符号表示速度与速度的加法运算，当两个速度都为零时，则结果为零；如果两个速度当中有且只有一个为零时，则选择不为零的速度作为相加后的速度和；若两个速度都不为零，则以一定的概率随机取一个，引入随机数有利于维持粒子群的多样性，因此速度加法不再满足交换律。符号 ⊕ 表示位置与速度加法运算，体现粒子位置变化。如果 v 为零矢量，表示空操作，即影响位置上任何维数据。如果 v 不为空操作，表示把此位置上相应维的数据修改成了 v_i，实际上可理解成交换操作,这保证了新位置的可行性。符号 $\otimes$ 表示速度的数乘运算,可理解为一种概率选取操作。

2)知识空间进化——佳点集遗传算法进化步骤

(1)知识空间个体形式采用与主群空间个体一致的符号编码形式,以接受存储主群体的样本。知识群体规模一般取主群规模的 20% ~ 40%。

(2)知识群体进行自身进化操作,以赌轮法随机取两条路径的染色体,对其进行佳点集交叉。以概率 p_m 进行变异遗传操作。

(3)把经过遗传操作后得到的染色体都放到染色体池中,对新得到的染色体,计算其适应度值。若假定染色体的容量一定,当染色体的个体超过容量时,就将适应度小的染色体从池中删去。

(4)异质种群交互式接口操作

接受操作:在主群空间和知识空间协同演化过程中,每运行 ACCEPTSTEP 代时,如果主群空间当前的 global_best 适应值优于知识空间中最差的个体,即将 global_best_pos 覆盖知识空间中的最差个体。

影响操作:主群空间的粒子演化每运行 AFFECTSTEP 代时将知识空间群体中适应值较好的 BEST_NUM 个个体替代粒子群中适应值较劣的同样数目个体。在粒子群演化的初始阶段,知识解对粒子演化影响较小,使其保证快速演化,在粒子群演化的后期,知识解对其影响逐渐加大,使其能更多地接受知识空间的引导,同时扩大搜索空间,具备更好的全局搜索能力。接受操作和影响操作是实现异质种群交互的重要接口。

3. HICHA 主群空间中 HDPSO 综合性能改进(Synthetic Behavior Improved for HDPSO)

改进 1:利用佳点集进行初始化

首次将数论中的佳点集理论运用到离散粒子群文化算法中,是一种新的尝试。利用数论中的佳点集理论,利用公式 $r_k = 2\cos 2\pi k/p, 1 \le k \le t, p$ 是满足$(p-t)/2 \ge t$ 的最小素数。r_k 是佳点。将生成的 $p_1, p_2, \cdots p_t$ 也按照从小到大排序得到 $p'_1, p'_2, \cdots p'_t$。佳点集详细操作步骤可根据数论中知识获得,根据 p' 排列与 p 对应的任务点进行重排,即生成 nParticle 个具有多样性均匀分布的可行解集合。初始种群的分布状态不仅直接关系算法的全局收敛效果,还影响算法的搜索效率,方法易行且更适合多维情况。

改进 2:粒子进化模型的更新

从社会心理学的观点来看,学习因子 C_1 表示个体学习自身成功行为的能力,称为认知因子,而 C_2 表示学习社会成功行为的能力,称为社会因子,它们保

证搜索到局部最优 L_{best} 和全局最优 G_{best} 为中心的领域所有范围。研究测试了两种极端情况:单社会模型和单认知模型,发现这两个因子对 DPSO 算法成功搜索到最优值都是必须的。引入每次迭代过程中每代的最优值 C_{best}(Current Best),再次影响搜索的效果,C_3 表示当代学习成功行为的能力,称为时代因子。如式(4-7)所示,新定义一个当代粒子最优位置 C_{best},使得粒子在向个体最优和全局最优逼近的同时也向当前代最优值进行靠拢。另外由于 HDPSO 的特殊性,速度会对位置各维数据互相影响,所以采用分段计算方式会比式(4-5)、式(4-6)形式的效果好。

$$\begin{cases} x'_t = x_t \oplus \boldsymbol{\omega} \otimes V_t \\ x''_t = x'_t \oplus C_3 \otimes (C_{best} \Theta x'_t) \\ x'''_t = x''_t \oplus C_1 \otimes (L_{best} \Theta x''_t) \\ x_{t+1} = x'''_t \oplus C_2 \otimes (G_{best} \Theta x'''_t) \end{cases} \quad (4-7)$$

每个粒子追随当前个体最优解及全局个体最优解运动,具有快速收敛、计算简单等特点,但当粒子当前位置与全局最优,个体最优和当代最优位置相同时,极易陷入局部最优解。因为群体的多样性不断减小,有用的指导信息不断丢失,使粒子没有能力跳出局部最优位置。为此定义了粒子进化力指标:

定义 4-1:粒子相似性 S_{ij} 是指两个位置 x_i 和 x_j 的相似程度,即如果 $S_{ij}=1$ 则两者完全相同,如果 $S_{ij}=0$ 则完全不同,S_{ij} 在 $[0,1]$ 之间,如式(4-8)所示。

$$S_{i,j} = \frac{1}{n} \sum_{k=1}^{n} i \quad \text{if}(x_{i,k} = x_{j,k}) i = 1, \text{else } i = 0 \quad (4-8)$$

定义 4-2:粒子个体进化力 E_i 是 1 减去指粒子与其历史最佳、全局最佳和当代最佳间的相似程度,如式(4-9)所示。

$$E_i = 1 - \frac{1}{6}(S_{i,lbest} + S_{i,gbest} + S_{i,cbest} + S_{lbest,gbest} + S_{lbest,cbest} + S_{cbest,gbest})$$

$$(4-9)$$

定义 4-3:粒子群群体进化力定义为粒子个体进化力的平均值 $\bar{E}$,如式(4-10)所示。

$$\bar{E} = \frac{1}{n} \sum_{i=1}^{n} E_i \quad (4-10)$$

当粒子个体进化力小于某阈值 α 时,对粒子个体加入扰动因子,如公式(4-11)所示。

$$curSwarm(i+1) = Perturbation(curSwarm(i+1)) \qquad (4-11)$$

改进3:近邻搜索优化策略的引进

演化后期,解的收敛速度明显下降,几乎停止进化,所以在 HICHA 算法中引进一种局部搜索优化策略,以提高解的质量。探测任务规划的最佳解很大程度上包括相邻任务点间距离最短的边或是较短的边,近邻搜索策略利用此规律,计算出与各任务点近邻的排序表,例如 $KL(i,j)$ 表示离任务点 i 第 j 近的任务点号,取最大宽度为 width $=5$。对每一个任务点,如果它接下去要访问的任务点不是最近任务点。则以此最近任务点作为当前速度,作用到该粒子的位置上,如果此时的路径长度减小,则接受此路径。如果路径长度没有减小,再把次近任务点当作当前速度,作用到当前粒子的位置上,判断此时路径是否减小,如果减小接受此解,并将此操作作用到粒子的每维上。将近邻搜索优化策略作为一种变异方式,加入 HICHA 中,使算法在空间搜索和局部开采间取得较好平衡,这种变异策略将启发式算法和仿生群优化算法有机的融合,各尽其责,各取其用。

4. 机器人路由规划实验仿真与结果分析

根据机器人探测任务规划模型可知,此类问题与传统的 TSP 类似,为了不失一般性和结果的可比性选用 TSPLIB 数据库中6类数据作为任务点所在位置,机器人进行遍历式的任务规划,使总代价值最小。为了说明算法所得最优解的稳定性和敏感程度,定义了实际相对误差(Relative Percentage Actual Error)概念;为了体现每次所得最优解与已知最优解的偏差,定义了偏差度的相对误差(Relative Percentage Deviation Error)概念。其中 K 为每个测试问题算法运行的次数,取 $K=10$,$best_i$ 表示第 i 次计算所得最优解,OPT 为 TSPLIB 标准库中已知最优解。

定义 4-4: 实际相对误差(E_a)为每次得到的最优解的平均值与实际最优解的差除以实际最优解本身所得,见式(4-12)。

$$E_a = \frac{\sum_{i=1}^{K} best_i - \min(best)}{\min(best)} \times 100\% \qquad (4-12)$$

定义 4-5: 偏差度相对误差(E_d)为每次得到的最优解和已知最优解的差的均值除以已知最优解所得,见式(4-13)。

$$E_d = \frac{\sum_{i=1}^{K} (\text{best}_i - \text{OPT})}{K \times \text{OPT}} \times 100\% \qquad (4-13)$$

1) 各阈值参数选取对 HICHA 的影响

直接影响 HICHA 的优劣有两个参数,它们对主群空间的演化机制影响较大。一个是控制反映粒子进化力的阈值参数 E,另一个是掌控邻近搜索变异优化策略程度的变异概率阈值 C。分别设置进化力阈值 E 为 0.2、0.5、0.8,概率阈值 C 选取 0.3、0.5、0.8,针对 TSPLIB 数据库中 eil101 问题讨论进化力阈值 E、概率阈值 C 和偏差度相对误差(E_d)的关系,如图 4-3 所示。可知对于不同进化力阈值 E,变异概率阈值 C 取 0.3 时,偏差度相对误差(E_d)较小。而对于不同的变异概率阈值 C,进化力阈值 E 取 .0.5 时,偏差度相对误差(E_d)相对较小。然而图 4-3 中 E_d 最小值是变异概率阈值 $C=0.3$,进化力阈值 $E=0.8$ 时。进化力阈值一旦增大,粒子群的进化活性很强,收敛速度就会减慢;同理当变异概率阈值增大时,算法很容易跳过最优解,使得算法解振荡,同时也影响到收敛速度。其实参数阈值的选取要针对问题规模,运行时间需求和所需解的质量进行调整。

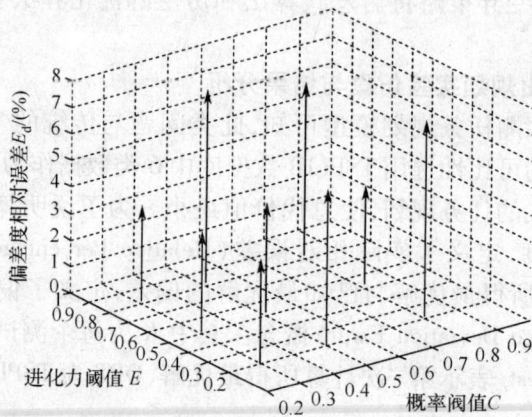

图 4-3 各阈值对算法性能影响的统计分析图

2) 各算法综合性能的比较

为了验证 HICHA 算法的有效性,利用传统的 GA 和近期提出的 PSOBA 算法进行了比较,有些文献中采用的是整数距离,所有距离矩阵均为浮点型。HICHA 主群空间的规模都设置为任务点数目的两倍,知识空间的规模为主群空间的 40% 向下取整,最大迭代次数为 500 次,由分析可知 C 取值 0.3,E 取值 0.5 是可接受的。GA 最大迭代次数为 1000,实验利用各算法针对不同问题独立运行 10 次所得的结果,如表 4 - 2 所列。从表 4 - 2 可以得知,不论是在解的质量最优解方面还是在均值误差方面,HICHA 所得结果均最小,具有全局最优收敛性,综合性能优于其他两种算法。在小规模任务点数时 PSOBA 和 HICHA 都表现出很好的寻优能力。而在大规模任务点数时,GA 迭代 1000 次此后仍没有找到可接受的解,其实当 E_d 大于 50% 都可认为不可接受解或是非满意解。

表 4 - 2　各算法求解结果对比

Problem	OPT	各种算法	算法最优解	最优解均值	E_a/(%)	E_d/(%)
		GA	31.8456	34.9027	9.96	13.0324
burma14	30.8785	PSOBA	30.8785	30.8785	0	0
		HICHA	30.8785	30.8785	0	0
		GA	454.6377	469.1147	3.1843	9.1007
eil51	429.9833	PSOBA	442.8900	454.2949	2.5751	5.6541
		HICHA	429.9833	441.0769	2.5801	0
		GA	702.9195	728.9117	3.6977	7.4144
st70	678.5975	PSOBA	693.1586	716.3253	3.3422	5.5597
		HICHA	688.3468	713.8860	3.7102	5.2002
		GA	571.2668	594.985	4.1519	9.0940
eil76	545.3876	PSOBA	566.1853	589.7799	4.1673	8.1396
		HICHA	558.3856	574.7540	2.9134	5.3845
		GA	716.1593	730.7432	2.0364	13.7681
eil101	642.3095	PSOBA	713.5322	740.6747	3.8040	15.2093
		HICHA	664.0625	674.9978	1.6467	5.0892
		GA	8.041E+03	8.462E+03	5.23	119.31
tsp225	3.859 E+03	PSOBA	5.018 E+03	5.341E+03	6.44	38.40
		HICHA	4.076 E+03	4.199 E+03	3.02	8.811

　　各种算法针对 eil101 和大规模 tsp225 数据进行机器人探测任务规划的进化曲线(图 4 - 4)。由图 4 - 4 可知,HICHA 收敛速度快于 GA 和 PSOBA,并且解的质量也明显优于其他两种算法。但由于 HICHA 中加入了邻近变异优化策略,并加之交互间的接受与影响操作,所以消耗的时间明显高于 GA,PSOBA 耗时处于两算法之间,如图 4 - 5 所示最优值的求解时间对比柱状图。从图 4 - 5 中可看出,任务规划问题的求解规模越大,空间越复杂,HICHA 与 GA 的求解消耗时间

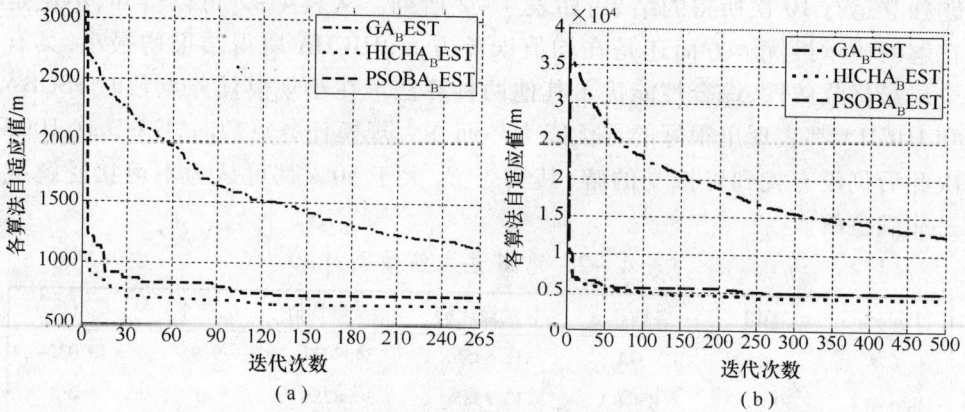

（a）　　　　　　　　　　　　　　（b）

图 4-4　各算法平均进化曲线

（a）针对 eil101 数据进行机器人探测任务规划；（b）针对 tsp225 数据进行机器人探测任务规划。

差别也就越大。所以在解决实际问题的时候,需要权衡求解质量、收敛速度和消耗时间的需求强度。提出的算法个体间是相互独立的,若能利用并行技术解决这一实际问题,HICHA 的计算效率会进一步提高。图 4-6 和图 4-7 分别是针对 TSPLIB 数据库中 eil101 和 tsp225 问题机器人进行探测任务规划的结果,其中" ＊ "表示 TSPLIB 中规定的任务,连线表示规划后的行进路径。

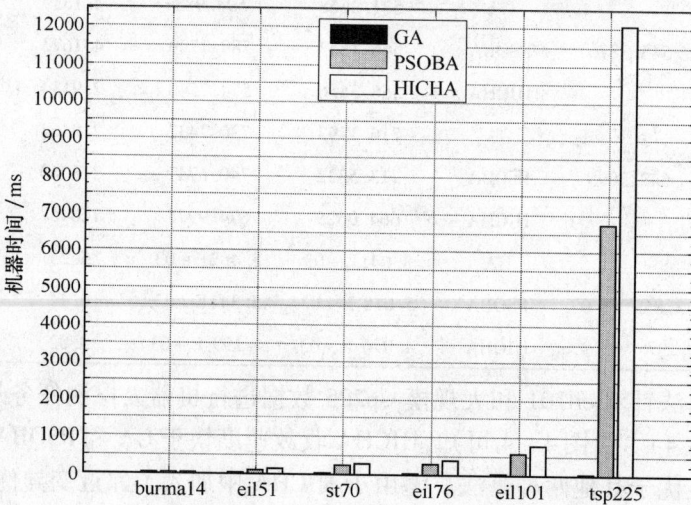

图 4-5　HICHA、PSOBA 和 GA 最优值求解时间对比

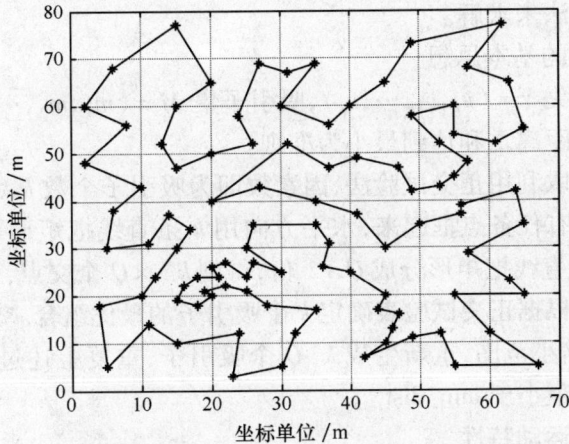

图 4 - 6 针对 eil101 数据机器人进行探测任务规划的结果

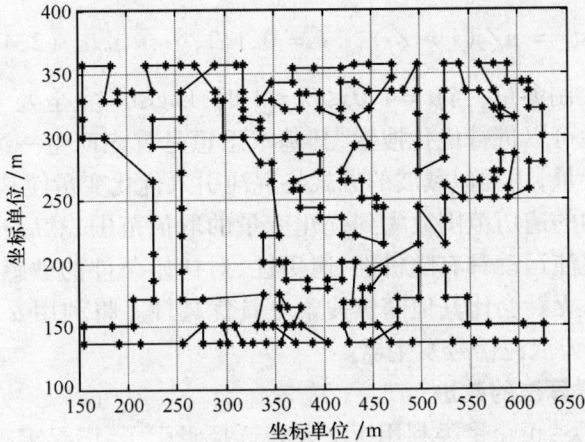

图 4 - 7 针对 tsp225 数据机器人进行探测任务规划的结果

4.1.3 正交混沌蚁群算法在群机器人任务规划中的应用研究

1. 正交混沌蚁群算法求解多移动机器人系统任务规划

在求解 mTSP 的算法中引入 $M-1$ 个虚拟点,记为 $N+1,N+2,\cdots,N+M-1$,并加入一定的约束条件,可将 mTSP 转化为单 TSP 进行解决,这也是目前解类似问题普遍的算法。正交混沌蚁群算法首先利用正交进行聚类,把群机器人任务规划问题转化为单机器人路径规划问题,对每个单机器人路径规划问题利用改进的混沌蚁群算法来求解。

1)正交聚类的基本思想

已知任务点集 $V = (v_1, v_2, \cdots, v_n)$,吸引子集 $M = (m_1, m_2, \cdots, m_k)$,以每个任务点到吸引子的距离之和达到最小为准则。

吸引子的选取利用正交试验法,因素数即为吸引子个数 k,水平数为用一个最小的矩形把所有任务点框起来,水平方向用 k 条直线把矩形等分成 $k+1$ 份,垂直方向用 Q 条直线把矩形分成 $Q+1$ 份,得到 $k^* \times Q$ 个交点,每个交点即为一可能的吸引子。根据正交试验表确定 k 个吸引子的最优组合。然后以吸引子最优组合为中心,缩小范围,重新生成 $k^* Q$ 个吸引子,重复上述过程,直到同一因素上的吸引子间距小于 min_dist。

2)混沌及其运动特性

目前对混沌尚无严格的定义,一般将由确定性方程得到的具有随机性的运动状态称为混沌。Logistic 映射就是一个典型的混沌系统,迭代公式如下:

$$Z_{i+1} = \mu Z_i (1 - Z_i), \quad i = 0, 1, 2, \cdots, n, \mu \in (2, 4] \qquad (4-14)$$

式中 μ 为控制参量,当 $\mu = 4, 0 \leq Z_0 \leq 1$ 时,Logistic 完全处于混沌状态。利用混沌运动特性可以进行优化搜索,其基本思想是首先产生一组与优化变量相同数目的混沌变量,用类似载波的方式将混沌引入优化变量使其呈现混沌状态,同时把混沌运动的遍历范围放大到优化变量的取值范围,然后直接利用混沌变量搜索。由于混沌运动具有随机性、遍历性、对初始条件的敏感性等特点,基于混沌的搜索技术无疑会比其他随机搜索更具优越性。将利用 $\mu = 4$ 时的混沌特性,Logistic 映射为混沌信号发生器。

2. 基本蚁群算法的改进

(1)正交聚类:正交聚类利用正交表来选择吸引子,以寻求吸引子的优化组合,其优点是它能够以非常短的时间得到满意的聚类结果。

(2)混沌初始化:蚁群算法初始化时,各路径的信息素取相同值,让蚂蚁以等概率选择路径,这样使蚂蚁很难在短时间内从大量的杂乱无章的路径中,找出一条较好的路径,所以收敛速度较慢。假如初始化时就给出启发性的信息量,可以加快收敛速度。改进的方法是利用混沌运动的遍历性,进行混沌初始化,每个混沌量对应于一条路径,产生大量的路径,从中选择较优的,使这些路径留下信息素(与路径长度和成反比),各路径的信息量就不同,以此引导蚂蚁进行选择路径。每个混沌量对应于一条路径是利用全排列构造的理论。

（3）概率转移公式

$$P_{ij}^k(t) = \frac{\left[\tau_{ij}(t)\right]^\alpha \left[\eta_{ij}\right]^\beta \left[\mu_{ij}\right]^\gamma}{\sum\limits_{s \in \text{allowed}} \left[\tau_{is}(t)\right]^\alpha \left[\eta_{is}\right]^\beta \left[\mu_{is}\right]^\gamma} \qquad (4-15)$$

（4）精英策略：蚂蚁每次周游结束后，不论蚂蚁搜索到的解如何，都将赋予相应的信息增量，比较差的解也将留下信息素，这样就干扰后续的蚂蚁进行寻优，造成大量的无效搜索。改进的方法是，只有比较好的解才留下信息素，即只有当路径长度小于给定的值时才留下信息素。

（5）混沌扰动：蚁群利用了正反馈原理，在一定程度上加快了进化进程，但也存在一些缺陷，如出现停滞现象，陷入局部最优解。改进的措施是加入混沌扰动，以使解跳出局部极值区间。

$$\tau_{ij}(t+n) = (1-\rho) * \tau_{ij}(t) + \Delta\tau_{ij} + q * z_{ij} \qquad (4-16)$$

3. 正交混沌蚁群算法

（1）用正交的方法对目标点聚类。

（2）混沌初始化。

（3）while（不满足终止条件）。

①将各蚂蚁的初始出发点置于当前解集中，对每个蚂蚁 $k(k=1,2,\cdots,m)$，按概率 pk_{ij} 移至下一顶点 j，将顶点 j 置于当前解集；

②计算各蚂蚁的路径长度 $L_k(k=1,2,\cdots,m)$，记录当前的最好解；

③对路径长度 L_k 小于给定值的路径，按更新方程（5）修改轨迹强度；

$$\tau_{ij}(t+n) = \rho \cdot \tau_{ij}(t) + \Delta\tau_{ij} + qZ_{ij} \qquad (4-17)$$

④ $nc \leftarrow nc + 1$。

Endwhile。

（4）输出最优解。

4. 算法测试

选用 eil51,eil76,eil101,ch130,CHN144，分别对 3 个机器人和 5 个机器人进行对比作为实验例子进行实验。参数设置如表 4-3 所列，表 4-4、表 4-5 列出实验结果，表 4-6 列出求解 MTSP 经典方法的对比数据。

表 4-3　OCACA 的参数设置

（蚂蚁数为 30，算法迭代次数为 500）

α	β	γ	ρ	q	Q
2.0	4.0	1.0	0.8	0.1	100.0

表4-4 3个机器人任务分配的结果

仿真 试验数据	最优解	最差解	平均值
eil51	483	503	491
eil76	663	682	669
eil101	739	754	743
ch130	14751	14802	14767
CNH144	39531	39962	39726

表4-5 5个机器人任务分配的结果

仿真 试验数据	最优解	最差解	平均值
eil51	566	631	598
eil76	718	779	741
eil101	793	869	821
ch130	15759	16999	16003
CNH144	45296	46324	45789

表4-6 两种算法实验结果最优值对比

任务点数	机器人个数 k 取值	求解 MTSP 经典 方法所得最优结果	OCACA 最优结果
eil51	$k=3$	485	483
	$k=5$	589	566
eil76	$k=3$	663	663
	$k=5$	737	718
eil101	$k=3$	739	739
	$k=5$	838	793
eil130	$k=3$	15027	14751
	$k=5$	15913	15759
eil144	$k=3$	40011	39531
	$k=5$	46126	45296

图4-8(a)、图4-8(b)分别为 eil51,eil101 对3个机器人的任务规划的结果。图4-9(a)、图4-9(b)分别为 eil51,eil130 对5个机器人的任务规划的结果。图4-10 为 eil51 的迭代收敛图。

由表4-12 容易看出得到的最优解均比求解 MTSP 经典方法得到的最优解较优。另外由图4-10 可以看出,对5个机器人执行任务时仅需迭代约50次,并且得到了较优的解。通过对以上的实验结果比较可以看出,由于正交法和混沌技术的引入,经过较少的迭代次数就可以找到较优解,不仅大大节省了计算时间,而且对解的质量也有很大的改进,对于求解中大规模任务规划问题是十分有利的。

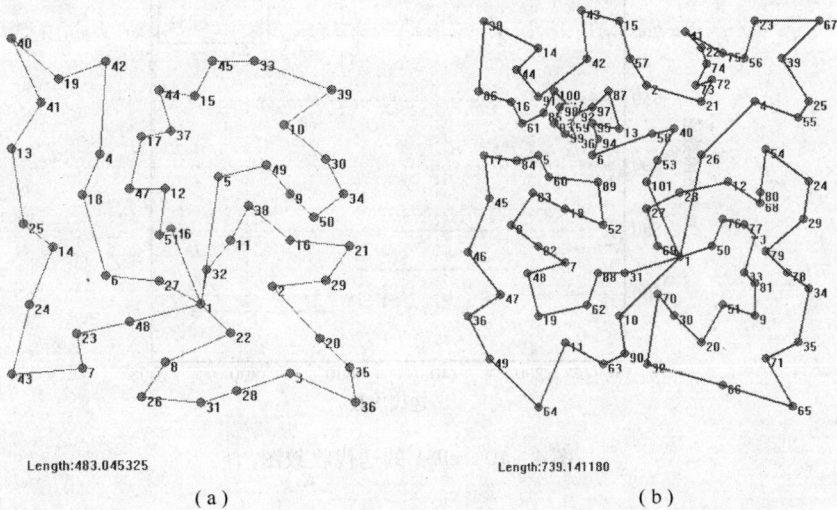

Length:483.045325

(a)

Length:739.141180

(b)

图4-8 3个机器人的任务分配结果

(a)eil51 3个机器人的任务分配结果;(b)eil101 3个机器人的任务分配结果。

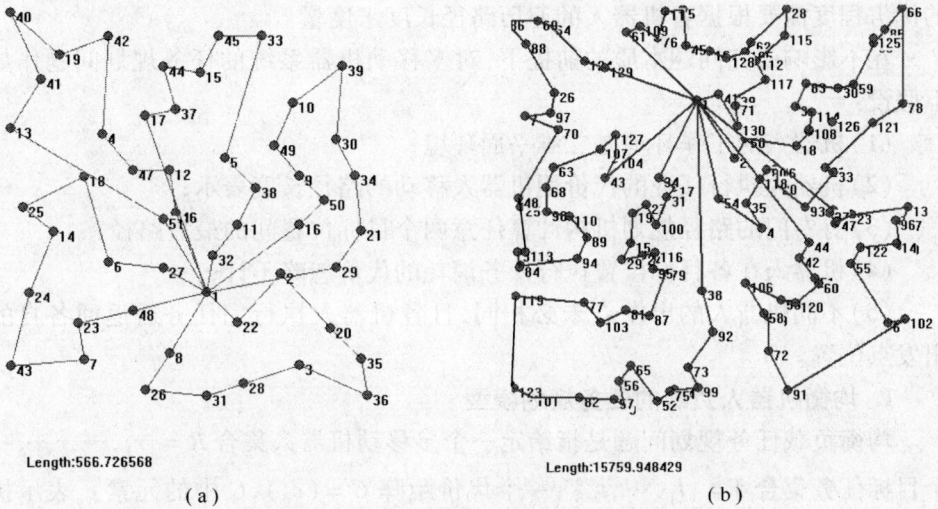

Length:566.726568

(a)

Length:15759.948429

(b)

图4-9 5个机器人的任务分配结果

(a)eil51 5个机器人的任务分配结果;(b)eil101 5个机器人的任务分配结果。

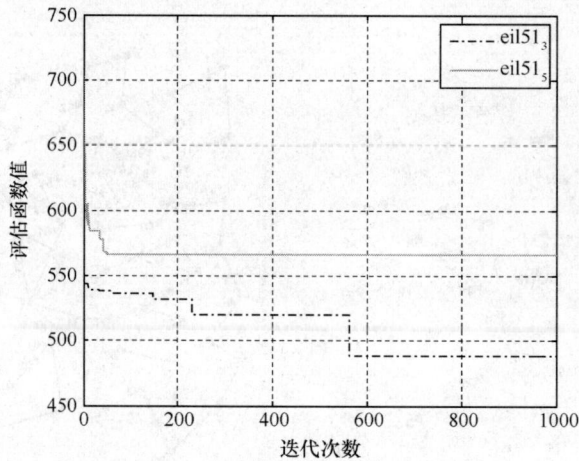

图 4 - 10　eil51 的迭代收敛图

4.1.4　多移动机器人负载均衡任务规划算法

均衡负载任务规划问题的最大特点是任务的分配与各机器人的遍历路径长度紧密耦合。任务的不同分配直接影响各机器人的遍历路径长度,而任务分配的优劣程度需要根据各机器人的遍历路径长度来度量。

在不影响研究问题本质的前提下,对多移动机器系统的任务规划问题作如下假设:

(1)机器人的工作环境是二维平面环境;

(2)机器人执行任务的代价用机器人移动的路径长度表示;

(3)有专门的路径规划机构计算任意两个目标位置间的最短路径;

(4)机器人在各目标位置执行任务消耗的代价忽略不计;

(5)不同机器人的出发点未必相同,且各机器人执行完任务后返回各自的出发点位置。

1. 均衡机器人负载的任务规划模型

均衡负载任务规划问题是指给定一个多移动机器人集合 $R = \{r_1, \cdots, r_n\}$、一个目标任务集合 $T = \{t_1, \cdots, t_m\}$,一个代价距阵 $C = (c_{ij})$,C 中的元素 c_{ij} 表示机器人从目标 i 移动到目标 $j(i, j = 1, \cdots, m)$ 所需花费的代价,任务规划的目的是将所有目标任务进行分配,即 $T = \bigcup_{i=1}^{n} T_i, T_i \cap T_j = \varnothing$,对 $\forall i, j \in \{1, \cdots, m\}, i \neq j$,并给出各机器人的遍历路径使得最长遍历路径最短,即

$$\min_{T} \max_{i}(f(r_1, T_1), \cdots, f(r_n, T_n)) \tag{4-18}$$

其中 $f(r_i, T_i)$ $(i = 1, \cdots, n)$ 是机器人 r_i 遍历 T_i 中全部目标位置需要花费的代价，即

$$f(r_i, T_i) = \sum_{h, k \in T_i} c_{hk}$$

c_{hk} 是机器人 r_i 沿规划好的探测路径从目标 h 移动到目标 k 所需要花费的代价。

均衡系统中各机器人负载并使负载最小化的问题等价于优化问题：

$$\text{Min.} \ F(R, T) = \sum_{r \in R} f^2(r, T_r)$$

$$\tag{4-19}$$

$$\text{St.} \bigcup_{r \in R} T_r = T$$

$$T_i \cap T_j = \varnothing, \forall i \neq j \in R$$

式中：R 表示机器人集合；T 表示目标任务集合。

2. 均衡负载规划算法

记均衡负载规划算法为 BPA(Balance Planning Algorithm)，算法 BPA 采用正交试验与最小代价树构造相结合的方法求解任务规划问题的近似最优解。

正交遗传算法是一种基于正交试验的遗传算法，算法的基本特征是将每个正交试验条件作为一个染色体参与遗传操作。如最小化优化问题

$$\text{Min.} \ f(\boldsymbol{x})$$

$$\tag{4-20}$$

$$\text{St.} \ l < \boldsymbol{x} < u$$

式中的 $l = [l_1, \cdots, l_d]$ 与 $u = [u_1, \cdots, u_d]$ 表示向量 $\boldsymbol{x} = (x_1, \cdots, x_d)$ 的定义域。

正交遗传算法求解优化问题的主要过程是先根据预设的水平分割数 Q 构造一个正交表 $L_M(Q^d)$，其中 $M = D^J$，J 是满足 $d = (Q^J - 1)/(Q - 1)$ 的最小正整数。然后定义遗传操作的交叉算子 Crossover 与变异算子 Mutation，下面给出两算子的定义来说明正交遗传操作的基本过程。

设父代群体中两个体 $p_1 = (p_{11}, \cdots, p_{1d})$，$p_2 = (p_{21}, \cdots, p_{2d})$，首先确定交叉产生的子代各分量定义域 $[l_p, u_p]$，其中

$l_p = [\min(p_{11}, p_{21}), \cdots, \min(p_{1d}, p_{2d})]$，$u_p = [\max(p_{11}, p_{21}), \cdots, \max(p_{1d}, p_{2d})]$。

然后根据正交表 $L_M(Q^d)$ 对 $[l_p, u_p]$ 进行正交水平分割，产生 M 个子代个体，从这 M 个个体中选择一个最优的个体作为为 p_1 与 p_2 交叉产生的一个子代个体。

设从父代群体中选择执行变异操作的个体为 $p_k = (p_{k1}, \cdots, p_{kd})$。则变异算子 Mutation 首先确定 p_k 的变异位 j，然后对变异位 j 上的分量 p_{kj} 在其定义域 $[l_{kj}, u_{kj}]$ 内随机选择一个值替换 p_{kj}，即 $p_{kj} = \text{random}(l_{kj}, u_{kj})$，每次变异操作只改变一个分量值，得到一个新个体作为子代成员。

研究者们曾应用应用正交遗传算法对全局优问题的 15 个标准测试函数进行的测试结果表明正交遗传算法能以概率 1 收敛到全局最优解，而且算法的搜索速度比多种代表性进化算法的搜索速度快。并给出了正交遗传算法收敛性的严格证明。

吸引子是一个虚拟的可以在机器人任务空间中自由移动的粒子，这种粒子对任务目标具有吸引性。可以用一个三元组 (x, y, a) 表示一个吸引子，其中 x、y 表示吸引子的坐标，a 表示吸引子的吸引强度。算法根据所有目标任务及所有机器人的位置确定正交表的水平值范围，因素数 N 等于机器人数 $|R|$ 的两倍，构造正交表 $L_M(Q^N)$，其中 Q 可以任意取一个小素数（如 3、5）。若机器人数目为 n，则算法中染色体的形式设定为 $(x_1, y_1, x_2, y_2, \cdots, x_n, y_n)$，其中 (x_i, y_i) 表示吸引子 $i(i = 1, \cdots, n)$ 的坐标。

至此，基于正交遗传算法的任务规划算法的主要步骤描述如下：

步骤 1 初始化：构造正交表 $L_M(Q^N)$，其中 $Q = 5$，$N = 2n$，根据 $L_M(Q^N)$ 和机器人任务空间边界产生一个规模为 M 的初治种群 $P(0)$，$t = 0$；

步骤 2 对群体 $P(t)$ 中的每个个体根据交叉概率和变异概率选择执行交叉操作或变异操作，产生子代群体 $P(*)$；

步骤 3 计算 $P(t)$ 与 $P(*)$ 中每个个体的适应值，个体的适应值等于目标以个体所表示的吸引子对目标分组后各组目标形成的最短路径长度的平方和的倒数；

步骤 4 从群体 $P(*)$ 和群体 $P(t)$ 两个群体中选择 M 个适应值最大的个体形成新的种群 $P(t+1)$，$t = t+1$；

步骤 5 若不满足算法终止条件，则转步骤 2 执行；

步骤 6 从群体 $P(t)$ 中选择适应值最大的个体作为吸引子对目标进行分组，将各任务组分配给各机器人，各机器人规划各自的最短遍历路径；

影响算法效率的关键过程是个体适应值计算过程，V 个节点的 TSP 路径长度与 V 个节点的最小代价树边长之和有关系式

$$L_{MCT}(V) \leqslant L_{TSP}(V)$$

$$L_{RMCT}(V) \leqslant 2 * L_{TSP}(V) \tag{4-21}$$

成立,其中 $L_{\mathrm{MCT}}(V)$ 是 V 个节点的最小代价树的所有边长度之和,$L_{\mathrm{TSP}}(V)$ 是遍历 V 个节点的最优路径长度,$L_{\mathrm{RMCT}}(V)$ 是遍历 V 个节点的最小代价树的路径长度。因此这样计算的个体适应值对目标任务的分组效果并不会显著差于根据最优路径计算适应值的目标任务分组效果,但分组速度得到了显著提高。

图 4 – 11 是对 32 个任务测试 5 个机器人遍历的最优分组效果图,所有机器人均从 1 号位置出发,路径总长度为 784。图 4 – 12 是 BPA 方法对同一实例的分组效果图,路径总长度为 829。图中的数字是各目标任务位置的编号。

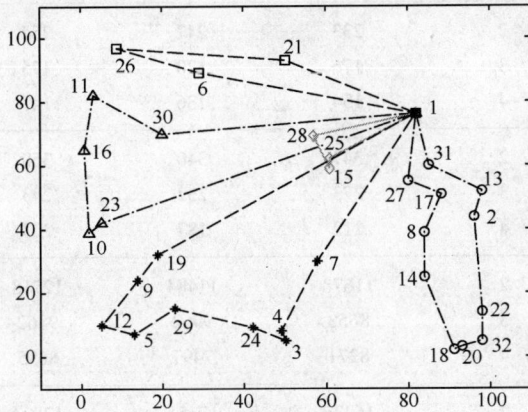

图 4 – 11 最优分组

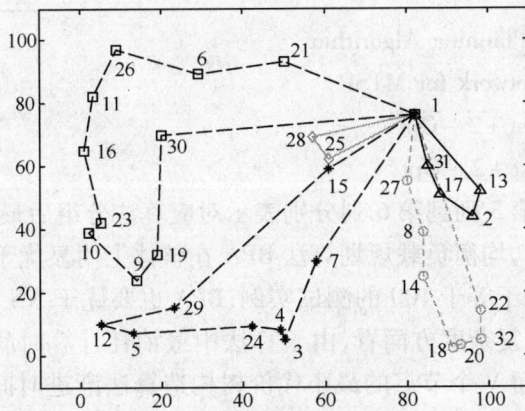

图 4 – 12 基于 BPA 的分组

3. 实验结果与分析

采用 TSPLIP 测试数据所选择的测试数据,可以从 http://ftp. zib. de/pub/Packages/mp-testdata/tsp/tsplib/tsplib. html 提供的网页下载。在计算机器人移动代价时并不考虑车辆的装载量限制,所有机器人均从第一号任务节点出发,实验结果如表 4 – 7 所示,表中右边三列数据均来自于基于市场框架方法的数据。

表 4 – 7　算法分组结果比较

Prob.	n	BPA	NN	F2Opt	N2Opt
eil51	2	233	247	254	271
	3	176	170	175	213
	4	154	136	147	166
eil101	2	347	340	350	393
	3	273	232	243	315
	4	212	187	203	240
kroa100	2	11678	11484	12718	14599
	3	8658	9062	9862	9458
	4	8271	7497	8695	8878
kroal200	2	16477	17353	17824	20317
	3	13081	11502	12930	14124
	4	10328	10433	11807	13123

BPA:Balance Planning Algorithm

NN:Neural Network for MTSP

F2Opt:Farthest + 2 – Opt

N2Opt:Nearest + 2 – Opt

表 4 – 7 中从第 3 列到第 6 列分别表示对应算法分组后最长分组路径长度。通过比较可以看出,均衡负载规划算法 BPA 在整体上明显优于 F2Opt 及 N2Opt,对目标任务规模大于等于 100 的测试实例,BPA 也要优于 NN 算法。

从算法的计算复杂度方面看,由于算法中最消耗计算时间的过程是最小代价树的构造过程,而 V 个节点的最小代价树构造算法渐进时间复杂度是 $O(e + V\lg V)$。规划算法中确定吸引子坐标的正交遗传进化代数通常远远少于目标任务数,所有测试实例中吸引子坐标确定过程的进化代数均少于 10 次,因此对算法计算复杂度的影响可看成是个常数因子,并不影响移动吸引子分组的任务规划算法计算时间复杂度。

　　表4-8是BPA对测试实例的组间均衡性统计结果。CV = 路径长度平均差/平均路径长度,反映了各机器人遍历路径长度的差异程度。实验结果表明 CV 在大部分情况下小于平均路径长度的5%。

表4-8　任务规划的均衡性

Prob.	m	n	CV	Prob.	m	n	CV
eil51		2	0.0129	kroa100	100	2	0.0219
	51	3	0.1136			3	0.0345
		4	0.0102			4	0.0659
eil101	101	2	0.0086	kroal200	200	2	0.0354
		3	0.0158			3	0.1367
		4	0.0144			4	0.1047

　　拍卖算法虽然能保证总路径长度不会超过最优探测路径长度的两倍,但算法并没有考虑探测路径长度的均衡。图4-13是PRIM算法对测试实例 eil76 的规划结果,图中的数字是各目标任务位置的编号。5个机器人的初始位置分别在位置1、2、3、4和5,规划的结果是处在3号和5号位置的机器人没有分配到任何任务,而处在1号位置的机器人分配了38个任务,5个机器人的探测路径长度分别是253、160、0、146和0,规划结果严重失衡。图4-14是BPA对的规划结果,路径长度分别是129、103、129、101和140,各机器人的负载比较均衡。

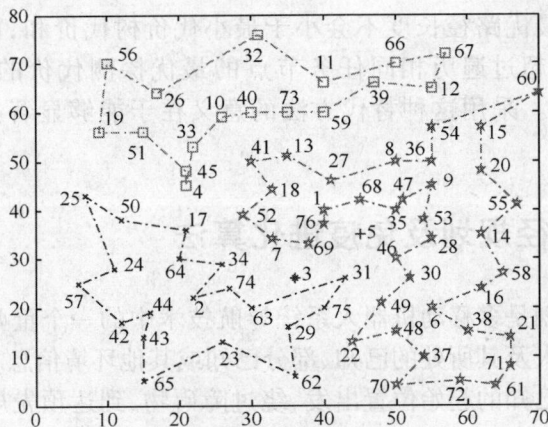

图4-13　PRIM规划 eil76 实例

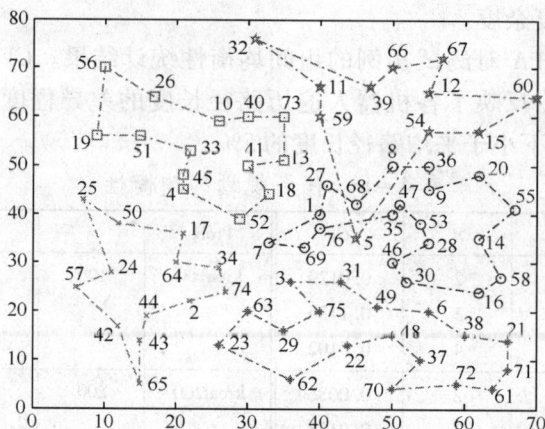

图 4-14　BPA 规划 eil76 实例

4. 结论

提出一种基于多个移动吸引子对多点探测任务进行分组而实现多移动机器人任务负载均衡的规划方法。算法虽然不能保证实现任务规划的最优性,但对测试实例的规划结果表明该算法优于三种最典型的启发式算法和基于拍卖的 PRIM 算法。

移动吸引子位置确定方法也适合最小化总移动路径长度、最小化任务平均等待时间的任务规划问题。

利用最小代价树的代价作为任务分组性能评价指标虽然会影响规划的最优性,但由于最优路径长度不会小于最小代价树代价和,而遍历最小代价树的总代价不会超过遍历相同任务节点的最优探测代价的两倍,因此这种影响也是有限的。采用这种替代方法的意义在于能够显著提高了任务规划的效率。

4.2　协同路径规划及免疫进化算法

协同路径规划是多移动机器人系统导航技术中的一个重要组成部分,其目的是在给定机器人及其所处的已知、部分已知或其他环境信息之后,由机器人自主规划出一条从已知的起始位置出发、绕过障碍物、到达预先规定的终止位置、并满足某些优化条件的路径。

好的路径规划结果能极大改善移动机器人的导航性能,减少机器人在移动过程中的不确定性,是机器人智能化的一种程度标志。已有的路径规划方法主要有栅格法、人工势场法、构型空间法、边界距离模型等,但都遇到了不同程度的困难,如计算太复杂、不能处理变化着的环境、不能处理不确定因素等。因此寻找切实可行的路径规划方法是很多研究人员正在进行的课题。

随着智能算法的研究日益深入,一些新的基于进化计算的方法也逐步引入到路径规划中来。免疫进化算法充分利用了每代最优个体的信息,它吸取已有的进化算法中有益的思想,在进化的过程中把随机搜索和确定性的变化结合在一起,减小了随机因素对算法本身的影响,能较好地克服步成熟收敛。

4.2.1　基于免疫进化的单机器人全局路径规划

免疫进化算法是受生物免疫系统信息处理方式的启发构造的一类新智能优化算法。生物免疫系统虽然十分复杂,但是其所表现出的自然防卫机制却是十分明显和有效的,我们把算法理解为免疫系统,把外来侵犯的抗原和免疫系统产生的抗体分别与实际求解问题的目标函数以及问题的解相对应,生物免疫功能的特点对于算法的具体设计将提供有益的启迪。进化算法是模拟由个体组成的群体的集体学习过程,其中每个个体表示给定问题搜索空间中的一点,进化算法从任一初始的群体出发,通过随机选择变异和交叉过程使群体进化到搜索空间中越来越好的区域。生物免疫机制有一些与进化计算有互补的性能,因此,将免疫机制引入进化算法是近年来研究的趋势之一。利用免疫进化算法对机器人路径规划问题进行求解,在一定程度上保证了路径规划效率和抑制了进化中易早熟现象,有效地改善了路径规划的规划质量。

1. 单机器人路径规划数学模型

假设移动机器人在二维工作空间 W 中运动,障碍物可用凸多边形描述。把障碍物边界向外扩展机器人本体在长、宽方向上最大尺寸的 $1/2$,机器人可看作质点。

若工作空间 W 中存在 m 个障碍物$(O_1, O_2, \cdots, O_m)$。通过映射关系,障碍物 $O_i \in W(1 < i < m)$ 转化为空间障碍物集合 S_{obstacle}。机器人的运动区域受到局限,记为自由空间 S_{free}。根据任务的需要,给定机器人的起始位置 $p_{\text{start}} = (x_{\text{start}}, y_{\text{start}})$,目标位置 $p_{\text{goal}} = (x_{\text{goal}}, y_{\text{goal}})$,路径规划的目标是使机器人能够由起点开始,用最短时间、完全避碰地沿最短路径到达终点,即在满足机器人动态、静态约束的条件下,得到机器人系统无碰撞的最优运动轨迹。

假设机器人的路径 P 由工作空间中的点序列$(p_1, p_2, \cdots, p_L)$所组成,每个点 $p_i = (x_i, y_i)$。机器人的路径规划表示为典型的约束条件下的优化问题,其数学模型如下式所示。

$$\text{MIN} \quad J = \|P\|$$
$$C(P) = 0$$
$$\text{st.} \quad p_1 = p_{\text{start}}$$
$$p_L = p_{\text{goal}}$$

(4-22)

其中 $\|P\| = \sum_{i=1}^{L-1}\sqrt{(x_{i+1}-x_i)^2+(y_{i+1}-y_i)^2}$ 表示运动路径的距离；$C(P)$ 衡量机器人是否与障碍物发生碰撞，$C(P)$ 的值由下式决定。

$$C(P) = \begin{cases} 1 & \exists s, 1 \leq s \leq L, p_s \in S_{\text{obstacle}} \\ 0 & \text{else} \end{cases}$$

(4-23)

通过上面的分析，可以看出，机器人路径规划问题实际就是一个约束条件下的优化问题，一条路径是从起始位置到终止位置、由若干线段组成的折线，将该路径映射到抗体空间，利用这些线段的端点构成一个节点序列，以此作为免疫种群中每个抗体的编码方式。最优路径必是障碍物的凸定点的连线，因此，抗体的节点序列取的都是障碍物的凸顶点。

路径中每条折线段的端点 $p_i = (x_i, y_i)$，其中 (x_i, y_i) 为该点的平面坐标，一条路径上的节点个数是变化的，绕过了障碍物的路径为可行路径。一条路径对应种群中的一个抗体，用路径上的节点坐标 (x, y) 表示。抗体 X 可表示如下：

$$X = \{(x_1, y_1), (x_2, y_2) \cdots (x_n, y_n)\}$$

(4-24)

其中 (x_1, y_1) 和 (x_n, y_n) 是固定的，分别表示起始位置和终止位置。

初始抗体按随机方式产生，预先给定抗体的最大长度 N，随机产生区间 $[2, N]$ 内的一个整数 n 作为需要随机生成的节点的数目，再按随机方式产生 $n-2$ 个坐标点 $(x_2, y_2), \cdots, (x_{n-1}, y_{n-1})$。

亲和度是免疫进化算法中至关重要的因素，记忆集的产生、进化操作的执行等都是根据抗体与抗原之间的亲和度来决定的。在路径规划问题中，一条可能的路径被视为抗体，而当前所知的环境信息被视为抗原，路径规划的目的是求一条与障碍物不相交，并能保证机器人能安全行驶的最短路径。为此规划出来的路径必须总长度短，路径较平滑，并且能够避开环境中的障碍物，所以一条路径作为抗体的亲和度函数定义如下：

$$f(X) = C - C_1 \text{dist}(X) - C_2 \text{corner}(X) - C_3 \text{avoid}(X)$$

(4-25)

其中 C 为一较大常数，其目的是将求亲和度函数的最小值问题转化为求最大值问题；C_1、C_2、C_3 为常量，表示权重系数，根据具体的环境和路径规划需求调整;avoid(X)为路径X与当前工作空间中障碍物相交的次数;dist(X)代表的是路径X的总长度,按下式计算:

$$\text{dist}(X) = \sum_{i=1}^{n-1} d((x_i, y_i), (x_{i+1}, y_{i+1})) \tag{4-26}$$

$$= \sum_{i=1}^{n-1} \sqrt{(x_{i+1} - x_i)^2 + (y_{i+1} - y_i)^2}$$

$d((x_i, y_i), (x_{i+1}, y_{i+1}))$为路径中连续两点之间的欧几里得距离。

corner(X)表示路径X中连续折线段间转角的总弧度,这个值越小,表示路径越光滑,机器人需要进行的转弯运动少,行进速度就越快。

$$\text{corner}(X) = \sum_{i=1}^{n-1} |\text{angle}(L_i, L_{i+1}) - \pi| \tag{4-27}$$

2. 免疫进化算法

为了更好地描述算法,以下将介绍几个主要的算子及其在算法中的含义:

1) 克隆算子

免疫路径规划中一条候选路径对应一个抗体,克隆算子将位于免疫记忆集中的部分具有高亲和度的抗体进行复制。

2) 变异算子

对每一个通过克隆算子产生的抗体,以这个抗体为父本,在其上随机选取一个或者多个非起点和终点的节点,用全问题空间中的随机点代替。

3) 局部变异

对于非记忆集中的抗体,采用局部变异的方法产生子代,对每一个抗体而言,以这个抗体作为父本在其上随机选一个节点非起点和终点将此节点的x坐标和y坐标分别用附近的一个局部搜索空间内的随机点代替,对每一个父本用这个产生节点的方法生成一个子本取代其父本。

4) 粒群进化算子

每一个克隆变异后的抗体利用粒群进化方程进行变换,由于在路径规划过程中,抗体的每一位都对应的是一个障碍物的顶点坐标,而如果按式(4-7)计算的话,得到的新位置不一定满足这个条件,因此对粒群进化方程作如下修改:

$$X_i(t+1) = \begin{cases} (\tau_1 P_m(t) \oplus X_i(t)) \\ \otimes (\tau_2 P_g(t) \oplus X_i(t)) & X_i(t) \neq P_g(t) \quad (a) \\ P'_g(t) & X_i(t) = P_g(t) \quad (b) \end{cases} \tag{4-28}$$

其中 τ_1、τ_2 为变异映射矢量,由 0、1 构成,决定抗体的哪些位进行粒群进化;$\oplus$ 表示替换操作,表示用记忆集中最佳抗体和全局最佳抗体的某一位替换原抗体的相应位;$\otimes$ 是连接操作;$P'_g(t)$ 是对全局最佳抗体采用局部变异后产生的子代。式(4-28)表示路径规划过程中的粒群进化过程,是将路径抗体中的某些点用记忆集中最佳抗体和全局最佳抗体中的某些路径点替换的过程,若进化停滞不前,则将抗体变换成全局最佳抗体邻域内的一个新抗体。变异映射矢量的产生和粒群进化概率有关,概率越大,该矢量中为 1 的位越多;反之为 0 的位越多,粒群进化概率与变异概率的计算相同。

同时,由于在路径规划中,每个抗体的长度并不一定相同,因此在计算中对于节点个数不相同的情况,以节点个数较小的项作为基准,舍去节点个数较多的项中的节点。

5)疫苗接种算子

利用待解决的问题的自身信息来帮助解决问题是免疫进化算法优于遗传算法的地方,疫苗就是对先验知识的提取。由于路径规划的关键目标是避障,因此绕过障碍物所需要的信息就是重要的特征信息。

路径规划的疫苗接种是全局解决方案与局部优化结合的过程,利用环境自身的特点,根据亲和度函数和路径规划的要求,将局部的已知规则以一定概率对抗体进行疫苗接种操作能很好的提高抗体的适应度,加快收敛速度。在算法中定义了如下四种疫苗,所有疫苗接种操作均以一定概率进行。

(1)删除疫苗。在一个路径抗体中,如果机器人能从某节点处绕过下一个相邻节点,而又不与障碍物碰撞,则删除该点能有效的缩短路径的总长度,从而提高路径抗体的亲和度。删除疫苗的作用如图 4-15 所示。

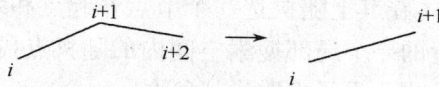

图 4-15 删除疫苗

(2)平滑疫苗。将夹角平滑化的操作,如图 4-16 所示。

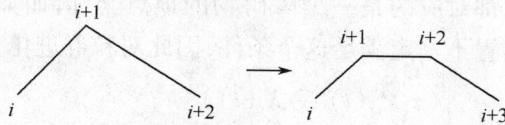

图 4-16 平滑疫苗

路径上一个节点处夹角 θ 的大小反映了这个节点处的光滑性,这个节点要进行平滑操作的概率为

$$p = \min(e^{-\theta} + 0.2, 1) \qquad (4-29)$$

节点处的夹角越小,接种平滑疫苗的可能性就越大。

（3）避障疫苗。使路径避开障碍物的操作,如图 4 - 17 所示。如果两个相郊节点组成的线段与障碍物相交,试增加一个不在障碍物内部的新节点,要求此新节点与原来两个节点组成的线段与障碍物不相交,如果做不到,则再增加一个不在障碍物内的新节点,这样逐步绕过障碍物。

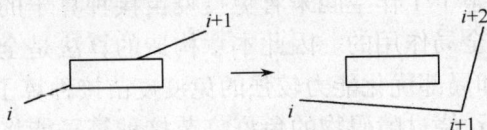

图 4 - 17　避障疫苗

（4）交换疫苗。交换两个相郊节点的先后顺序的操作,如图 4 - 18 所示。

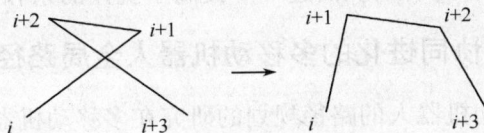

图 4 - 18　交换疫苗

6）免疫消亡

对亲和度最低的部分抗体进行重新初始化,随机生成一些新的路径代替原来的抗体。

7）免疫选择

对克隆变异后的抗体进行重新评价,并用新的若干最佳抗体更新记忆集。

基于免疫进化的路径规划算法中,将待求的最终优化规划路径结果视为抗原,进化过程就是一个抗体匹配抗原的过程。算法可以描述为下面的过程:

STEP1:初始化规模为 N 的抗体群 A;

STEP2:对群体中的所有抗体进行亲和度评价;

STEP3:如果群体中的最优个体满足条件就输出结果,否则继续;

STEP4:选择亲和度最佳的 m 个抗体组成记忆集 A_m,其余组成 A_r;

STEP5:对记忆集 A_m 里的每个抗体进行免疫克隆操作,抗体 i 的克隆集为 Ac_i,其规模与父体的亲和 A_m 度成正比;

STEP6：对所有克隆集里的每个抗体进行变异；

STEP7：对变异后的抗体进行粒群进化操作；

STEP8：对 A_r 中抗体进行局部变异操作；

STEP9：以一定概率进行疫苗接种；

STEP10：评价种群的亲和度；

STEP11：对亲和度最差的 d 个抗体执行消亡操作，淘汰部分亲和度低的抗体，补充加入同数量随机产生的新抗体，保持多样性；

STEP12：回到 STEP3。

在该算法中，从整个工作空间来看免疫疫苗接种算了的主要作用是局部性的，而进化算法是起全局作用的。因此本章构造的算法是全局收敛性能较好的免疫克隆进化算法和局部优化能力较强的免疫疫苗接种算子的结合。从抗体适应度提高能力来分析，绕过障碍物的免疫疫苗接种算子能将不可行路径变换为可行路径，平滑疫苗大大提高了路径的平滑度，结合式（4－29）看出免疫疫苗接种算子可以较大地提高抗体的亲和度。同时算法还利用粒群进化方程，使得抗体的变异具有明确的方向性，从而进一步提高了抗体的亲和度。

4.2.2　基于免疫协同进化的多移动机器人全局路径规划

如何协调多移动机器人的路径规划的研究在多移动机器人系统中有着重要的意义。多移动机器人的路径规划意味着在同一工作空间中为每一个机器人找到一条路径，并保证每一时刻机器人不仅与障碍物之间无碰撞，还要同时避免机器人与机器人之间的碰撞，并满足优化条件，这就涉及到机器人之间的路径协调、避碰、避障和优化问题。

1. 多移动机器人全局路径规划数学模型

假设协作系统由分布于工作空间 W 中的 n 个机器人（$R_1, R_2, \cdots, R_n$）组成，障碍物可用凸多边形描述。把障碍物边界向外扩展机器人本体在长、宽方向上最大尺寸的 $1/2$，机器人可看作质点。

若工作空间 W 中存在 m 个障碍物（$O_1, O_2, \cdots, O_m$）。通过映射关系，障碍物 $O_i \in W (1 < i < m)$ 转化为空间障碍物集合 $S_{obstacle}$。机器人的运动区域受到局限，记为自由空间 S_{free}。根据任务的需要，给定机器人 i 的起始位置 $p_{istart} = (x_{istart}, y_{istart})$，目标位置 $p_{igoal} = (x_{igoal}, y_{igoal})$，路径规划的目标是使每个机器人能够由起点开始，用最短时间、完全避碰和避障地沿最短路径到达终点，即在满足机器人动态、静态约束的条件下，得到机器人系统无碰撞的最优运动轨迹。

假设机器人 i 的路径 P_i 由工作空间中的点序列（$p_{i1}, p_{i2}, \cdots, p_{iL}$）所组成，每

个点 $p_{ij} = (x_{ij}, y_{ij})$。多移动机器人的路径规划表示为典型的约束条件下的优化问题,其数学模型如下式所示。

$$\text{MIN} \quad J = \sum_{i=1}^{n} \| P_i \|$$

$$\begin{aligned}
&C(P_i) = 0 \\
&D(P_i, P_j) = 0 \\
\text{st.} \quad &p_{i1} = p_{i\text{start}} \\
&p_{iL_i} = p_{i\text{goal}}
\end{aligned} \tag{4-30}$$

其中 $\| P_i \|$ 表示第 i 个机器人运动路径的长度;$C(P_i)$ 和 $D(P_i, P_j)$ 衡量机器人是否与障碍物或其他机器人产生碰撞,其值分别由下面两公式决定。

$$C(P_i) = \begin{cases} 1 & \exists s, \quad 1 \leqslant s \leqslant L, \quad p_s \in S_{\text{obstacle}} \\ 0 & \text{else} \end{cases} \tag{4-31}$$

$$D(P_i, P_j) = \begin{cases} 1 & P_i \cap P_j \neq \Phi \\ 0 & \text{else} \end{cases} \tag{4-32}$$

和单个机器人路径规划问题一样,在多移动机器人路径规划过程中,同样以路径中每条折线段的端点 $p_i = (x_i, y_i)$ 组成的序列为抗体的编码方式,每个机器人对应一个种群,多个机器人的协同路径规划问题转化为多种群的协同进化问题。

在多移动机器人协同路径规划过程中,不仅要考虑单个机器人的路径优化指标,避免和障碍物碰撞,还要考虑到机器人彼此之间的碰撞问题,因此对亲和度的定义作如下调整:

$$f(X) = C - C_1 \text{dist}(X) - C_2 \text{corner}(X) - C_3 \text{avoid}(X) - C_4 \text{conf}(X)$$

$$\tag{4-33}$$

其中 C 为一较大常数,其目的是将求亲和度函数的最小值问题转化为求最大值问题;C_1, C_2, C_3 为常量,表示权重系数,根据具体的环境和路径规划需求调整;$\text{avoid}(X)$ 为路径 X 与当前工作空间中障碍物相交的次数;$\text{dist}(X)$ 代表的是路径 X 的总长度,$\text{corner}(X)$ 表示路径 X 中连续折线段间转角的总弧度;$\text{conf}(X)$ 为与其他机器人发生碰撞的次数。

2. 多移动机器人免疫协同路径规划算法

在多移动机器人路径规划问题上,全局问题是如何在已知地图上为多个机器人规划出对于单个机器人来说路径的路程短、平滑度高,能有效地避开障碍,同时多个机器人相互之间无碰撞,互相协调的安全路径。根据多移动机器人路径规划的要求,把全局问题进行分解为子问题,即把多移动机器人的路径规划分解为多个单机器人路径规划。其中每条路径分别建立一个种群,采用4.2.1节提出的免疫协同进化算法,通过免疫进化对于每个机器人的每条路径进行求解。子问题之间的相关性,主要表现在机器人的避碰问题上,机器人之间的协作是通过各个种群之间提供适当的协作作者参与适应度的计算来实现,通过建立全局记忆集来记住成功的协作行为,在各个种群计算出各自的结果后,将解组合起来,获得问题解,即得到了多移动机器人路径规划的结果。

多移动机器人免疫协同路径规划算法步骤如下:

STEP1:初始化,对每个机器人产生一个包含 N 个编码的可能路径组成抗体种群,并随机挑选这些种群中的抗体构成全局记忆集;

STEP2:评价,对每个抗体选择其他种群中的抗体组成协作行为,计算其亲和度,更新记忆集,将每次成功的 k 个协作抗体组整个记录下来;

STEP3:克隆,将各种群中亲和度最高的 k 个抗体进行克隆,形成克隆集,克隆的数量与其亲和度成正比。

STEP4:变异,将克隆集中的抗体与亲和度成反比进行变异,非克隆集中的抗体与多样度成正比进行变异;

STEP5:粒群进化,按改进的粒群优化进化方程对克隆集中每个抗体的速度和位置进行更新,同时限制其不超过边界,并更新全局最优位置;

STEP6:疫苗接种,分别对变异后的抗体中的抗体以一定概率进行疫苗接种;

STEP7:更新,对克隆集中每个抗体,从记忆集中找出其父体的各协作者,与这些协作者的克隆集组成协作行为,计算其亲和度,若存在克隆集中的最优抗体,其亲和度比它的父体更高,则用该抗体替换原抗体;

STEP8:消亡;

STEP9:回到STEP2。

多移动机器人的免疫协同进化问题,实际上就是将多个机器人的路径规划问题分解成多个单机器人的路径规划问题,再通过组成协作行为评价其亲和度来进行协调,其工作过程如图4-19所示。

3. 多移动机器人免疫协同路径规划算法的应用

协同路径规划算法应用广泛,在工业机器人、自主飞行器等领域均有应用。对于机器人装配控制和机械产品非线性装配等方面,在进行装配工艺规划中,完

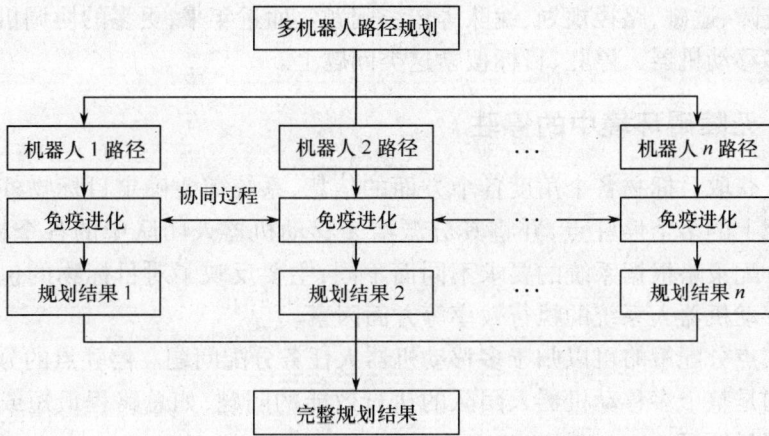

图 4-19　多机器人协同路径规划求解过程

成了零部件的装配序列规划后,要进行装配路径规划,确保零部件更合理地装配。装配路径规划是指从被安装零部件存放的位置,直到零件被装配到机体上锁行走的轨迹。进行装配运动轨迹规划的目的是实现无碰撞、无干涉装配,起到保护零件和更快速、更有效地装配的作用。特别对机械的自动化装配、柔性装配或机器人装配,必须要进行装配运动规划。明确说明装配零部件的装配运动轨迹,从而协调机器、多个被装配零部件或者机器人的动作,避免相互碰撞,求解装配运动中的最佳轨迹,是装配路径规划的一个重要问题。

现代战争中,飞行任务规划技术是战机有效执行任务的重要支持,飞行路径规划是其核心内容。飞行路径规划师作战飞机任务规划和航迹规划的一部分,是依靠地形信息和敌情信息,在某些约束条件下,找出从出发点到目标点最优飞行路线,用一系列航路点表示。路径规划的目的是要根据任务要求、威胁分布、战机机动特性、燃料限制选择一条促使战机有效回避敌方威胁,安全完成预定任务的飞行路径。

4.3　运动协调机制

运动协调机制是多移动机器人系统研究中的一个重要分支。它研究如何将多个机器人组织为一个群体并使各个机器人有效地协调运动,并保证每一时刻机器人不仅与障碍物之间无碰撞,还要同时避免机器人与机器人之间的碰撞,并满足优化条件,产生总体解决问题的能力。国内外研究主要集中在多移动机器人实时避障、避碰、路径规划、编队等传统问题。而近年来,更多的协调机制被应用到了多移动机器人停驻、目标搜索这类问题上。

4.3.1　无障碍环境中的停驻

为了获取目标物各个角度各个方面的信息,系统需要确定目标物外围的一个包围圈上的多个停驻点,并将其分派给多移动机器人团队中的各个机器人。停驻点分配策略根据系统的要求不同而不同,主要反映了对目标物的包围策略以及多移动机器人系统的执行效率等方面因素。

停驻点分配策略可以归于多移动机器人任务分配问题。停驻点的分配则主要考虑的是整个多移动机器人团队的执行效能的问题,如总路程最短或者整体执行时间最短等。

1. 总路程最短的停驻点分配策略

总路程是指多移动机器人系统中各个机器人完成任务所需行走的路程之和,即为各机器人到达各自的停驻点的路程之和。从某种意义上来讲,总路径最短意味着多移动机器人系统的总耗能最小,因此总路程是衡量一个多移动机器人系统的重要指标。上述的总路程问题可被看成是运筹学中的指派问题。

1)均匀分布停驻点

停驻实验对各停驻点的要求是:当不考虑侦察任务本身内容时,各停驻点应尽量对目标物形成包围,并且尽量分散,以使整个团队获得最为全面的信息。均匀分布停驻点是停驻实验中最为理想的一种停驻点分布策略。均匀分布有两种情况:

一是由系统直接指定各停驻点与包围圈中心点的角度。

二是以当前距离侦察对象最近的一个机器人的中心点来作与侦察对象中心点的连线,该连线与包围圈的近交点即为第一个停驻点,其余停驻点以该停驻点为参考,均匀分布于包围圈上。

假设机器人团队集合为 RobotTeam,Robot_i $\in$ RobotTeam,且 Robot_i 为 RobotTeam 中当前距离包围圈中心点 InclosePoint 最近的一个机器人。若求得 Robot_i 坐标点相对于中心点 InclosePoint 的角度为 angle(Robot_i, InclosePoint),则此角度即为第一个停驻点在包围圈上的角度,记为 SPA(1)(stay point angle)。于是可得其余停驻点在包围圈上的角度:

$$SPA(i) = (SPA(1) + 360° * i/RobotCount)\% 360°, i = 2, \cdots RobotCount$$

$$(4-34)$$

则各停驻点坐标容易由后面式(4 – 36)求得

$$\begin{pmatrix} \mathrm{Stay}X_i \\ \mathrm{Stay}Y_i \end{pmatrix} = \begin{pmatrix} \mathrm{Inclose}X \\ \mathrm{Inclose}Y \end{pmatrix} - \mathrm{Inclose}R \begin{pmatrix} \cos(\mathrm{SPA}(i)) \\ \sin(\mathrm{SPA}(i)) \end{pmatrix}, i = 1, \cdots \mathrm{RobotCount}$$

$$(4 - 35)$$

2)利用匈牙利法实现总路程最短的停驻点分配

下面先介绍指派问题中的两个定理：

定理 4 – 1：在指派问题中，若其效益矩阵中存在 n 个独立的元素，则令这个独立的零元素所在的位置 (i,j) 对应的变量 x_{ij} 取值为 1，其余变量取值为 0，即得该指派问题的最优解。

定理 4 – 2：在指派问题中，若从其效益矩阵 C 的某一行(列)诸元素中减去该行(列)的最小元素 r 得到矩阵 B，则以矩阵 B 为效益矩阵的指派问题与原指派问题同解。

由以上两个定理，可建立一种圈零法来求得最优分配。

圈零法，即从有 0 最少的行(或列)开始，选定一个 0 用圆圈上，划去同行同列的其他 0，重复此过程，并注意划去的 0 不能再圈，直至找到 n 个 0 为止。按照这种方法得到的圈 0，必定在不同行不同列上。

在进行圈零时，一般遵循以下三条圈零准则：

(1)圈零应从含零最少的行(列)开始。

(2)圈出一个零后，应划去与其同行(列)的其他零元素。

(3)若含零最少的行(列)存在两个或两个以上的零元素时，则该指派问题可能有多解。具体操作时，可任选一个零元素起始。由于选择不同，得到的最优解也将不同，但目标值肯定相同。

在利用圈零法求解指派问题时，往往会碰到不能找出效益矩阵所有的独立零元素这类问题，如当进行完一次圈零过程后，还差一个独立零元素。针对这一问题，匈牙利数学家 D. Koning 提出的一种关于矩阵零元素的定理为人们提供了一种解决思路。

定理 4 – 3：对指派问题的效益矩阵而言，其动力零元素的最大数目等于覆盖所有零元素的最少直线数。

基于以上定理，可以建立求解指派问题的一套完整算法，这个算法被称为匈牙利法。

匈牙利法由匈牙利数学家 D. Konig 提出，其主要依据是：在效率矩阵的任何行或列中，加上或减去同一常数，并不改变最优分配。利用此性质，可使原效率矩阵变换为含有很多元素的新效率矩阵,找出在其中的位于不同行、不同列的 n 个独立的元素,将其取值为 1,其他元素取值为 0,即得原分配问题的最优解。

在这里,由于环境是未知的,因此不考虑路径上有障碍物的情况。另外,在以下的实验中,假设包围圈对于各机器人来说属于禁区,因此机器人的行走路线必须在包围圈之外。

所以,首先需要对各机器人到达各停驻点的路线进行分类处理。如果机器人与停驻点之间的连线不穿过包围圈,则表示该机器人可直达此停驻点;否则表示不可直达。设当前判断的机器人为 Robot_i,可采用如下的方法来进行判断:

(1)将包围圈的半径扩大 $2R_i + e$(此举既为避免 Robot_i 在行进过程中进入包围圈,又为避免与已停在包围圈上的机器人相碰);

(2)从机器人当前坐标处做扩大后的新包围圈的一条切线;

(3)计算切线段的距离,即机器人与此切点的距离;

(4)计算机器人到达每个停驻点的直线距离;

(5)比较以上两个距离大小,若前者大于或等于后者,则表示该停驻点对于 Robot_i 来说可直达,否则为不可直达。

当为不可直达这种情况时,可以采取一种折线法来规划机器人的路径,即寻求一个中转点,机器人先以直线轨迹到达此中转点,再以直线轨迹到达停驻点。图 4 - 20 所示为机器人通过中转点到达停驻点的一条路径。

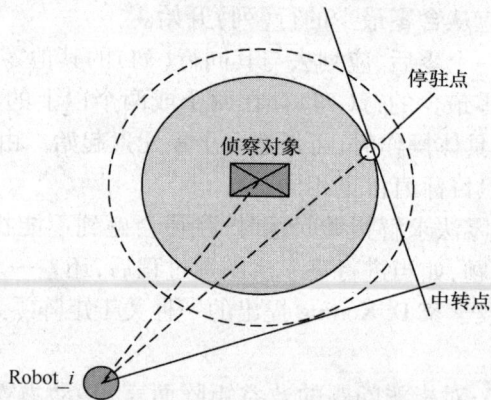

图 4 - 20　机器人通过中转点到达停驻点的路径

图 4 - 20 中,实线圆圈代表实际的包围圈,而虚线圆圈则表示半径已扩大 $2R_i + e$ 的一个虚拟包围圈。由图可知,只需求得机器人到扩大的虚拟包围圈上的一条切线的方程,以及包围圈在停驻点上的切线方程,并求得这两条直线

方程的交点,即为中转点。由于机器人与虚拟包围圈有两条切线,则事先还须选择一条切线。当机器人到该停驻点为直达时,效益矩阵中的代价即为机器人到停驻点的直线距离;否则为机器人到中转点的距离加上中转点到停驻点的距离。

3)实例说明

下面是根据匈牙利法求得的当前停驻点最优分配的程序过程。

图4-21为机器人团队初始状态。各机器人的位姿如表4-9所列。

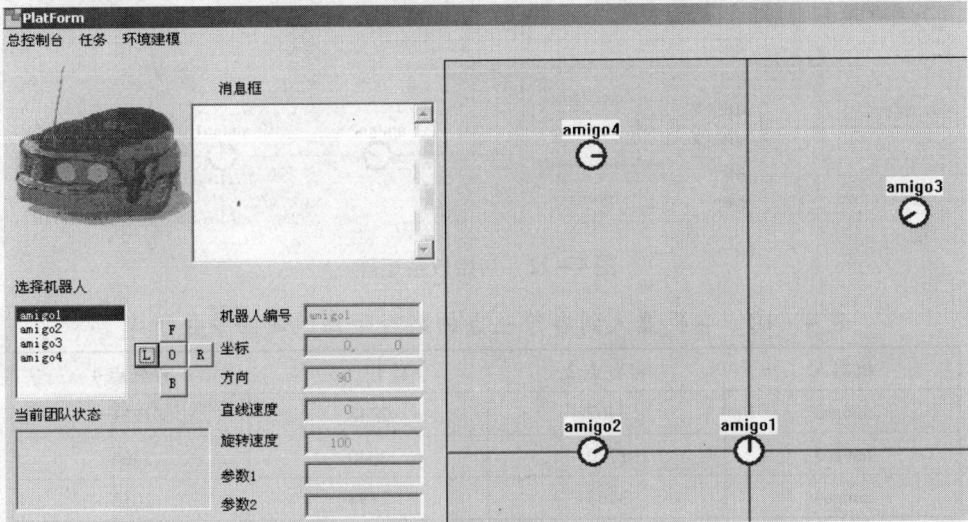

图4-21　机器人团队初始状态

表4-9　各机器人初始位姿

机器人	x	y	heading
amigo1	0	0	90°
amigo2	−2000	0	30°
amigo3	2000	2000	210°
amigo4	−2000	2500	0°

图4-22所示为确定包围点(0,1000)后,因为机器人amigo1此时距离包围圈中心点最近,因此以它到中心点的连线与包围圈的交点作为第一个停驻点,其他停驻点按逆时针顺序依次均匀分布于包围圈上。由于第一个停驻点已分配给amigo1,所以效益矩阵由剩余的三个机器人到三个停驻点之间的路径距离组成,如表4-10所列。

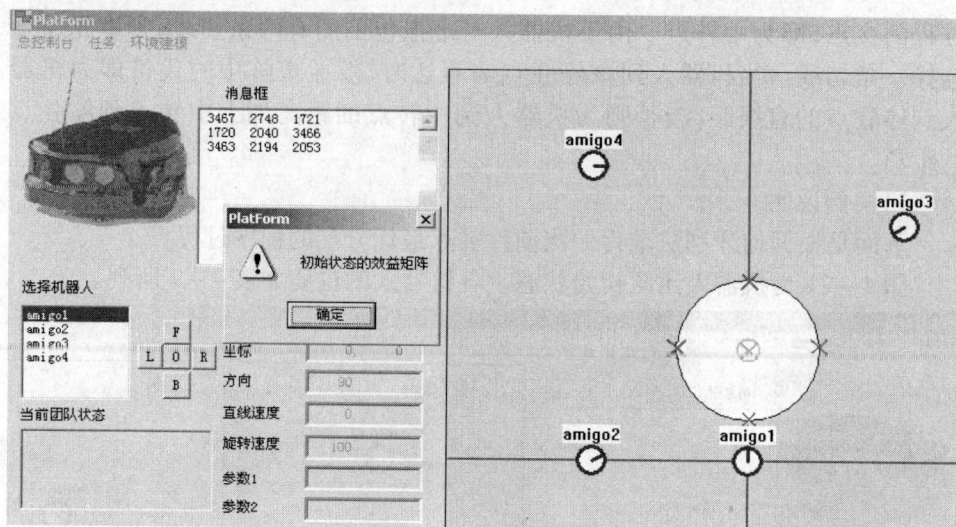

图4-22 初始效益矩阵

表4-10 各机器人到各停驻点的路径距离组成的效益矩阵

机器人	停驻点2	停驻点3	停驻点4
amigo2	3467	2748	1721
amigo3	1720	2040	3466
amigo4	3463	2194	2053

在图4-23中可以看到通过匈牙利法变换,效益矩阵的全部独立零元素已被圈出,如表4-11所列。

表4-11 最优分配

机器人	停驻点2	停驻点3	停驻点4
amigo2	1745	885	@
amigo3	@	178	1745
amigo4	1411	@	\

因此最优分配即 amigo2 驶往停驻点4,amigo3 驶往停驻点2,amigo4 驶往停驻点3。

图4-24所示为各机器人到达各自停驻点后的状态。

2. 整体执行时间最短的停驻点分配策略

对于多移动机器人停驻而言,整体执行时间即指从主控台发出停驻命令到各机器人均到达指定停驻点所花费的时间。可以想象,该时间便是多移动机器

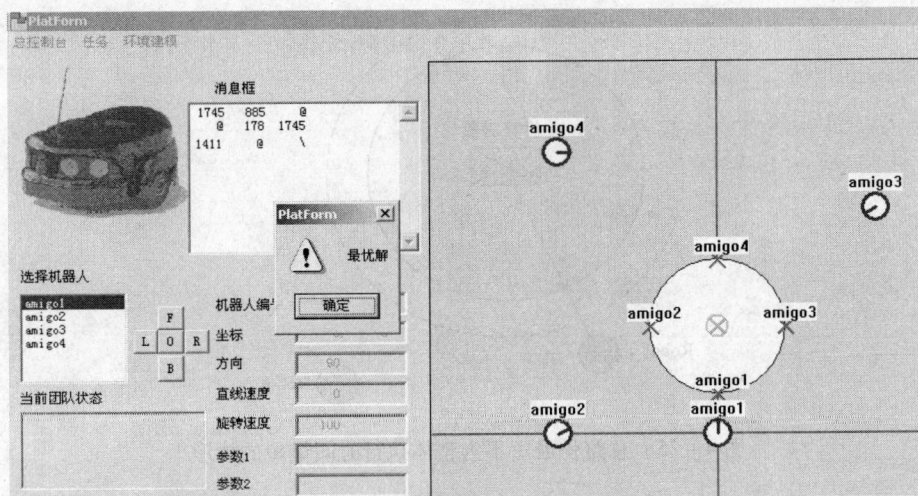

图 4 - 23　总路径最短的停驻点最优分配

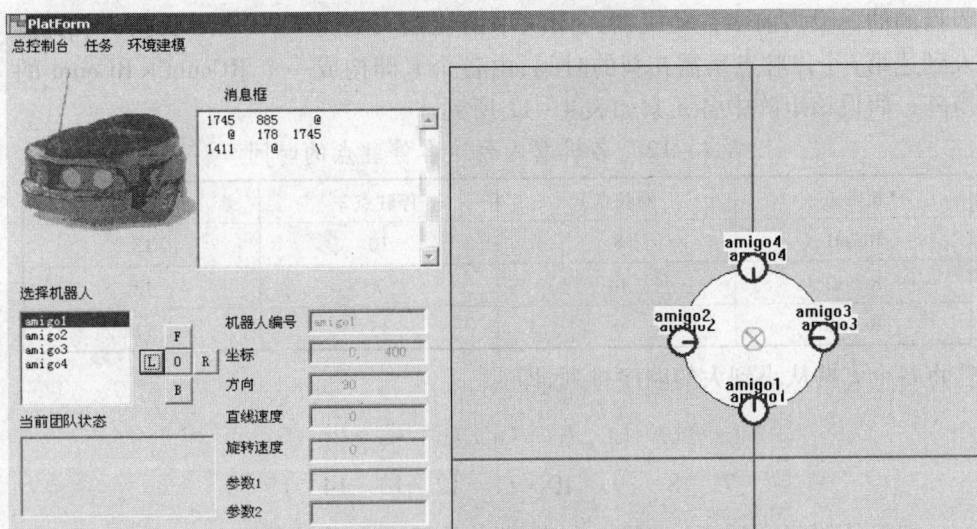

图 4 - 24　各机器人到达各自停驻点

人团队中最后到达停驻点的机器人所花费的停驻任务执行时间。以两个机器人的图 4 - 25 为例。

在图 4 - 25 中,假设两个机器人的行进速度都是相同的,若以总路程最短来分配停驻点,则应为 $i - A, j - B$。在这种分配方式下,整体执行时间即为机器人 j 到达点 B 的时间。显然,如果将 A 分配给 j,而将 B 分配给 i,则此种分配方式的

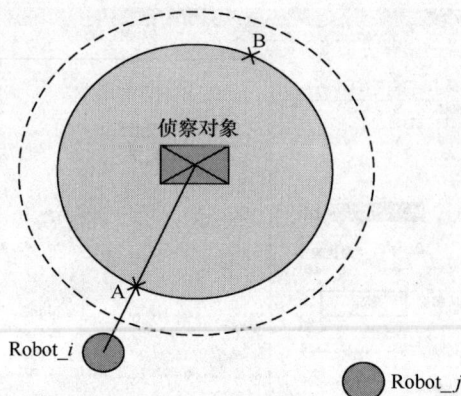

图 4 - 25　总路程最短不为整体执行时间最短的情形

整体执行时间将小于总路程最短的分配方式。

下面的算法是以找到整体执行时间最短的分配方案中的个体最长执行时间为目的的。设当前多移动机器人团队中的机器人数为 RCount，t_{ij} 为第 i 个机器人到达第 j 个停驻点所需花费的时间，由各个 t_{ij} 即构成一个 RCount × RCount 的矩阵。假设该矩阵中各元素如表 4 - 12 所列。

表 4 - 12　各机器人到达各停驻点的时间

机器人	停驻点 1	停驻点 2	停驻点 3
Robot1	8	10	13
Robot2	14	7	12
Robot3	9	15	11

若将各个 t_{ij} 按从小到大的顺序排列，即

$$t_{22} \quad t_{11} \quad t_{31} \quad t_{12} \quad t_{33} \quad t_{23} \quad t_{13} \quad t_{21} \quad t_{32}$$

$$7 \quad\; 8 \quad\; 9 \quad\; 10 \quad 11 \quad 12 \quad 13 \quad 14 \quad 15$$

则可从第三个元素 t_{31} 开始，往前搜索是否有合适的分配。以 t_{31} 作为此次搜索的分配方式中最长的个体执行时间，即将点 1 分配给机器人 3。然后在 t_{31} 之前的数组里将与 t_{31} 同行同列的元素均划去。如果在剩余的元素中找到了适合另两个机器人的不冲突的点分配匹配，则表示搜索成功，而 t_{31} 即为所有分配方式中最短的整体执行时间；如果找不到匹配的分配方式，则再以 t_{12} 作为当前最长的个体执行时间，如此继续下去，一旦搜索到合适解，则其整体执行时间肯定为最短。当然，在最长个体执行时间已确定的情况下，可能有多个

合适解,此时则再对这些合适解进行代价比较,总时间代价最小的解即为所求的最优解。

算法的具体步骤如下:

步骤 1　对所有 t_{ij} 进行排序,按从小到大的顺序存入数组 T[ ]中,并进行如下初始化:

(1)1. n = RCount － 1; //指示当前最大个体执行时间在数组 T[ ]中的下标;

(2)assignednum ＝0; //当前已分配的机器人(停驻点)个数;

(3)T[ ]中各元素被选取标志均初始化为 false;

(4)设置已选元素堆栈 SelectedStack[ ],其栈顶指针为 pStack ＝ － 1。

步骤 2　选取 T[n]元素,assignednum ＝1。

步骤 3　删去 T[0] ~ T[n － 1]中所有与 T[n]同行或同列的元素;剩余的 T[0] ~ T[n － 1]中各元素组成新的数组 Temp[ ]。

步骤 4　记数组 Temp[ ]的容量为 TempCount。若 TempCount 小于 RCount-assignednum,则 n 值加 1,返回步骤 2;否则令 count ＝ TempCount,且清空 SelectedStack[ ],继续。

步骤 5

(1)选取 Temp[ ]中第一个标记为 false 的元素,记为 S。并置该元素的标记为 assigned。assignednum 值加 1,count 值减 1。如果 assignednum 等于 RCount,则退出算法;否则继续。

(2)找出 Temp[ ]中标记为 false 的,且与元素 S 同行或同列的所有元素,其标志全置为 deleted。每置一个元素,便把该元素加入到 S 的 DeleteQueue 队列中,并且 count 值减 1。将 S 压入 SelectedStack 堆栈。

(3)如果 count 小于(RCount-assignednum),转 4;否则,转 1。

(4)从 SelectedStack[ ]中弹出一个元素,记为 Q,且 asignednum 值减 1。Q 的标记置为 deleted,而 Q 的 DeleteQueue 队列中各元素的标记均还原为 false。

(5)如果当前 SelectedStack[ ]为空,则删除 Temp[0](也即 Q 元素),Temp[ ]中其余各元素标记均复原为 false,返回步骤 4;否则,将 Q 加入 SlecectedStack[ ]栈顶元素的 DeleteQueue 队列中,转(3)。

当执行完该算法后,当前的 n 值所指示的 T[n]元素即为整体执行时间最短分配中的最长个体执行时间。因此 T[n]所关联的机器人以及相应停驻点将作为第一个分配对。而 Temp[ ]数组中被标记为 assigned 的元素即为其余各机器人对应的停驻点,且为总执行时间最短(在各机器人速度相同的情况下,也即总路程最短）。

3. 考虑可见范围的停驻点分配策略

在总路程最短的停驻点分配策略中讨论的情形，都以能够对被侦察对象形成一个360°的包围圈作为假设前提。而实际情况是，该被侦察对象可能背靠高墙，或者位于某个角落，则这些情况下，并不是各个停驻点都是可用的，因此需要首先对包围圈进行探测。

下面讨论被侦察对象的可见角度范围有限这种情况。假设被侦察对象位于某一高墙角落内，如图4-26所示。

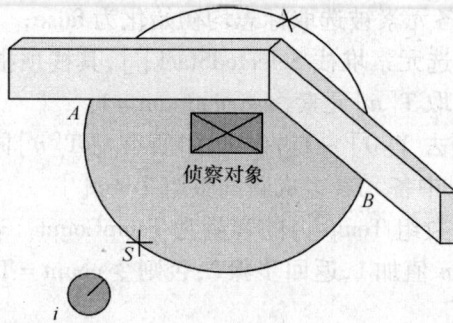

图4-26　被侦察对象位于某一高墙角落

从图4-26中可以看到，在灰色区域的包围圈的停驻点上，侦察对象对于机器人来说是可见的，而白色区域的包围圈上的各点，则由于高墙的阻挡，侦察对象对于各机器人来说是不可见的。显然，如果停驻点分布在包围圈的不可见范围上，则该停驻点是无意义的。

因此需要对包围圈的可见范围进行确定。在以下实验中采用声纳来探测包围圈。假设当前机器人 i 最先发现侦察对象，则此时侦察对象对于 i 来说是可见的。于是先让机器人 i 行走到包围圈上的点 S，即本来将分配给机器人 i 的停驻点位置。然后让机器人转到该点在包围圈的切线方向，并沿包围圈进行圆弧运动。

在进行圆弧运动的过程中，机器人始终用声纳1或4来探测包围圈。默认为先向左探测，则如果声纳4探测到的障碍点距离信息小于 $R_i + e$（e 为最小间隔），则表明已探测到包围圈上有阻拦物，在此图中即为探测到高墙，位于点 A。记录 A 的位置，然后让机器人反向沿包围圈继续圆弧运动，并观察声纳1的信息。同样，当声纳1的障碍点距离信息小于 $R_i + e$ 时，则表明已到达图中的 B 点，并记录此点。最后将 A、B 两点的坐标发送给主控台，主控台根据这两点相对于包围圈中心点的角度可以确定出一个可见角度范围 $[\theta_L \sim \theta_R]$，则主控台将以点 B 作为第一个停驻点并分配给机器人 i，其余各停驻点在这个角度范围内均匀分布。然后按照总路程最短或整体执行时间最短的策略分配余下的各停点。

4.3.2　有障碍环境下多移动机器人避障与停驻

实时避障能力是反映机器人自主能力的一个重要方面，它要求机器人不但要具备对环境的快速感知能立，还要具备对环境信息的快速处理能力。在完成侦察任务时，机器人的实时快速避障能力对整个多移动机器人系统的效率尤为重要。

目前最典型的避障策略是人工势场法矢量场矩形法。国内的张寒松等设计了一种基于实际意义隶属函数的机器人避障模糊算法。此外还有基于声纳坏结构的基本避障策略，利用多声纳传感器，可以方便快捷地实现机器人的简单避障功能，近年来这一技术也日趋成熟。

1. 障碍物的检测与分类

设机器人半径为 R，机器人的第 i 个声纳读取到的障碍物距离为 d_i，障碍物在机器人当前坐标系中的坐标为 (x_i, y_i)。机器人的临界避障距离为 D_{avoid}。假定障碍物基本规则。

在机器人前进过程中，采用机器人正前方的两个声纳 2 和 3 来探测是否有障碍物阻挡，因为此两个声纳覆盖的范围可以达到一个机器人的宽度。机器人只对在临界避障距离 D_{avoid} 之内的环境信息"感兴趣"。当正前方的声纳 2 或者 3 返回的障碍物距离小于 D_{avoid} 时，则表示前方有障碍物存在。由于声纳信息的扰动很大，往往出现在同一点返回的声纳信息波动甚大的情况，因此采取多次读数的方法，即每隔一个很短的时间间隔 t，便读取 1 次声纳信息，以连续读取 10 次作为一个判断点。若在这 10 次的读数中，有 $N_{liminal}$ 个数据值小于 D_{avoid}（$N_{liminal}$ 在实验中取 7），则表示前方确实有障碍物存在。

为此，在每 10 次读数中设两个因子：left_gene 和 right_gene，以分别表示声纳 2 和 3 读取到的有效障碍物信息。另外再设一个表示总体有效数据个数的 valid_data。则在每次读数中，进行如下处理：

(1) if($d_2 < D_{avoid}$ || $d_3 < D_{avoid}$)
　　　valid_data + = 1;

(2) if($d_2 < D_{avoid}$)
　　　left_gene + = 1;

(3) if($d_3 < D_{avoid}$)

$$\text{right\_gene} + =1;$$

其中 d_2 和 d_3 分别为第 2 个声纳和第 3 个声纳读取到的障碍物距离。

将机器人与前方障碍物的位置关系分为以下三类：

（1）机器人位于障碍物左侧，其临界状态如图 4-27 所示。

（2）机器人位于障碍物右侧，与（1）类似。

（3）机器人正对着障碍物，如图 4-28 所示。

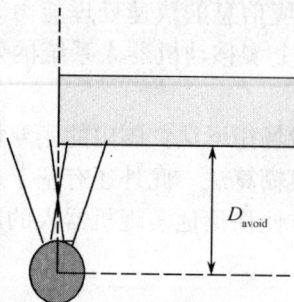

图 4-27　机器人位于障碍物左侧　　　图 4-28　机器人正对着障碍物

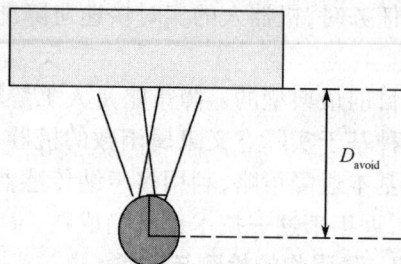

另外，考虑两种特殊的情况：

（1）机器人目标点在障碍物前方。当机器人检测到前方存在障碍物时，如果此时目标点位于机器人与障碍物之间时，且目标点与障碍物之间大于一个机器人半径的宽度，则机器人可不进行避障而直接到达目标点。即如果满足下式（以声纳 2 检测到障碍物为例）：

$$(d_2 < D_{\text{avoid}}) \&\& ((d_2 - D_{\text{goal}}) > (R + e)) \qquad (4-36)$$

则表示目标点可直达。式中 D_{goal} 为机器人当前与目标点的距离，e 则为系统允许的机器人与障碍物的最小距离。

（2）机器人与障碍物距离过近。此种情况易发生在机器人启动时或前进之初时。另外一种可能是外界突然加一障碍物至机器人近前。设临界危险距离为 D_{danger}，当机器人任意一个声纳检测到障碍点距离小于此值时，则表示机器人与障碍物距离过近。

2. 针对单障碍物的避障子行为设计

根据机器人与障碍物的五种位置关系，可分别设计避障子行为如下：

1）机器人位于障碍物左侧

在这种情况下，可以首先让机器人直接运动到障碍物左侧的一个安全点，然后转回到原方向上，即为避障成功。考虑最坏情况，机器人位于障碍物左边界线右侧,则安全点的位置如图 4 – 29 所示。

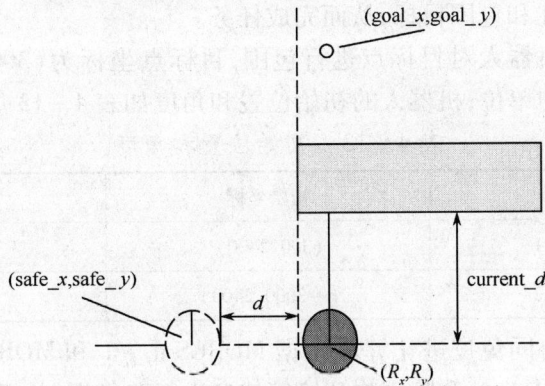

图 4 – 29 障碍物左侧的安全点

由于机器人从开始读到有效障碍物信息到确认前方存在障碍物这个过程中,本身仍在前进,因此用一个变量 current_d 来表示机器人当前距障碍物的距离,也就是声纳 3 最后一次测到的有效障碍物距离。

2)机器人位于障碍物右侧

该情况与上述情况类似,因此其避障行为是让机器人直接驶向障碍物右侧一个安全点,然后转回到原方向上。

3)机器人正对着障碍物

由于障碍物宽度未知,则让机器人左转或右转 90°(具体情况将在 4.3.3 节讨论,默认左转),以机器人边侧声纳 0 或 5 来检测障碍物的边界。当检测到障碍物距离为极大值或大于某一值时,则表明机器人已运动到障碍物边界处,此时与前两种情况类似,则其随后的避障行为即让机器人运动到障碍物侧面。

4)机器人与障碍物距离过近

当机器人探测到障碍物距离小于等于 D_{danger} 时,机器人的避障行为为:紧急停止,然后后退一个安全距离 $d = (R + e)$,然后重新驶向目标点。

5)机器人目标点位于障碍物前方

当目标点与障碍物之间的宽度满足式(4 – 36)时,则机器人可不对前方障碍物采取避障行动而直接驶向目标点。否则,即表示目标点不可达。

3. 有障碍物环境下的停驻实例说明

在 MORCS Ⅱ 机器人和相关平台上进行多移动机器人对指定点进行停驻和包围目标的任务,任务主要流程主要为首先控制台利用已知环境障碍的信息和机器人的当前坐标进行基于协同免疫进化的多移动机器人路径规划,计算出路径然后下达命令给机器人,使得 MORCS Ⅱ 机器人按照指定路径进行前进直到到达指定点进行停驻和包围目标,从而完成任务。

下面为两个机器人对目标点进行包围,目标点坐标为(300,−1500),包围半径为 500 个地图单位,机器人的初始位置和角度如表 4−13 所列。

表 4−13 初始位置和角度

机器人编号	初始坐标	初始角度
MORCS Ⅱ −1	(300,2400)	−90°
MORCS Ⅱ −2	(−3000,2400)	−90°

控制台通过协同免疫进化算法根据 MORCS Ⅱ −1 和 MORCS Ⅱ −2 机器人的当前坐标、目标点坐标和障碍物环境等信息进行路径规划,根据规划的路径向移动端程序发送相关命令,指示机器人按规划路径行进,最终对目标点进行包围。图 4−30、图 4−31、图 4−32 分别是两个机器人在出发时刻、机器人行走中时刻和最终时刻各机器人的状态。

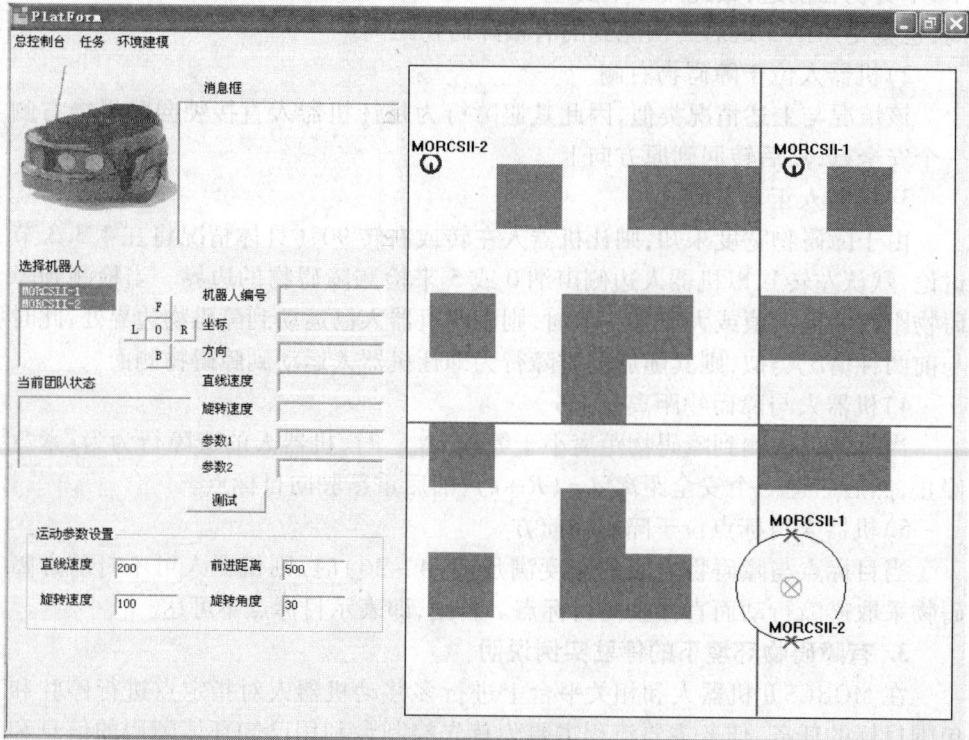

图 4−30 出发状态

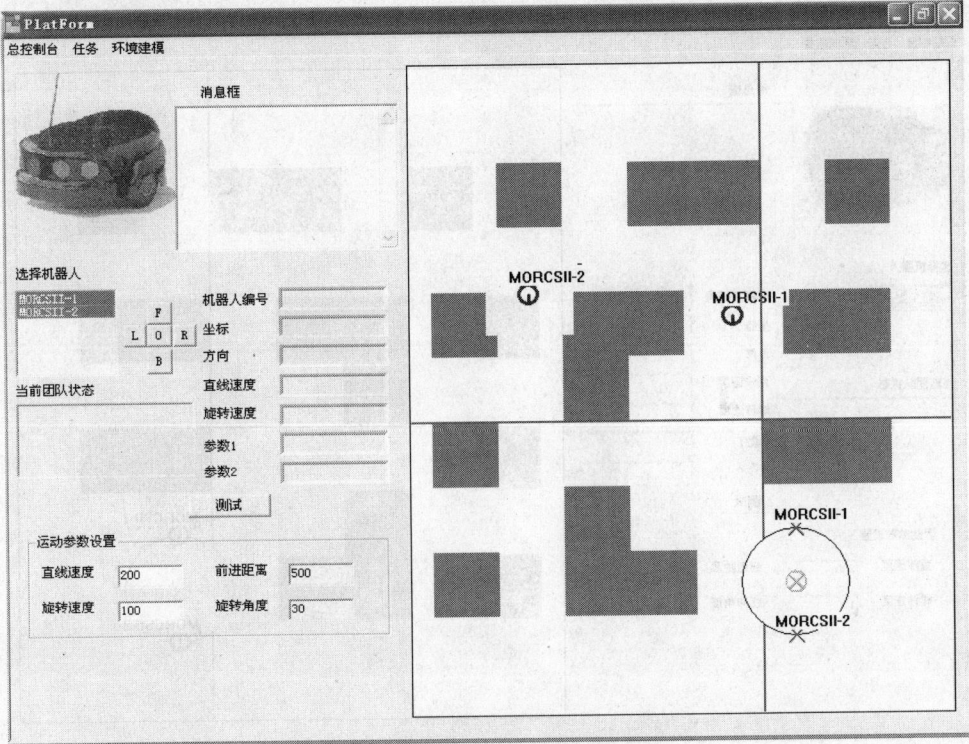

图 4 – 31 行进状态

图中可以看出,两个机器人能够比较理想地完成规划任务。算法规划出的路径比较理想,有效地绕过了障碍物,并且两个机器人在路径行走中没有发生冲突,均顺利到达指定地点对目标进行包围。

4.3.3 机器人连续避障的实现

在机器人与目标点的直线轨迹上只有一个障碍物的情况下,机器人如果完全绕开了障碍物,则一定可以重新规划一条直线轨迹安全到达目标点。然而如果存在多个未知的障碍物,特别是对于机器人避障过程中又遇障碍物这种情况,则机器人的避障行为可能导致重新撞向之前已探测到的障碍物。需要实现实时、连续地躲避障碍物。

在单障碍物的避障策略基础上,建立起一套基于避障子行为的方向选择规则,以此决定机器人在避障过程中又遇障碍物时其可行的避障方向。并提出了一种象限区分法,以此来决定机器人在完全绕开了障碍物后,是以直线轨迹驶向

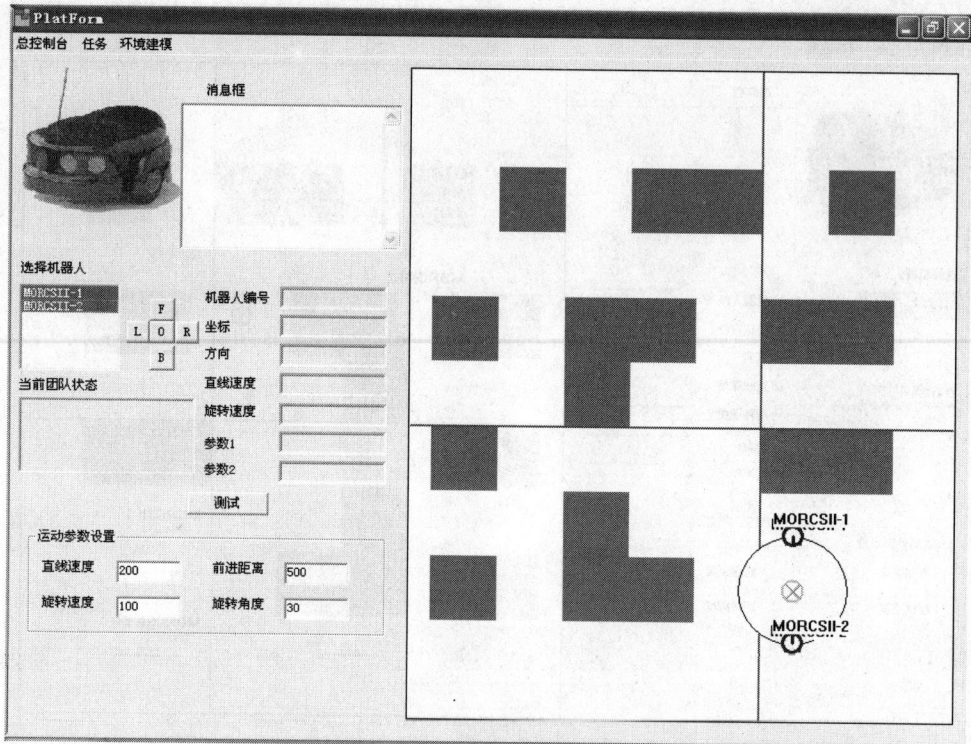

图 4 - 32　到达目的点状态

目标点,还是沿其他可行方向行走。实验证明,利用该策略,可以较好地避免机器人撞向同一障碍物,实现机器人的连续避障,并较大限度地保证机器人快速安全地到达指定的目标点。

在避障过程中,机器人有可能又会遇到新的障碍物。此时它的避障方向的选择将是多种的,其中有些方向将使机器人再次撞向原障碍物,或者与目标点背道而驰。而在绕开了多个障碍物后,由于障碍物的"身长",机器人并不一定能立即以直线轨迹驶向目标点,这就需要进行判断并区分对待,如图 4 - 33 所示。

对于这些问题,可以利用基于避障状态的方向选择规则,并用象限法来判断机器人是否可以直接驶向目标点。

1. 基于避障子行为状态的方向选择规则

设避障距离为 $D_{avoid} = 2(R + e)$。当机器人未检测完障碍物 Obs1 的左侧面就探测到障碍物 Obs2 时,Obs2 与 Obs1 之间的宽度必定小于 $2(R + e)$。这说明,机器人将不可能从 Obs1 和 Obs2 之间的空隙通过。实验证明,将 D_{avoid} 设为 2

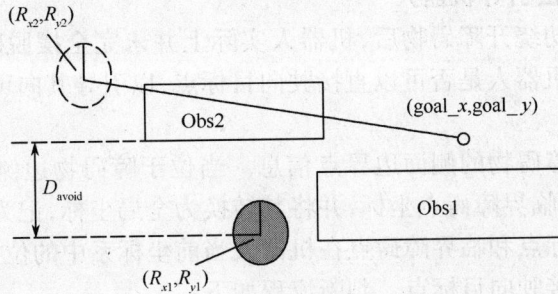

图 4 – 33　机器人避障过程中又遇障碍物

$(R + e)$，将利于规则的建立。

在规则中，只有前后左右四个备选方向，分别以 Front、Back、Left、Right 表示。规则使机器人在遇到障碍物时，其可选方向只有一个或两个，如果出现左右方向均可用，则默认为向左。

为方便规则的建立和使用，设立一个状态堆栈 StateStack[ ]，将机器人每一次避障的子行为状态依次压入该堆栈。并设立一个栈顶指针 stack_top，以指示机器人当前的避障子行为状态。以机器人遇到障碍物为一次避障的开始，到机器人成功绕开障碍物为一次避障的结束。当机器人在避障过程中又遇障碍物时，则在调用完规则后，清空该堆栈（以免当前规则将用到前一避障过程的避障状态），然后压入新的状态标志。当机器人在避障过程中又遇新的障碍物时，则在调用完规则后，给 State 赋予新的避障状态。以下为根据机器人当前状态建立的方向选择规则：

规则一：若为无障碍物情况，则只有向后的方向是禁用的。

规则二：若前方遇到障碍物，则将前方设为禁用。

规则三：若当前状态为向左检测障碍物边界，则其可用方向为向左或向后（向后即为调转 180°而使机器人沿障碍物向右检测边界）。

规则四：若当前状态为向右检测障碍物边界，则其可用方向为向右或向后。

规则五：若当前状态为到达左侧安全点，则其可用方向为向左。

规则六：若当前状态为到达右侧安全点，则其可用方向为向右。

规则七：当机器人成功绕开障碍物时，如果目标点位于机器人当前坐标系 y 轴左侧，则当前可用方向为向左；反之为向右。

这样便建起了一个规则表。而当机器人遇到障碍物时，首先根据规则表确定当前的可行方向，再根据检测到的障碍物方位情况来决定下一步的避障行为。

2. 利用象限法引导机器人

在机器人成功绕开障碍物后,机器人实际上并未完全摆脱障碍物。现在利用象限法来区分机器人是否可以直接驶向目标点,以引导其向可行方向前进,分为两个步骤:

首先需记录障碍物的侧面边界点信息。当位于障碍物边侧,或检测到障碍物边界时,记录其临界障碍点坐标,并将其转换为全局坐标,记为(fx_g, fy_g)。

然后根据目标点和临界障碍点在机器人当前坐标系中的位置和关系来判断机器人是否能直接驶向目标点。判断流程如下:

(1)将障碍点全局坐标(fx_g, fy_g)和目标点全局坐标$(goal\_x, goal\_y)$转换到以机器人当前方向为y轴的局部坐标系中,分别记为(fx, fy)和(gx, gy)。

(2)$fy \leqslant -(R+e)$? 如果是,则表明障碍点已完全置于机器人后方,转(4);否则转(3)。

(3)机器人按当前可行方向继续前进,转(1)。

(4)判断障碍点(fx, fy)和目标点(gx, gy)是否位于同一象限。相同则转(5),不同则转(6)。

(5)根据规则七,决定当前可行方向,并使机器人转到该方向上,转(1)。

(6)判断目标点在机器人当前坐标系中的y轴左侧还是右侧。如果是前者,则用声纳0判断机器人左边侧是否存在障碍物,如果存在,转(7),否则转(9)。反之则用声纳5判断机器人右边侧是否存在障碍物,如果存在,转(8),否则转(9)。

(7)将 State 重新设为 NULL。将测得的障碍物距离赋给 $side\_d$,如果 $abs(side\_d - fx) > (R+e)$,表明此时边侧声纳0测得的障碍物位于目标点后方,转(9)。否则机器人切换到"向右检测障碍物边界"的避障状态,转(10)。

(8)将 State 重新设为 NULL。将测得的障碍物距离赋给 $side\_d$,如果 $abs(side\_d - fx) > (R+e)$,表明此时边侧声纳5测得的障碍物位于目标点后方,转(9)。否则机器人切换到"向左检测障碍物边界"的避障状态,转(10)。

(9)机器人以直线轨迹驶向目标点。

(10)退出。

3. 实例分析与说明

以下为设计的两个避障实例,以说明上述的多障碍物环境下的避障策略,如图4-34、图4-35所示。

在实例图中,机器人轨迹点用大写字母表示,其初始点为A。而机器人记录的侧面临界障碍点用小写字母表示。箭头方向为机器人当前方向,也即机器人当前坐标系的y轴正方向。

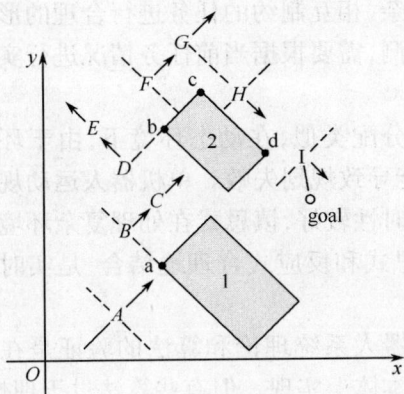

图 4-34　实例一

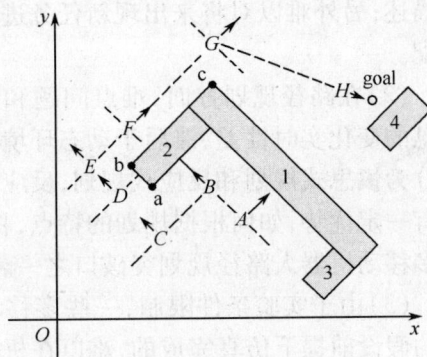

图 4-35　实例二

以实例一作为说明。可以看到,当机器人在 D 点检测到临界障碍点 b 时,象限法判断流程将使机器人继续前进一个距离$(R+e)$而到达点 E,以完全摆脱障碍物 2。此时障碍点 b 与目标点同在 E 点坐标系的第三象限,因此根据规则七,当前可用方向为向右,于是机器人右转 90°继续前进。而到达 F 点后,障碍点 b 在 F 点坐标系的 y 坐标值小于 $-(R+e)$,且与目标点不位于同一象限,但机器人检测到右边存在障碍物,于是切换到向左检测边界的避障状态。依此进行,直到点 I,才满足直接驶向目标点的条件。

以上实例表明,机器人能够实时、连续地进行避障,并按照预期的理想轨迹到达目标点。

4.4　小结

多移动机器人的智能行为要求能高效的协同合作,主要涉及以下两个问题:①如何动态地组织与分配各机器人完成任务,体现高层组织与决策形式,实现合理的路径规划,即高效协作机制;②当各机器人之间的关系明确之后,如何解决各机器人之间局部冲突和避碰避障问题,这就需要控制级协调,体现运动协调机制。

协同机制与控制技术的研究逐步成为机器人学的一个重要分支,同时在任务分配、路径规划、冲突消解、编队控制等领域取得了长足的进步。目前仍存在如下一些研究难点问题:

(1)在任务分配方面,当有动态新任务产生或环境发生变化时,需对已分配的任务再进行重新分配;这难以对系统中复杂、相互制约的任务进行合理的形式化描述;另外难以对将来出现新任务进行预测,需要根据当前任务情况进行实时分配。

(2)在路径规划方面,难点问题和任务分配类似,在动态环境下,由于环境信息的变化实时性差,滞后于动态环境,可能导致规划失败。单机器人运动规划可分为慎思式规划和反应式规划,反应式实时性较好,慎思式在处理复杂环境时具有一定优势,如何根据规划的特点,将慎思式和反应式合理地结合,是实时处理多移动机器人路径规划突破口之一。

(3)由于实验条件限制,一些多移动机器人系统理论和算法的验证是在一定的假设前提下仿真完成的,难以在机器人本体上实现。但有些算法过于理想,在充分考虑环境的不确定性、机器人航程限制等约束条件时,不可直接用于真实环境中多移动机器人的运动。

(4)多移动机器人系统在复杂环境中,如果在某个局部区域内,多个机器人形成了循环牵制,则很可能使得其中的每个机器人都进入停止等待状态,从而造成这几个机器人全部"瘫痪",这就是冲突消解常出现的死锁问题,也是个挑战性课题。

(5)编队控制的难点问题有:通过局部行为隐现全局功能,仍然处于初级研究阶段;对动态或复杂环境适应能力还是有限;对超大规模机器人群体控制研究技术尚不成熟;目前异质多移动机器人编队研究不多。

(6)基于多移动机器人信息融合的环境感知也是现阶段研究的难点问题。多移动机器人系统中,各机器人感知能力有限,必须对其感知的环境进行合理的融合,各种传感器的融合技术也是当今的难点之一。

今后多移动机器人系统将更注重异质性的设计和研究,同时更高效的协调协作机制的研究也是近20年内多移动机器人技术研究的重点、难点。非结构化的环境甚至是复杂的动态环境下的任务分配和路径规划仍继续是多移动机器人重要的研究方向。总而言之,国内外对多移动机器人研究虽然离实际应用尚存在差距,但已取得了令人瞩目的成果。

5

第五章

多移动机器人协作定位与建图

在探索未知复杂环境时,单移动机器人由于不需要考虑多移动机器人的协作、干涉等问题,因此存在效率低、鲁棒性较差等问题。多移动机器人要比单个移动机器人效率高,而且通过多个不同移动机器人所获得的信息的融合,可以提高对环境建模的准确性。使用多个移动机器人进行协作建图与定位具有高效、高精度、高容错性、高鲁棒性、可重构性、低成本等优点,因而更适用于实际应用中的各种复杂任务。

然而多移动机器人系统不是物理意义上的单个移动机器人的简单代数相加,其作用效果也不是单个移动机器人作用的线性求和,因此多移动机器人的同时定位与建图(Simultaneous Localization and Map-buliding, SLAM, 或 Concurrent Mapping and Localization, CML)除了要解决单移动机器人 SLAM 的所有问题之外,还要解决多移动机器人系统带来的其他问题。例如何选择控制结构、如何实现协作、相互间的定位以及将子地图融合为全局地图的算法等。其中多移动机器人的合作定位就是一个关键问题。如果移动机器人群能够探测到它们的同伴,并且可以与同伴进行信息交换,则可以利用移动机器人之间的相对观测信息来提高它们的定位精度,尤其是对异类移动机器人群,合作定位的优势更加明显。例如,某些移动机器人配备了昂贵的、高精度的传感器如差分(Differential Global Position System, GPS)、激光测距仪,它们可以帮助只有码盘及其他精度不高的传感器的移动机器人,从而使得整个移动机器人群在某种程度上都能从这些高精度传感器上获得益处,而不必要在每个移动机器人上都安装这些传感器。

到目前为止,国内外针对多移动机器人协作构建地图与定位的研究还不是很多。现有的方法都主要是将 SLAM 算法扩展到多移动机器人的情况中。仍没有一个完整的、结构化的解决方案,而且限于现实条件的限制,大多数的研究还只停留在实验仿真阶段。

5.1 地图创建和定位技术简介

同时定位与建图是移动机器人自主行为的一个重要问题。移动机器人为了在未知环境中进行导航,需要获取外部工作环境的空间模型,即构建环境地图,准确描述出移动机器人所在工作环境中的各种物体,如障碍、路标等的空间位置,并同时运用环境地图实现移动机器人的定位。在移动机器人领域中,为了定位,就需要环境地图信息,而为了构建环境地图,就需要精确的移动机器人位置信息。独立进行建图或者独立进行移动机器人定位的方法是不科学的,必须同时进行定位与建图,这就是 SLAM 问题。SLAM 问题最先是由 Smith Self 和 Cheeceman,Ayache 和 Faugera,Chatila 和 Laumond 提出,在过去的十几年中逐渐成为移动机器人问题的研究热点,吸引了大量的研究人员,并取得了很多实用性的成果,是否具备并发建图与定位的能力被许多人认为是移动机器人是否能够实现自主的关键的前提条件。

5.1.1 环境地图

环境地图创建的本质属于环境特征提取与知识表示方法的范畴,决定了系统如何存储、利用和获取知识。创建地图的目的是供移动机器人进行路径规划,因此地图必须便于机器人理解和计算,而且当探测到新环境信息时,应该能够方便地添加到地图中。移动机器人导航领域常用的环境地图分类情况如图 5 - 1 所示,其中尤以几种平面地图最为常见。

1. 度量地图

采用世界坐标系中的坐标信息来描述环境的特征,它包含了空间分解(Spatial Decomposition)方法和几何表示(Geometric Representation)方法。空间分解方法把环境分解为局部单元并用它们是否被障碍占据来进行状态描述。空间分解常采用基于栅格的均匀分解方法(Uniform Decomposition)与递阶分解(Hierarchical Decomposition)方法。几何表示则利用几何图元(Geometric Primitives)来

占据栅格地图 ─┬─ 占据栅格地图

度量地图
(Metric Map) ─┬─ 占据栅格地图
　　　　　　　　└─ 几何地图

非度量地图
(Non-metric Map) ─── 拓扑地图

平面地图 ─┬─ 度量地图 / 非度量地图

环境地图 ─┬─ 平面地图

三维地图 ─┬─ 三维几何地图
　　　　　　└─ 可视化地图

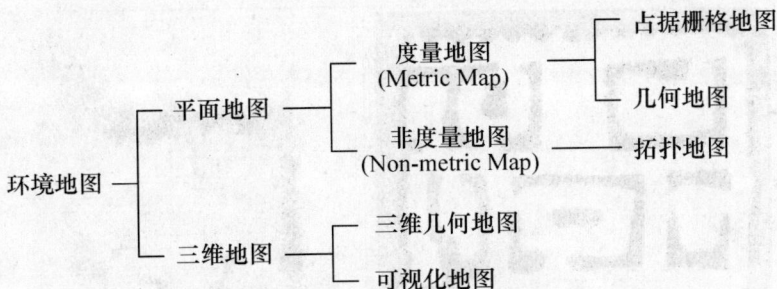

图 5 - 1　环境地图分类情况

表示环境。

　　占据栅格地图(Occupancy Grid Map)是一种应用非常成功的度量地图构建方法,最早由 H. P. Moravec 和 A. Elfes 于 1985 年提出,后来又被扩展了,并被其他研究者所采用。对于 2D 的栅格地图,整个环境被分割成一定大小的栅格,每个栅格赋以一个值,表示这个单元格被占的概率。每个单元格代表一个正方形的区块,用一个在(0,1)范围内的值来指示这个区块被占有的概率,表明它所对应的物理位置是否有障碍物存在。占有格地图清楚地表明某个区域是障碍区块,还是自由空间。被占的栅格赋值 1,自由空间赋值 0。对于 3D 的栅格地图,每个栅格赋以一个值,表示这个单元格的高度信息。

　　即使在大规模的环境下,栅格地图也容易创建和维护。地图的构建依赖于在各观测点的移动机器人位置,所以要求移动机器人位置尽可能精确。这种方法的最大优点是简单,容易执行和扩展。主要的缺点是用于定位时的高计算量和高存储空间要求。

　　几何地图(Geometric Map)由一组环境路标特征组成,每一个路标特征用一个几何原型来近似,这种地图只局限于表示可参数化的环境路标特征或者可建模的对象,如点、线、面。对于结构化的办公室环境,用一些几何模型来表示环境空间是可行的。也有些方法提取的几何特征更为形象化,将环境定义为面、角、边的集合或者是墙、走廊、门、房间等等。用线段来拟合室内的墙面,用点来拟合墙角、桌子角等。

　　这种环境表示方法很紧凑,且方便位置估计和目标识别。但是几何信息的提取需要对感知信息作额外的处理,且需要一定数量的感知数据才能得到结果。

　　图 5 - 2 给出了典型的栅格地图和几何地图的实例。图 5 - 2(a)是通过距离传感器构建的栅格地图,其中黑色区域代表为障碍占据的栅格,白色区域代表

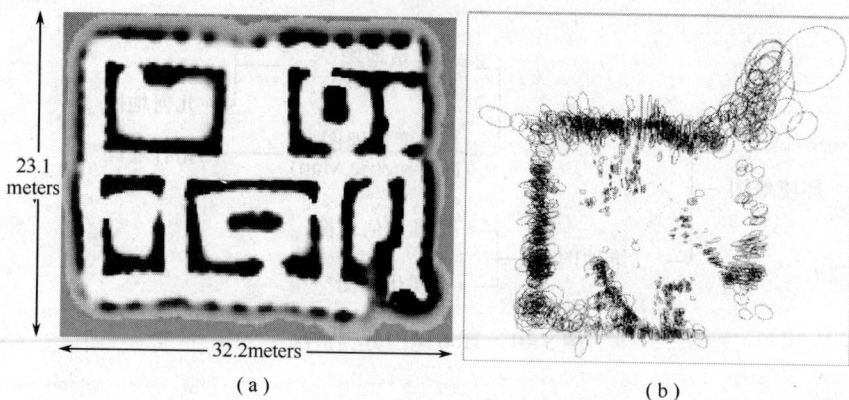

图 5 - 2　典型的栅格地图和几何地图

无障碍区域,即可行区域。图 5 - 2(b)是通过视觉传感器构建的几何地图,根据环境中检测出路标(几何图元)的几何坐标将其描绘在一个平面坐标系中,各个椭圆代表路标的不确定范围。

2. 非度量地图

拓扑地图(Topological Map)运用节点和连接路径来表示环境地图,用一张图来描述环境信息。拓扑地图定义为一个图数据结构,一个图节点表示环境中的一个特征位置,一个图弧表示两个节点间的路径信息。这样,两个不相邻节点之间的导航就表示为一串中间节点。拓扑地图是在栅格地图的基础上构建的,基于栅格的地图被分割成不同的区块,由分割的区块生成一个同构的图,图中的节点对应于区块,图中的弧连接着相邻的区域。

图 5 - 3 给出了典型的拓扑环境地图。建立拓扑地图的过程实际上就是识别节点的过程,各种拓扑建模方法的差别主要体现在如何构成节点、如何识别不同节点、如何保证模型的紧凑以及如何处理传感器的观测不确定性。

除上述三种 2D 平面地图外,Thrun 在 1998 年提出了综合栅格地图与拓扑地图各自优点的混合方法。局部地图采用栅格表示,在此基础上通过 Voronoi 图等方法抽取拓扑结构,并实现多个局部地图的连接。这种混合方法在全局空间采取拓扑描述以保证全局连续性,而具体局部环境中采用几何表述则有利于移动机器人精确定位的优势得以发挥。但是这种方法一般只适合表示室内环境,且主要基于声纳或激光雷达之类的距离传感器,而在基于摄像头的建模与定位中很少采用。

3. 3D 地图

到目前为止,大多数环境建模都针对上述三种 2D 平面地图进行研究,3D

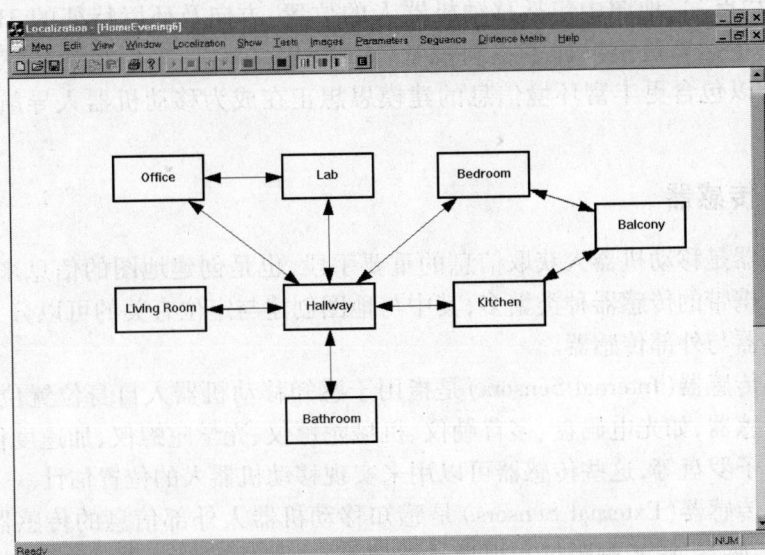

图 5 - 3　典型的拓扑环境地图

环境地图的研究相对较少,刚刚起步。3D 模型具有更丰富的环境信息,但同时也带来更高的存储需求、更为复杂的数据处理算法以及更多的计算量的问题。

　　Thrun 采用两个 2D 激光雷达(一个朝前,一个朝上),设计了过滤和简化的算法建立多分辨率 3D 地图,并利用虚拟现实工具绘制了形象的 3D 环境,如图 5 - 4所示。Andrew J. Davison 等针对轮式移动机器人在室外起伏地形(即自然环境)行走提出基于扩展 Kalman 滤波的 SLAM,环境模型采用 3D 地图(环境特

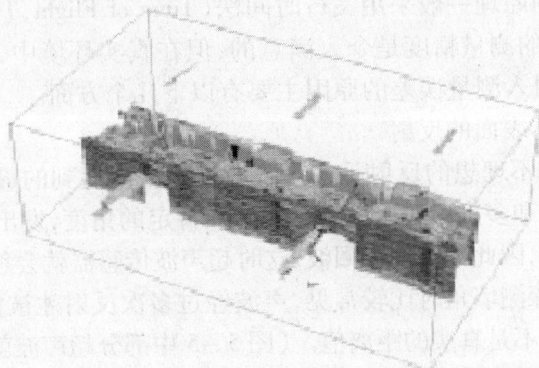

图 5 - 4　基于可视化的 3D 地图

征表示为"点"),地图中包括移动机器人的位置、方向及环境特征的 3D 坐标，并且为减少运算负担设计了主动视觉(Active Vision)。采用视觉传感器建立 3D 地图，以包含更丰富环境信息的建模思想正在成为移动机器人导航研究的热点。

5.1.2 传感器

传感器是移动机器人获取信息的重要手段，也是创建地图的信息来源。移动机器人携带的传感器种类繁多，其中与地图创建与定位有关的可以分为两类：内部传感器与外部传感器。

内部传感器(Internal Sensors)是指用于感知移动机器人自身位置位姿运动参数的传感器，如光电码盘、多普勒仪、机械陀螺仪、光学陀螺仪、加速度仪/磁性罗盘和电子罗盘等，这些传感器可以用来实现移动机器人的位置估计。

外部传感器(External Sensors)是感知移动机器人外部信息的传感器，如声纳、红外传感器、激光测距仪和视觉传感器等，这类传感器能提供独立于移动机器人的信息，存在系统误差但不会有累计误差。因此可以用来修正移动机器人的位置误差。另外，它们直接提供了外部环境的信息，是创建地图的信息来源，如声纳由于其廉价使用简单数据处理方便等特点得到了广泛使用，但由于声纳传感器信息量相对较少，空间分布分散，其感知信息存在较大的不确定性。激光测距仪的测量结果精度较高，可以直接根据测量数据进行特征提取。视觉传感器能够提供更为丰富的环境信息。下面主要介绍下声纳传感器与激光传感器的工作原理和特点。

1. 声纳

超声波测距的原理一般采用飞行时间法(Time of Flight, TOF)，在比较理想的条件下，超声波的测量精度是令人满意的，但在真实环境中，测距结果存在很大的不确定性。引入测量误差的原因主要有以下几个方面。

1)声波在物体表面的反射

声波在环境中不理想的反射是实际环境中超声波遇到的最大问题。其中反射又包括镜面反射和多次反射。镜面反射指在特定的角度，发出的声波被光滑的物体镜面反射出去，因此无法产生回波，这时超声波传感器就会忽视这个物体的存在；而多次反射在探测墙角时比较常见，声波经过多次反射才被传感器接收到，因此实际的探测值并不是真实的距离值。(图 5-5 中部分超声波就是如此)。

2)超声波传感器的探测波束角大

超声波发射的声波有一个散射角，如图 5-6 所示，超声波可以感知障碍物在扇形区域内,但不能确定障碍物的确切位置。ρ 为障碍物和超声波间的距离, θ 为障碍物与超声波中轴间的夹角,r 为超声波测量值。其中超声波有效的探测散射角 α 一般为 $12.5°$。

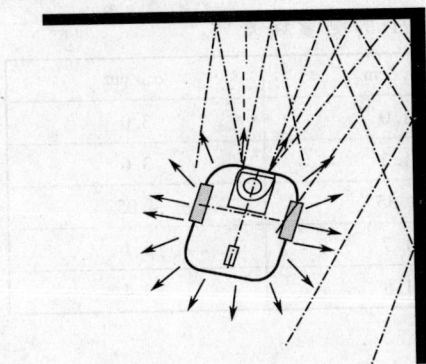

图 5 – 5　超声波的散射

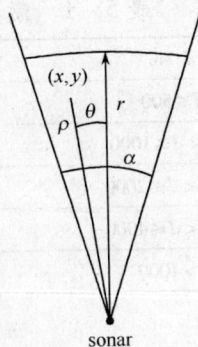

图 5 – 6　超声波的反射

3）超声波距离的影响

衰减导致的误差,由于超声波在传播过程中受空气热对流扰动、尘埃吸收的影响,回波幅值随传播距离成指数规律衰减,使得远距离回波很难检测。

2. 激光雷达

激光雷达是移动机器人障碍测距、环境建图的重要传感器之一。激光测距系统包括单点的测距传感器、在平面上进行线扫描的 2D 激光雷达以及能够进行面扫描的 3D 激光雷达。2D 激光雷达采用飞行时间测距原理来测量前方障碍物的距离,具有测速快、测速准、精度高、不易受干扰等优点。

测量发射光束与从障碍物表面反射回来的反射光束之间的时间差 Δt,与光速 c 相乘,取乘积的一半就得到障碍物的距离信息。假定障碍物到激光雷达的距离为 d,则有

$$d = \frac{\Delta t \times c}{2} \qquad (5-1)$$

其中光速 $c = 3.0 \times 10^8 \text{m/s}$。

以 LMS291 为例,它具有三种扫描角解析度分别为 $1°/0.5°/0.25°$,以 $0.5°$ 解析度完成一次 $180°$ 范围内的线扫描所耗时间为 26.67ms。此外,LMS291 有厘米和毫米两种测距模式,最大测距范围分别为 81m 和 8.1m。根据测距的范围和精度要求,可以选择不同的测距模式。通过实验,得出了激光雷达在不同距离范围下的标准差取值,如表 5 – 1 所列。其中 d 表示探测距离,σ_d 表示静态环境下

的测量误差，σ_d 表示动态环境下的测量误差。值得注意的是，激光雷达所获得的距离信息仍是离散的、局部的，相对于视觉传感器来说，所含的信息量太少，同时受测量范围和测量角度间隔的影响。

表 5-1　激光雷达 LMS291 的测量误差

d/cm	σ_λ/cm	σ_d/cm
$d \leqslant 500$	1.0	3.0
$500 < d \leqslant 1000$	1.2	3.6
$1000 < d \leqslant 2000$	1.35	4.05
$2000 < d \leqslant 4000$	1.7	5.1
$d > 4000$	1.8	5.4

5.1.3　环境建模与定位技术

为建立环境地图，移动机器人必须通过所携带的传感器感知环境。遗憾的是，首先，传感器所获得的信息是有局限的而且有误差的，并且这种误差具有很大的不确定性；其次，移动机器人根据控制量运动的过程中由于机械等原因运动本身存在着不确定性；再次，移动机器人所在环境并非静止不变的，环境变化也带来了很大的不确定性。对于各种环境建模与算法而言，关键就是如何处理这些不确定性。

目前移动机器人导航领域的建模与定位算法主要采用概率算法，包括扩展卡尔曼滤波器（Extended Kalman Filter，EKF）、最大似然估计（Maximized likelihood Estimation，MLE）、粒子滤波器（Particle Filter，PF）以及马尔科夫定位（Markov Localization，ML）等。这些方法在解决 CML/SLAM 问题时，都具有各自的优点和特点。

1. 卡尔曼滤波器（KF）及扩展卡尔曼滤波器（EKF）

KF 是环境建模领域的经典算法，1986 年到 1991 年间 Smith R，Self M. 和 Cheeseman P. 发表了 KF 的一系列论文，并提出了 CML 的思想。KF/EKF 最大的优点是能够在线估计地图中所有元素的后验概率，并且也是迄今为止唯一的方法。

KF 适合解决线性系统问题，而 EKF 则推广到非线性系统的估计问题。针对移动机器人环境建模与定位问题，用平面坐标表示移动机器人和环境特征的位置，可以将移动机器人运动与环境特征的关系描述为两个非线性模型：移动机器人运动模型和观测模型。

$$X_k = f(X_{k-1}, U_k) + w_k \tag{5-2}$$

$$Z_k = h(X_k) + v_k \tag{5-3}$$

w_k 和 v_k 分别表示移动机器人运动不确定性和传感器观测不确定性,并假设其为均值为 0 的正态白噪声。由于 Smith R. 等认为不确定性是空间关系内在的固有性质,因此环境地图不仅包括移动机器人和环境特征的坐标矢量 X,还包括一个描述移动机器人与环境特征之间关系以及上述两种不确定性的协方差阵 $C(X_k)$。则地图组成包括:

$$X = (X_R, X_{f1}, \cdots, X_{fn})^T \tag{5-4}$$

$$C(X_k) = \left[\begin{array}{c|c} C_{RR} & C_{Rf} \\ \hline C_{fR} & C_{ff} \end{array} \right] \tag{5-5}$$

$C(X_k)$ 的引入是 EKF 方法最大的特点,对它的计算是 EKF 算法的核心。$C(X_k)$ 随着估计校正不断进行单调递减,因而正常情况该算法必然收敛。此外,$C(X_k)$ 实际上包含两部分:系统状态之间的协方差和观测噪声的协方差。若系统状态之间的协方差较大,则表示系统偏差较大,应使用观测值尽可能地校正;若观测噪声的协方差较大,则表示观测数据不可靠,只使用观测值做轻微校正。

应用运动模型和观测模型,基于 EKF 的建模与定位可以归纳为一个循环迭代的估计—校正过程:首先通过模型(5-2)估计移动机器人的新位置,并通过模型(5-3)估计可能观测的环境特征,然后计算实际观测和估计观测间的误差,综合系统协方差计算卡尔曼滤波参数 K,并用 K 对前面估计的移动机器人位置进行校正,最后将新观测的环境特征加入地图。移动机器人移动过程中循环不断地估计—校正,尽量消除累积误差,得到尽可能准确的定位信息,保证导航的顺利完成。

由于该方法意义明确、简洁,易实现,在处理不确定信息方面有独到之处,很快成为建模与定位领域中的主流技术,在很多视觉建模与定位系统中得到采用。但是,由于通过协方差阵维护系统中的全部不确定性,随着环境特征的增加协方差阵中的元素成平方级的增加,造成沉重的运算负担。近年来很多研究致力于缩减 EKF 的计算规模,如在每个预测阶段只对局部区域计算,并计算一个代价(Cost),继而当移动机器人从一个区域运动到另一个区域时利用此局部地图和代价去更新全局地图的压缩 EKF 算法(Compressed EKF)。该算法复杂度可下

降到 $O(n_a^2)$，其中 n_a 是子地图中环境特征的个数。还可以通过将建模问题分解成多个小问题降低算法复杂度，如 FastSlam 在一定条件下可以降低复杂度至 $O(n)$。KF/EKF 最大的缺陷就是假设系统中的不确定性符合高斯分布，因此对系统中的多模分布无能为力（如存在两个非常相似的环境特征）。更进一步说，KF/EKF 无法处理相关性问题，即数据关联（Data Association）。严重情况下，数据关联的不准确将导致算法发散。

2. 粒子滤波器

粒子滤波器定位也称为蒙特卡洛定位（Monte Carlo Localization，MCL），基本思想是用一组滤波器来估计移动机器人的可能位置（处于该位置的概率），每个滤波器对应一个位置，利用观测对每个滤波器进行加权传播，从而使最有可能的位置的概率越来越高。它很容易实现，而且不像 EKF 那样受限于噪声高斯分布，在很多定位问题，如位置跟踪、全局定位甚至绑架（Kidnap Problem）问题都得到较好的应用。

MCL 的基本思想与卡尔曼滤波等一样，也是来自于 Bayes 滤波器的估计状态后验概率分布的思想。其关键是用一组加权的样本（粒子）表示待估计状态（移动机器人位置或/及路标位置）的后验概率分布（信念 Belief），如下式所示。

$$\mathrm{Bel}(x) \approx \{x^{(i)}, w^{(i)}\}_{i=1,\cdots,m} \qquad (5-6)$$

式中 $x^{(i)}$ 表示第 i 个样本；$w^{(i)}$ 称为重要性因子。

与卡尔曼滤波等依靠概率分布的参数来描述不确定性不同，MCL 是用一个随机的加权粒子集合来获得概率分布的近似。因此，MCL 解决定位等问题并不严格要求噪声必须严格遵循高斯分布，并进而可处理任意分布的噪声。MCL 运行初始设 $w^{(i)}$ 为 $1/m$，初始样本集合代表移动机器人初始位置的信念。此后，应用重要性采样技术在每个递归步中首先根据运动模型（$x' \sim p(x'|x,a)$，其中 a 为内部传感器读数）估计样本的后验概率分布，然后根据感知模型（$p(o|x')$，其中 o 为外部传感器观测）计算每个样本的重要性因子，再根据重要性因子决定最可能的样本（位置）。经过多次递归，权值较大的样本可能多次被选中，而权值较小的样本则可能被丢弃。于是，误差较大的移动机器人位置（样本）逐渐被更可能的位置取代，即逐渐得到了移动机器人的精确位置。粒子滤波器适用于任何能用状态空间模型以及传统的卡尔曼滤波表示的非线性系统，精度可以逼近最优估计，故受到高度重视。但粒子滤波存在计算量与存储量大以及无法避免的退化（Degeneracy）问题，重采样在一定程度上可以减小退化，但却带来了采用枯竭（Sample Impoverishment）问题。

直觉上 MCL 与 EKF 的思想并无很大差别,也经过根据模型"预测"和根据观测"更新"两个阶段,并且同样存在数据关联的瓶颈问题。但关于算法的有效性则出现了两种评测结果:以 Thrun 为代表的很多研究认为 MCL 具有更好的鲁棒性、误差更小、更容易实现,且具有较高的计算效率;而 George Kantor 则通过仿真得出 EKF 误差更小、算法复杂度更小的相反结论。但争论也显示了 MCL 算法的受关注,并且针对 MCL 各种缺陷的改进策略也不断地提出。可以预见, MCL 将在今后几年中应用研究得更加广泛深入。

3. 最大似然估计(MLE)

一种非常有效的最大似然估计算法称为 Baum-Welch(也称为 Forward-Backward)算法,基于这种方法的移动机器人建图与定位问题可看作是移动机器人位置与环境特征位置的最大似然估计问题。该算法包括两步:E-Step(Expectation)和 M-Step(Maximization)。

建图的两个基本概率模型是:移动机器人运动模型和移动机器人感知环境模型。

$$P(\xi') = \int P(\xi' \mid u, \xi) P(\xi) \, \mathrm{d}\xi \tag{5-7}$$

$$P(o \mid \xi', m) \tag{5-8}$$

移动机器人运动的不确定性通过条件概率 $P(\xi' \mid u, \xi)$ 表示,其中 u 表示控制命令(与 EKF 相同),ξ 表示移动机器人当前状态。观测的不确定性通过条件概率 $P(o \mid \xi, m)$ 表示,其中 m 表示地图。$P(o \mid \xi', m)$ 决定了移动机器人在 ξ' 状态下所观测到的环境特征与地图的相似度。

地图表示采用栅格法,即将固定范围的观测区域划分为蜂窝状的格子,每个格子的概率形式的值表示环境特征的占据情况。

定位过程首先利用运动模型估计在假定当前地图确定情况下,给定控制 u 作用下移动机器人可能移动的新位置 ξ'(E-Step);然后计算移动机器人在此位置形成的环境地图中每个环境特征同以往地图相比出现的频率(作为最大相似性估计器)。经过计算,较准确存在的环境特征在地图中的概率值增加了,而较准确不存在的环境特征在地图中的概率值降低了(M-Step)。

MLE 由于采用 0~1 的概率值表示环境特征出现的频率,并充分利用过去若干时间步的数据,因而对观测值具有鲁棒性:观测的环境特征不必非常清晰,甚至可以是错误的。与 EKF 相比,绕过了对观测值与地图中元素数据关联的准确性的依赖,提高了算法的收敛性。但该方法处理的数据量过大,对运算速度和存储需求都非常高,制约了其应用于大规模环境。

4. Markov 定位（ML）

Markov 定位是一种全局定位技术,可以在没有任何先前位置信息的情况下确定移动机器人的位置,即可用于解决唤醒移动机器人问题(包括"绑架"问题)。与粒子滤波器类似,该方法无需精确的初始位置信息,能够根据多步概率传播逐渐得到移动机器人精确位置。Markov 定位算法的核心包括两个阶段,即根据运动模型预测新位置的预测阶段和根据感知模型修正预测结果的校正阶段,如下式所示。

$$P(L_t \mid L_{t-1}, a_{t-1}) \leftarrow \sum_t P(L_t = l \mid L_{t-1} = l', a) \mathrm{Bel}(L_{t-1} = l') \quad (5-9)$$

$$\mathrm{Bel}(L_t = l) \leftarrow P(s \mid l) P(L_t \mid L_{t-1}, a_{t-1}) \quad (5-10)$$

Markov 定位方法的实现过程可以用图 5-7 表示。

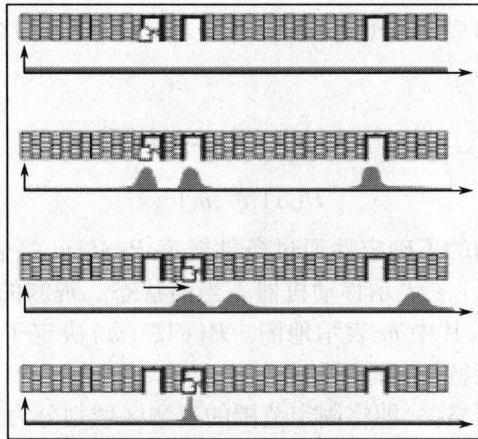

图 5-7　Markov 定位示意图

初始时,移动机器人并不知道自己在环境中的位置,而仅依据传感器数据得到了一些位置的假设。然后,移动机器人向前走了 1m,再通过传感器数据精确化了自己的位置。也就是说,移动机器人可以不知道自己的初始位置,也不一定必须确认初始位置,而是在移动过程中,通过维护所有可能位置的概率分布而逐渐得到精确位置。Fox 等将这种技术应用于美国国家历史博物馆的导航移动机器人 Minerva,取得了极大的成功。该方法的缺陷是概率传播需要的计算负担沉重,并且计算复杂度随状态空间维数指数级增长,很难应用于大规模未知环境。

本小节主要对建模与定位领域的通用问题,包括模型及建模与定位方法进行了分析。事实上,除了上述这些问题,采用不同的传感器感知环境,由于信息格式及分析方法的不同将导致不同的模型及建模与定位方法。以下将主要讨论传感信息的分析方法以及相应的移动机器人建模与定位方法。

5.2　地图创建方法

移动机器人能够通过传感器和学习感知环境和本身状态,实现对外在环境中障碍物进行描述,即建图。地图构建是移动机器人研究领域中的基本问题与研究热点,也是移动机器人实现自主导航的关键所在。随着计算机技术、人工智能技术和传感技术的迅速发展以及地图创建算法的不断改进和新算法的提出,移动机器人地图创建技术已经取得了很大的进展。但是对于应用比较复杂或通用性较高的地图创建方法还没有取得重大的突破。本章根据移动机器人的工作环境和执行任务,分别介绍了基于声纳、激光以及视觉传感器的局部地图创建的方法。

5.2.1　基于声纳的地图创建

在移动机器人的应用研究中,声纳传感器由于其价格便宜、操作简单、任何光照条件下都可以使用等特点得到了广泛的使用,已经成为移动机器人上的标准配置。声纳是一种距离传感器,可以获得某个方向上障碍物与移动机器人间的距离。由于声纳发出的声波有散射特性,以此也得到了对环境中某扇形区域有无障碍物的估计。

1. 栅格地图的创建

占据栅格地图(Occupancy Grid Map)是一种应用非常成功的度量地图构建方法,最早由 H. P. Moravec 和 A. Elfes 于 1985 年提出,后来又被扩展了,并被其他研究者所采用。针对声纳传感器的不确定性信息的研究,将概率应用到栅格地图中,较好得解决了声纳传感器的噪声、散射和镜面反射对地图精度的影响。

1)基于概率的声纳模型

根据 5.2.2 的分析,超声波测量距离时测量的信息存在很多不确定性因素,因此不能准确地描述出物体所在的位置,但在超声波所探测的范围之内,即弧和声纳所构成的扇形区域中,弧的中心线之处存在障碍物的概率最大。因此引入两个用于表现声纳测量不确定性的函数:

$$\Gamma_\theta(\theta) = \begin{cases} 1 - 21\left(\dfrac{\theta\pi}{180}\right)^2 & ,0 \leqslant |\theta| \leqslant 12.5° \\ 0, |\theta| > 12.5° \end{cases} \qquad (5-11)$$

$$\Gamma_\rho(\rho) = 1 - \frac{1 + \tanh(2(\rho - \rho_v))}{2} \qquad (5-12)$$

式中：θ 表示被测点 (x,y) 相对于声纳中轴的夹角；ρ 表示被测点到声纳的距离；ρ_v 是一个预定值，表示声纳信息从确定到不确定间的平滑转换点。

该不确定函数的图形见图 5 - 8，其中图 5 - 8(a) 中横坐标表示与声纳中轴的夹角，纵坐标反映越靠近中轴的地方声波密度越大，而在边缘声波的密度降为 0，因此与声纳中轴间的夹角越小可靠性越高；而图 5 - 8(b) 中横坐标表示被测点与声纳间的距离，纵坐标反映距声纳越远可靠性越低，而距离声纳较近的地方，测量正确的可能性越高。

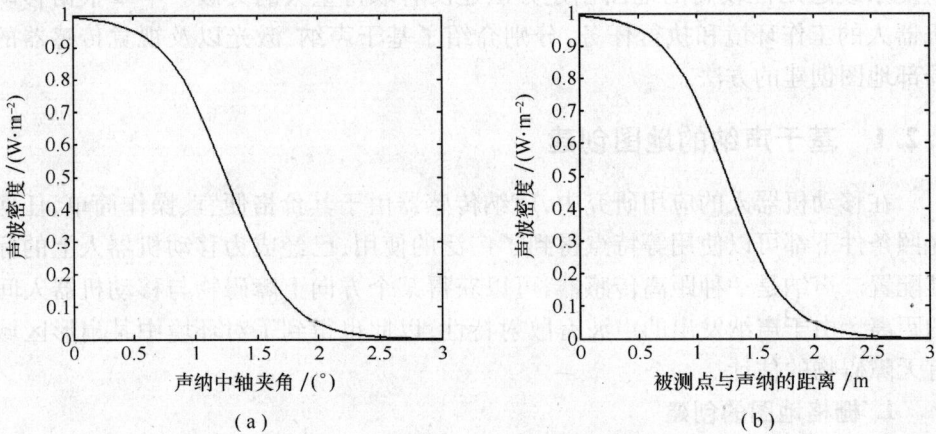

图 5 - 8　声纳模型函数
(a)声波密度与声纳中轴夹角的关系；(b)声波密度与被测距离的关系。

在真实环境探测中，将超声波所探测的范围离散化为 $m \times n$ 个相同大小的矩形栅格集合，每个栅格以 C_{ij} 表示，这样声纳所探测的范围可写为

$$U = \{C \mid i \in [1,m], j \in [1,n]\} \qquad (5-13)$$

对于 C_{ij}，$S(C_{ij}) = 0$ 表示该栅格为空，而 $S(C_{ij}) = 1$ 表示该栅格为障碍物。且对于这两个事件的概率存在约束 $P[S(C_{ij}) = 0] + P[S(C_{ij}) = 1] = 1$，其中 $P[S(C_{ij})]$ 表示为存在或者不存在障碍物的概率值大小。根据前面声纳的不确定函数，创建声纳的概率模型。

$$P[S(C_{ij})] = \begin{cases} 0.5 \times (1 - \lambda), & 0 \leq \rho \leq r - 2\mathrm{d}r \\ 0.5 \times \lambda\left(2 + \left(\dfrac{\rho - r}{\mathrm{d}r}\right)^2\right), & r - 2\mathrm{d}r < \rho \leq r - \mathrm{d}r \\ 0.5 \times \lambda\left(1 - \left(\dfrac{r - \rho}{\mathrm{d}r}\right)^2\right), & r - \mathrm{d}r < \rho < r + \mathrm{d}r \\ 0.5, & \rho \geq r + \mathrm{d}r \end{cases}$$

$$(5 - 14)$$

在公式(5-14)中ρ为C_{ij}和声纳间的距离,θ为C_{ij}与声纳中轴间的夹角,r为声纳测量值,$\mathrm{d}r$和$2\mathrm{d}r$表现了对r准确度的一种估计,$\lambda = \Gamma_\theta(\theta) * \Gamma_\rho(\rho)$(参考声纳测量的不确定函数)。以上声纳模型的三维轮廓图如图5-9所示。

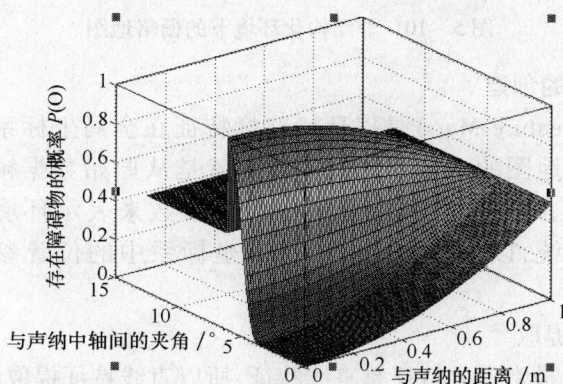

图5-9 声纳模型的三维轮廓图

其中$r = 0.5\mathrm{m}$,从该模型公式中可以看到,声纳测量数据与概率值描述的探测区域的映射关系符合声纳的物理特性:对于超出声纳测量范围的区域取概率值为0.5,不确定性最大;在声纳测量区域内且与声纳间距离小于测量值,则越靠近声纳为障碍物的可能性越小。

2)栅格地图应用实例

图5-10给出了通过声纳传感器探测出的非结构化环境下的栅格地图,其中黑色区域代表的为障碍物占据的栅格,白色的部分表示为无障碍物区域,即可行区域,灰色部分表示为未探测区域,即不确定区域。其中地图中出现的一些孤立的黑点,是声纳干扰和镜面反射所导致的错误数据。其中探测环境中右上方墙体设置了一个约40cm的通道口。该方法在基于概率方法的思想上,提高了

狭窄环境下的探测精度。

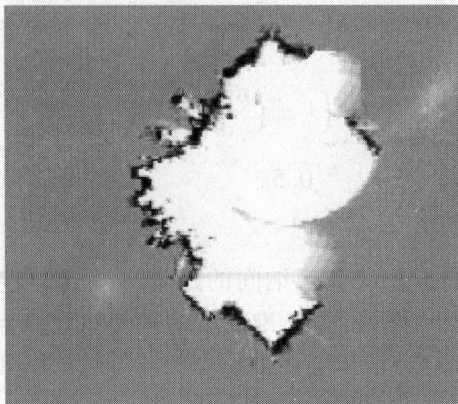

图 5 - 10　非结构化环境下的栅格地图

2. 特征地图的创建

特征地图（Feature Map）是以环境路标特征在全局坐标系中的位置参数表示来描述环境地图的。特征地图的构建就是从原始数据帧中提取几何模型，如线段、点等，并用线段和特征点的位置参数来表示环境特征对象。一个统一的坐标系，以及每个几何特征在坐标系中的位置参数就构成一个环境地图。

1）直线特征提取

室内环境中，最常见的特征是直线特征，所以直线特征提取的精确性很大程度上决定了地图的精确性。声纳传感器的精度不高、噪声点过多，很容易影响直线参数的可靠性，增量式算法简单快速，对于噪声点的滤除有很好的效果。它的思想是将数据点按照一定顺序增量式的加入在直线中，更新直线参数。由于声纳数据排列的不规则性，对采集的数据点聚类再进行直线参数计算是非常困难的，噪声点的干扰很容易造成错误的聚类结果，既而得到错误的直线。所以根据实际采用的移动机器人机身上的声纳分布情况提出了一种在线时时地直线提取的方法，避免了因为声纳点聚类而引起的错误直线的产生。

（1）直线参数设置如图 5 - 11 所示。

图中：P_m 为直线的中点；ϕ 为直线的方向角；h 为直线长度的一半；σ_ϕ 为直线方向的不确定性；σ_ρ 为直线垂直方向上的不确定性。

其他的参数还有 a、b，$a = \sin\phi$，$b = -\cos\phi$；ρ 为原点到直线的垂直距离；d 为原点到直线的垂线与直线的交点到直线中点的距离；P_r 为直线的右端点；P_l 为直线的左端点。

（2）声纳分组。在实际中发现，来自于同一条直线的声纳点绝大多数来自少数几个相邻排列的声纳。声纳分组的具体算法如下：

大多数情况下，移动机器人机身上的声纳可以分为前、后、左、右四组。这里以左侧声纳分组为例进行说明，在移动机器人的左侧距离 D 处设置一条虚拟直线，以每个声纳中轴射线近似表示声纳发射的声波，如图 5 - 12 所示。则每个左侧声纳的声波射线和该虚拟直线都存在交点。依次计算各相临交点之间的距离 d，若 $d/D < \xi$，且声纳虚拟声波之间的夹角 $\alpha < \psi$，则两声纳可分为一组，其中 ξ 和 ψ 为给定的阈值，当 $\xi = 1$，$\psi = 45°$ 时可以取得较好效果。可以根据以上方法分别对右侧、前面和后面的声纳进行分组。

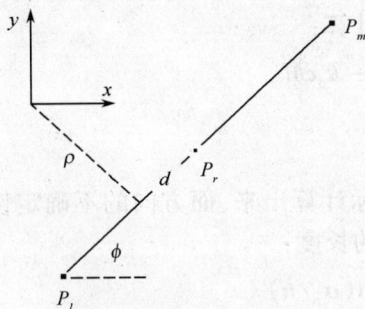

图 5 - 11　直线参数设置　　　　图 5 - 12　声纳分组

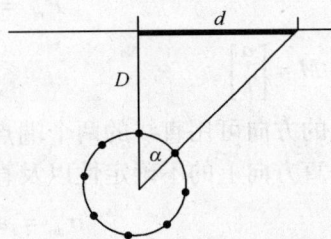

（3）初始直线参数计算。增量式直线提取算法首先需要得到一条初始直线，在此直线基础上加入其他的数据点，再更新直线参数。在实时直线提取的算法中，初始直线的参数是根据当前提取到的声纳点实时计算的。根据声纳排列的特征设定以下判定初始直线形成的条件：当且仅当同一组的声纳探测得到的数据点中，在不超过三个扫描周期的时间内，连续三个数据点能够在一定误差范围内形成直线，则连接第一和第三点，再根据第二点的参数计算初始直线的参数。例如，某组声纳中连续探测到的三个有效数据点 (p_{i-1}, p_i, p_{i+1})，若 (p_{i-1}, p_i) 之间的距离为 d_i，声纳 S_i 和 S_{i+1} 探测到的数据点 (p_i, p_{i+1}) 之间的距离为 d_{i+1}，若 d_i 和 d_{i+1} 均小于给定阈值，则连接 p_{i-1} 和 p_{i+1} 可以形成一条直线，再计算 p_i 到这条直线的距离：

$$e = ax_i + by_i + \rho \qquad (5-15)$$

若 $|e| \leqslant \sigma_{wi}/2$，则判定这三点能形成一条直线，$p_{i-1}$ 和 p_{i+1} 为该直线的初始端点。

直线垂直方向上的不确定性由下式计算:

$$\sigma_\rho^2 = \frac{\sigma_{wi+1}^2 \sigma_{wi-1}^2}{\sigma_{wi+1}^2 + \sigma_{wi-1}^2} \qquad (5-16)$$

由于点 p_i 对 σ_ρ^2 有一定限制作用,根据它计算 Kalman 增益:

$$k_\rho = \frac{\sigma_\rho^2}{\sigma_\rho^2 + \sigma_{wi}^2} \qquad (5-17)$$

根据 Kalman 增益,参数 ρ 和 σ_ρ^2 更新为

$$\rho = \rho - k_\rho e \qquad (5-18)$$
$$\sigma_\rho^2 = \sigma_\rho^2 - k_\rho \sigma_\rho^2$$

直线中点可以根据直线参数 a、b 来计算:

$$P_m = P_m - k_\rho e M \qquad (5-19)$$

其中 $M = \begin{bmatrix} a \\ b \end{bmatrix}$。

直线的方向可用直线的两个端点坐标计算出来,而方向的不确定性则取决于直线垂直方向上的不确定性以及直线的长度:

$$\sigma_\phi = \arctan(\sigma_\rho/h) \qquad (5-20)$$

在移动机器人探测过程中,声纳按照逆时针方向提取数据。若成功地提取到一条直线,那么就将其加入一个临时的直线数 L。接下来探测到的点需要先判断它归属,再进行相应操作。

(4)直线的延伸。当探测到一个新的数据点 (x_j, y_j),首先计算它到 L 所有直线的距离,找出与之距离最近的直线,判断是否满足式(5-20)中加入直线的条件,若条件成立则将其加入直线。

$$|e| = |ax_j + by_j + \rho| \leqslant \sigma_{wj}/2 \qquad (5-21)$$

参数 ρ 和 σ_ρ^2 按照式(5-18)更新,而直线的方向可以根据 $\Delta\phi$ 和 $\sigma_{\phi j}$ 更新:

$$\Delta\phi = \arctan(e/h)$$
$$\sigma_{\phi j} = \arctan(\sigma_{wj}/h) \qquad (5-22)$$

更新后的参数 ϕ 和 σ_ϕ^2 计算为

$$k_\phi = \sigma_\phi^2/(\sigma_\phi^2 + \sigma_{\theta j}^2)$$
$$\phi = \phi - k_\phi \Delta\phi \qquad (5-23)$$
$$\sigma_\phi^2 = \sigma_\phi^2 - k_\phi \sigma_\phi^2$$

直线方程的参数可以根据新的 ϕ 来计算,以点 p_j 代替原直线的 P_l,最后根据以下方程将 p_j 和 P_r 的坐标更新,假设点 $p(x,y)$ 根据方程计算得到 $p'(x', y')$,则

$$x' = xb^2 - yab - a\rho$$

$$y' = -xab + ya^2 - b\rho$$

(5 - 24)

直线的中点可以从新的端点计算得到。

若某个声纳数据点找不到任何满足以上条件的直线,则回到直线初始参数计算阶段,判断是否是另一直线特征的开始。

2)点特征提取

点特征指的是室内环境中墙角、边沿以及桌角等特征,它们在几何地图中用一个点表示,点特征的提取的目的是为了得到连贯且完整的特征地图。采用改进的 TBF(Triangulation Based Fusion)算法来进行点特征提取。

(1)TBF 算法。声纳数据的 TBF 算法是用来探测环境中点特征的方法。它的基本思想是将每个声纳信息用一条中心角为 22.5° 的弧代替,计算将当前声纳弧和若干过去声纳弧的交点,若得到的交点大于一个设定的阈值,则这些交点的平均值就可判定为一个点特征。

(2)对 TBF 算法的改进。为了降低计算量,TBF 算法设计了一个滚动表格。每次只计算最近获取的声纳信息之间的关系。若移动机器人上装备了 m 个声纳,且这 m 个声纳在同一水平线上,则 TBF 算法可以用一个 m 行 n 列的滚动表格来表示。如表 5 - 2 所列,表格中每一个格子中的信息 R_{ij} 都是计算一个三角测量所需数据的结构。结构中包含以下信息:

$$R_{ij} = (x_{s_{ij}}, y_{s_{ij}}, \gamma_{ij}, r_{ij})$$

表 5 - 2　TBF 算法中的滚动表格

	Scan 1	Scan 2	Scan 3	$\cdots$	Scan $n-1$	Scan n
Sonar 1	R_{11}	R_{12}	R_{13}		$R_{1,n-1}$	R_{1n}
Sonar 2	R_{21}	R_{22}	R_{23}		$R_{2,n-1}$	R_{2n}
Sonar 3	R_{31}	R_{32}	R_{33}		$R_{3,n-1}$	R_{3n}
$\vdots$	$\vdots$	$\vdots$	$\vdots$	$\ddots$	$\vdots$	$\vdots$
Sonar $n-1$	$R_{n-1,1}$	$R_{n-1,2}$	$R_{n-1,3}$		$R_{n-1,n-1}$	$R_{n-1,n}$
Sonar n	R_{n1}	R_{n2}	R_{n3}	$\cdots$	$R_{n,n-1}$	R_{nn}

表格中每一列都表示一次扫描的过程,右边的列存储最近的扫描信息,当传

感器的位置从上次扫描起移动了设定的最小距离就将表格中的数据更新。

这种方式虽然解决了计算量的问题，但很容易导致特征的遗漏。特别是以传感器移动的距离大于设定的最小距离值为判断更新表格的依据，那么在移动机器人旋转的时候，只能探测到很少一部分的环境信息。若移动机器人在一个固定的点旋转，滚动表格会因为传感器位置的改变而不断更新。这时，所有的传感数据都是移动机器人从一个固定位置上得到的，它们之间可能不存在交点，这样很有可能将一些点特征遗漏。在实验中采用移动机器人运动时间为基准来判断更新时间，具体的方案为：设置一个时间阈值，当移动机器人向前或向后的速度不为0时，时间累加，这个过程中将得到的声纳弧存数组 G 中，当时间达到给定的阈值，就根据 G 中的信息来计算弧的交点，更新估计点特征的位置。由于每次参加计算的声纳弧数量增加，需要减少一些不必要的计算量，例如两弧之间明显不存在交点的或明显不反射于同一物体的声纳弧，如果能先用一个相对计算量低的准则判断出来就能达到减少计算量的目的。

TBF 算法的三角测量匹配条件比较粗糙，只要两弧存在交点则做相应处理，这样很容易造成误判，将本不是边沿的点判断为边沿。在实际的探测中，数据点大部分来自墙面，为了避免造成误判，在原有算法的基础上增加了判断信息点是否反射于同一物体以及判断信息点是否反射于边沿两个判断条件，表述如下：

第一，若某新的声纳弧对应的数据点与另外一个弧的估计点特征之间的距离小于 $d/(n_t+1)$，则两弧可以判定为反射自同一物体。其中 d 为设定的阈值，n_t 为支持点数。

第二，如图5-13所示，两弧相交存在一个交角，当两个声纳弧对应的信息点均来自于边沿或者墙角时，交角较大，而来自于墙面的弧交角较小，根据这个特点，在实验中设定一个交角的阈值，当两弧的交角大于该阈值时才计算交点。

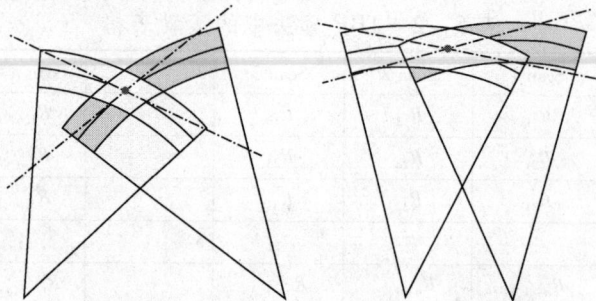

图5-13　反射于边沿和墙面的两个声纳弧

由于移动机器人旋转时很容易产生漂移点,这些点一般排列成圆弧状,很难在直线提取过程中提取出来,但是由于这些点一般比较稀疏,所以它们对应的声纳弧线很难与其他点相交,若将环境中交点数小于一定数量的弧线对应的信息点滤除就可以成功将这些噪声点滤除。

3)数据关联

直线特征和点特征的数据关联的目标是将提取到的直线特征以及点特征匹配和联结起来,以得到更加连贯的地图。由于大部分点特征是提取于墙角和边沿,那就相当于一个直线特征的端点或者两直线特征的交点,将两者匹配融合后可以使地图更加连贯和精确。

墙角一般是由两面直角的墙所组成,可以为每个墙角特征定义一个特征集合$\{F_1, F_2, F_3\}$,其中特征F_1和F_3代表两面垂直的墙,特征F_2代表两墙的交角。三者必须满足以下关系:

$$a_{F_3} - a_{F_3} = \pi/2 + \sigma_a \tag{5-25}$$

$$\Omega(F_1, F_2, F_3) = \sqrt{r_{F_1}^2 + r_{F_3}^2} - r_{F_2} = 0 + \sigma_r$$

其中$\{F_1, F_2, F_3\} = \{W, C, W\}$,$(a, r)$为三个特征的极坐标,由于特征的参数值存在误差,用$\sigma_a$和$\sigma_r$表示误差范围。

在线建图完成后,搜索地图中每条直线特征垂直方向上的直线特征,若两直线相邻的端点距离小于阈值,则再搜索与这两条直线相邻端点最近的点特征,若距离也在给定范围内,则确定为一个特征组,按此方法即能找出地图中所有满足以上条件的特征组。

由于环境特征的参数并不是完全精确的,所以被判定组成一个拐角特征三个环境特征,须通过重新计算参数来进行联结。这里采用的算法如下:

(1)若特征组中的直线特征之间不存在交点,则将每个特征组中的两条直线特征延长至相交,计算交点的位置。

(2)取交点位置和特征组中点特征位置的加权值作为点特征的新位置和两直线新的端点位置$p_{new} = (x_{new}, y_{new})$。计算如下:

$$x_{new} = \frac{1}{2}(w_1 x_{F_1} + w_2 x_{F_3} + x_{F_2}) \tag{5-26}$$

$$y_{new} = \frac{1}{2}(w_1 y_{F_1} + w_2 y_{F_3} + y_{F_2})$$

其中(x_{F_1}, y_{F_1})和(x_{F_3}, y_{F_3})分别为两直线临近端点的坐标,(x_{F_2}, y_{F_2})为点特征的坐标,权值w_1和w_2分别根据点特征到两条直线特征的距离计算。假设点

特征到两直线特征的距离分别为 d_{21} 和 d_{23}，则权值可计算为

$$w_1 = \frac{d_{23}}{d_{21} + d_{23}}, \quad w_2 = \frac{d_{21}}{d_{21} + d_{23}} \tag{5-27}$$

（3）分别连接两直线另一侧端点和新端点形成新的直线特征，把原有的直线特征从特征库删除。

（4）特征地图构建实例

构建一个如图 5-14 所示的室内环境中，将直线特征提取和点特征提取融合，并经过数据关联后得到如图 5-15 所示的特征地图。图中点为声纳探测到的数据点，线是利用增量式直线提取算法提取出的直线，小方框是提取出的点特征。从图中可以看出声纳信息中存在明显的噪声点，但并没有影响直线提取的精确度，可以得到较为准确的静态特征地图。

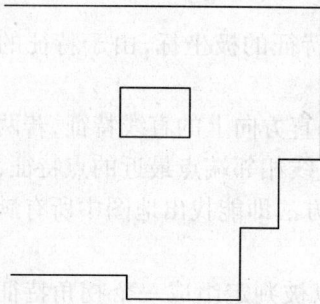

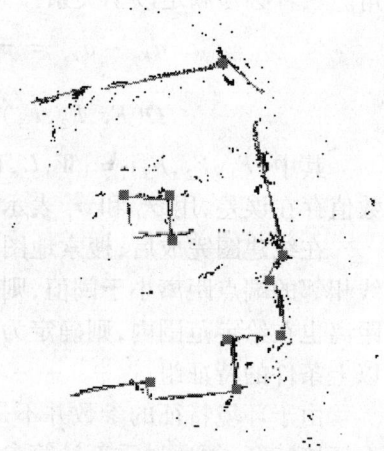

图 5-14　单移动机器人地图构建　　　图 5-15　在线特征提取结果
　　　　　实验环境结构

5.2.2　基于视觉传感器的地图创建

如前所述，移动机器人导航需要利用自身携带的传感器感知环境，以便从环境中感知必要的环境特征，进而实现建模与定位。视觉传感器由于获取的信息量更多更丰富，采样周期短，受磁场或传感器相互间干扰影响较小，质量小，能耗小，使用方便经济等原因，在很多移动机器人系统尤其是星球探索移动机器人中受到青睐。根据统计，人类接受信息 90% 以上来自视觉，也足以体现视觉感知在与环境交互及智能行为中的重要地位。

　　而拓扑模型由于无需精确的度量信息,而在单目视觉的移动机器人导航中占主导地位。其次,很多生物系统,如蜜蜂、人类等,在通过视觉感知环境时,并不需要获取精确的距离信息(或坐标信息),而是以某种定性的方式记录一些关键物体或位置间的方位,通过这种粗粒度的拓扑关系实现回巢、旅行等行为,这种拓扑导航的方式所产生的实际作用是非常令人惊讶的。另外,从实时性和大规模环境中移动机器人生存能力方面考虑,拓扑模型具有存储需求小、规划简便等优点。与其他度量模型相比,随着探索环境扩大,拓扑模型规模增长较慢,建模、规划等的运算复杂度相对较低,更适合大规模未知环境中的移动机器人导航任务。

1. 视觉拓扑建模与定位领域常用的概率技术

　　对于节点识别及不确定性处理问题,通常采用最近邻策略在拓扑地图中搜索最匹配的节点以实现定位,而采用 Markov 定位等概率技术来处理定位的不确定性。KrotKov 采用在每个位置获得的图像中检测出的 SIFT 特征表示每个拓扑节点,定位时则首先从当前待识别环境所得到的图像中检测出 SIFT 特征,然后用最近邻策略与拓扑模型中各节点的 SIFT 特征进行匹配,将匹配特征数量最多的节点作为当前移动机器人所在位置。为提高定位的精确性,采用隐马尔科夫模型(Hidden Markov Model,HMM)建模相邻拓扑节点间的关系,则定位问题转化为在给出直到 T 时刻所有观测条件下的 HMM 估值问题。

　　移动机器人的位置通常用三维变量 $l = \langle x, y, \theta \rangle$ 来表示,这里的 $x - y$ 是移动机器人位置的笛卡儿坐标,θ 表示移动机器人脸的朝向。l_t 表示移动机器人在 t 时刻的真正位置,L_t 表示相应的变量。通常移动机器人不知道它的准确位置,而是持有一个它可能在哪里的信度,用 $\mathrm{Bel}(L_t)$ 表示移动机器人可能位置的信度分布,其实就是移动机器人在整个位置空间的概率分布。例如,$\mathrm{Bel}(L_t = l)$ 就是移动机器人在 t 时刻在 l 处的概率。这个概率分布在下列两个事件发生时进行更新:一是移动机器人的传感器测量数据到达后;二是读取计程器数据(例如轮子计数器的转数等)后。假定用 s 表示环境传感器的测量数据,用 a 表示计程器的数据,而 S 和 A 分别表示相应的变量。设

$$d = \{d_0, d_1, \cdots, d_T\} \tag{5-28}$$

表示测量数据流,这里具有下标 $t(0 \leqslant t \leqslant T)$ 的 d_T 可以是传感器测量数据 s 或者是计程器读数 a。所有的数据按变量 t 进行索引,而 T 表示最近采集的数据项。涉及到这些数据项的集合,d 包含了所有传感器的数据。

　　马尔科夫自定位算法,以满足所有先前数据为条件来估计在 L_T 上概率分

布,即

$$P(L_T = l \mid d) = P(L_T = l \mid d_0, \cdots, d_T) \tag{5-29}$$

根据马尔科夫假设和贝叶斯规则可以推导出:

(1)最近采集的数据项是传感器测量数据 $d_T = s_T$,

$$\text{Bel}(L_T = l) = \alpha_T P(s_T \mid l) \text{Bel}(L_{T-1} = l) \tag{5-30}$$

由于 $P(s_T \mid L_T = l)$ 与时间无关所以用替换 $P(s_T \mid l)$,这里 $\alpha_T = 1/P(s_T \mid d_0, \cdots, d_{T-1})$ 是个常数,式(5-30)具有递增的属性,这可使算法变得很简单;

(2)最近采集的数据是计程器读数 $d_T = a_T$,

$$P(L_T = l) = \int P(l \mid a_T, l') \text{Bel}(L_{T-1} = l') d_{l'} \tag{5-31}$$

由于 $P(L_T = l \mid a_T, L_{T-1} = l')$ 不随时间变化,用 $P(l \mid a_T, l')$ 取代它,式(5-40)也具有递增的属性。

用式(5-30)和式(5-31)来更新移动机器人位置信度分布就是马尔科夫自定位算法的核心。

2. 视觉拓扑建模与定位系统

基于视觉传感器的增量式拓扑建模与定位系统与其他基于 Markov 或隐 Markov 模型的建模与定位方法不同,并没有以拓扑节点作为隐状态进行概率传播,而是将状态空间限定在一个拓扑节点内。该系统首先提取显著的局部图像区域作为自然路标,然后利用 HMM 将这些自然路标组织起来构造拓扑图的节点,于是定位问题可以转化为 HMM 的最小估值问题。由于采用局部图像特征及 HMM 构成拓扑顶点来表示环境,系统在定位时能够对环境变化具有更高的容许程度,识别更加可靠。而且由于状态空间恒定,降低了计算需求。为进一步提高定位精确性,还设计了简单而有效的贝叶斯学习策略来处理定位的不确定性。

与全景视觉系统类似,系统中移动机器人通过扫视周围环境获得全方位图像序列。基于显著点检测方法从每幅图像中检测及构造若干显著区域(路标),并组成一个路标序列,该序列的次序与图像序列的次序相同。然后基于这个包含 k 个显著区域的观测路标序列 $L_1 \sim L_k$ 建立一个隐马尔科夫模型,将其作为移动机器人所在位置的环境描述。本系统中使用的 EVI-D100 摄像头的视角为 $65°$,考虑重叠及效率,扫视环境时每隔 $36°$ 采样一次,则移动机器人在每个位置获得 10 幅图像。令获得图像的 10 个方向作为 HMM 的隐状态 $S_i (1 \leqslant i \leqslant 10)$,所建立的 HMM 参见图 5 - 16。其中，模型参数 a_{ij} 以及 b_{jk} 通过 Baulm - Welch 算法学习获得，学习过程中作为结束条件的阈值设为 0.001。

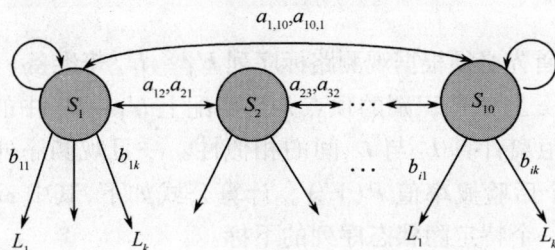

图 5 - 16 描述环境的 HMM

对于拓扑图中的每条边，为其赋予两个信息：两个顶点间的距离和方向。距离信息可以通过里程计的读数获得，边的方向则相对于地图上预先设定的水平方向。探索初期地图为空，则将移动机器人的朝向设为水平方向。当移动机器人重新进入该环境，利用先前建立的地图进行定位时，必须至少识别两个顶点以适应地图的方向。

移动机器人在建模与定位过程中存在两种状态：初始定位状态和探索状态。

初始定位状态：如果地图为空，移动机器人将创建一个顶点添加到地图中，并为其赋以一个"信念"。如果地图不为空，移动机器人必须在整个地图上搜索以实现初始定位。而且移动机器人还必须探索初始位置附近的局部区域，以搜索地图上的另一个顶点，从而确定移动机器人以及地图的方向。这个步骤非常关键。

探索状态：移动机器人抽取环境中的显著区域，然后在地图上搜索具有最大 HMM 估值的顶点。如果该值超过阈值，移动机器人接受此次判别完成在地图上的定位。同时，将当前观测得到的显著路标区域按照其方向无重复地添加到匹配顶点的伴随观测序列中，并重新学习 HMM 的参数。为解决环形拓扑定位问题，算法搜索移动机器人周围一定范围 R（室内环境 $R = 1\mathrm{m}$，室外环境 $R = 5\mathrm{m}$）内的顶点。若搜索不到任何匹配顶点，则添加新顶点到地图，并为其赋以一个"信念"。

"信念"是一个概率值，初始设为 0.1。定义如下：$B' = B + m * C_f$。其中，C_f 代表步距，初始设为 0.1；若搜索到匹配顶点，m 为 1；若未搜索到，m 为 0。本系统利用此"信念"值处理地图中顶点的不确定性，并且随着移动机器人探索实时更新该值。

系统中的定位问题也就是位置（场景）识别问题。为实现在拓扑地图上的定位，移动机器人必须首先扫视环境，抽取路标序列 $L'_1 \sim L'_k$，然后在地图上搜索最匹配的顶点(位置)。将传统的定位问题转化为 HMM 的估值问题,估值最大且超过一定阈值的顶点被认为是最匹配的顶点,即移动机器人所在的最可能的位置。

为进行估值,首先必须根据观测路标序列 $L'_1 \sim L'_k$ 来准备一个观测序列 V^T。

$$V^T = \{ L_i \in \text{某个待识别的顶点并且匹配上 } L'_1 \sim L'_k \text{ 中的一个} \}$$

采用 Jeffrey 距离计算 L_i 与 L'_i 间的相似性。一旦观测序列得以产生,估值过程就是计算一个后验概率值 $P(V^T)$。计算公式如下,其中 $\omega_r{}^T$ 表示一个隐状态的集合,r 代表一个特定隐状态序列的下标。

$$P(V^T) = \sum_{r=1}^{r_{max}} P(V^T \mid \omega_r^T) P(\omega_r^T) \qquad (5-32)$$

为提高定位精度,弥补在走廊或动态等环境中出现的误识别,设计了一个简单的贝叶斯学习策略来处理定位的不确定性。

用 $P(l_{jt})$ 表示当前时刻下经过 HMM 估值得到的拓扑图中每个位置点的概率,作为先验概率,其值等于归一化的 HMM 估值。用 $l_{i,t-1}$ 表示前一时刻移动机器人所在的位置,D 表示测量数据集,包括内部传感器测量得到的移动机器人状态集 D_R 和视觉传感器测量得到的自然路标集 D_L。用 $P(D \mid l_{jt})$ 表示假设移动机器人处于位置 l_{jt} 条件下,观测到 D_R 和 D_L 的概率。则移动机器人处于位置 l_{jt} 的后验概率可表示为 $P(l_{jt} \mid D)$。

根据最大后验假设(Maximum A Posteriori,MAP),在给定移动机器人内部传感器读数及视觉观测路标的测量数据集时,具有最大可能的移动机器人所在位置 l_{MAP} 可按下式计算:

$$l_{MAP} = \arg\max P(l_{jt} \mid D) = \arg\max \frac{P(D \mid l_{jt})P(l_{jt})}{P(D)} = \arg\max P(D \mid l_{jt})P(l_{jt})$$

$$(5-33)$$

由于 D 包括两个独立分量 D_R 和 D_L,因此 $P(D \mid l_{jt})$ 的计算可以分解成 $P(D_R \mid l_{jt})P(D_L \mid l_{jt})$。前者按下式计算:

$$P(D_R \mid l_j) = \begin{cases} 1 & \text{若 } l_{i,t-1} \text{ 与 } l_{jt} \text{ 的距离及方向符合航迹推算} \\ 0 & \text{其他情况} \end{cases} \qquad (5-34)$$

$P(D_L \mid l_{jt})$ 则定义为 l_{jt} 位置的伴随路标序列与观测路标序列的匹配概率。在地面比较平坦的环境中,可以直接采用 $P(D_R \mid l_{jt})$ 代替 $P(D \mid l_{jt})$,也取得了比较理想的定位效果。

3. 应用案例

从房间和走廊共 6 种环境中各自选取 10 个位置,然后分别建立每个位置的 HMM。图 5 – 17 给出移动机器人在 Room514 房间右上角位置(距门 5m,距右侧墙壁 1.2m)获得的全景图像序列,以及据此产生的路标个数和代表该位置的 HMM(只给出经学习得到的状态转移矩阵 **A**)。此后,移动机器人重新进入这些环境并进行识别与定位。在此阶段,移动机器人在每个环境中收集 20 个位置的环境信息(路标),并与前面已经建立的 60 个 HMM(代表不同的环境位置)进行匹配,寻找 HMM 估值最高的位置。

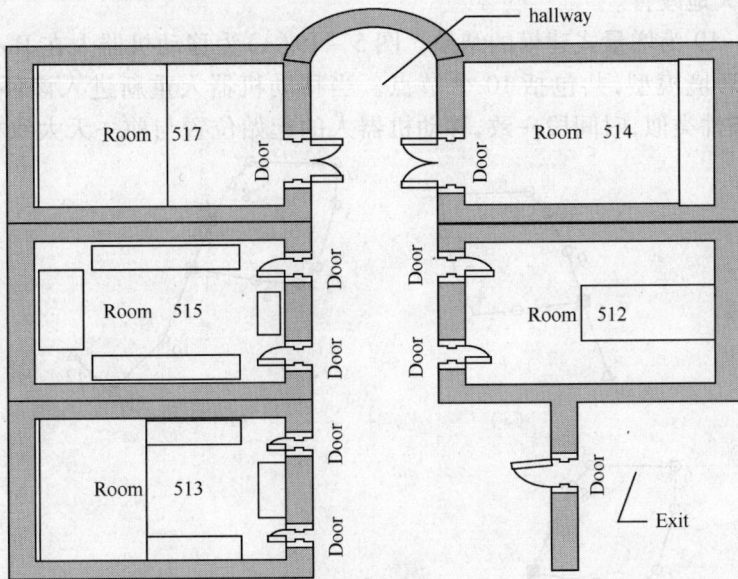

图 5 – 17　测试环境

如前所述,在获得 60 个位置的 HMM 后,对其进行了手工分类(6 类,即 6 个拓扑位置)。图 5 – 18 显示移动机器人在重新进入测试环境时实际建立的拓扑地图,地图中对相似位置进行了合并,拓扑节点间的连接由移动机器人的行走轨迹产生。移动机器人移动速度最高为 10cm/s,一般为 4cm/s,每隔 10s 进行一次定位与建模。从图中可以看到,拓扑图中存在 4 个冗余的位置表示,分别位于 Room514、Room512、Room515 和 Room513。这 4 个房间中由于人员走动,造成了系统的分析错误。此外,冗余节点间的弧是手工添加的,其他节点间的连接也由于位置合并而变得缺乏连续性。因此,这张地图能够表示环境的大致分布,但对于移动机器人导航的指导作用不强。而这在后续部分在线增量式建立的地图中

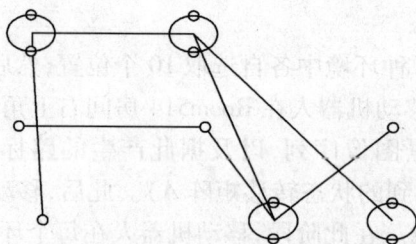

图 5 - 18　基于手工分类建立的室内环境拓扑地图

将得到极大地改善。

图 5 - 19 为增量式建模的结果。图 5 - 19(a) 为移动机器人在 Room514 在线建立的环境模型,共包括 10 个节点。当移动机器人重新进入该环境(第二天,天气条件类似,时间段一致,移动机器人的起始位置与前一天大致相同但朝

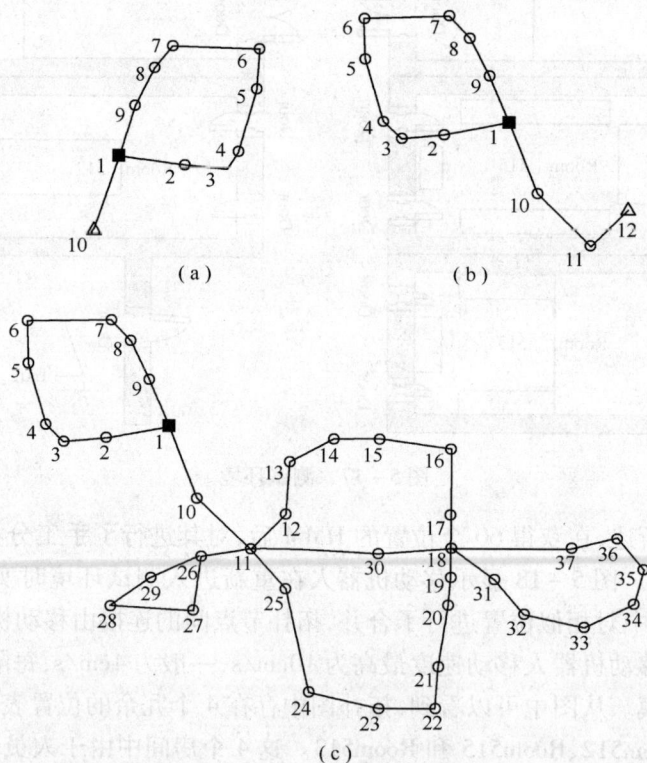

图 5 - 19　增量式拓扑建模与定位

(a)初始定位;(b)地图对准;(c)增量式建立的室内拓扑环境模型。

向大致为相反方向)时,移动机器人首先扫描环境,并遍历地图上所有节点,已确定当前的初始位置为节点 1。然后驱动移动机器人向门口前进以进入走廊,利用其初始定位算法,很快确定当前位置为节点 10,而移动机器人起始位置为节点 1,如图 5 – 19(a)所示。起始位置用灰色填充矩形表示,当前位置用三角形表示。根据本次探索中移动机器人从节点 1 到 10 的方向关系与地图进行比较,调整地图方向如图 5 – 19(b)所示,此后转入增量式建模阶段。

图 5 – 19(c)所示为移动机器人在一次环境探索过程中建立的室内环境拓扑模型,节点间的连接为移动机器人的行走轨迹。其中节点 1 ~ 10 属于Room514,房间中用隔板隔成了 3 个子空间,因此移动机器人在这些子空间穿行的时候产生了较多的节点。11、30、18、37、36 属于走廊,由于走廊环境变化不快,因此产生的节点较少。而在 Room517、Room515、Room512、Room513 中,由于人员出现在摄像机视野范围而产生了若干噪声节点:节点 29、15、23、32。可见,该方法受动态目标影响较大,由于其出现,使真正的显著点消失或显著性下降。

5.2.3　动态环境下的基于激光的地图创建

动态未知环境中,移动机器人缺乏环境先验知识,只能通过自身携带的传感器感知外部环境和了解自身的状态。移动机器人为了在动态未知环境中进行导航,需要获取外部工作环境的空间模型,即构建环境地图。然而,现实世界中移动机器人的工作环境往往是动态变化的。由于行人的频繁走动,移动机器人车载传感器获得的观测数据就会包含运动障碍的信息,如果不将动态障碍过滤,则构建的地图不精确,导致依靠地图进行导航的移动机器人不能及时准确地完成任务。

为了提高移动机器人在未知环境中实时检测动态障碍物的有效性和可靠性,针对室内动态环境,提出了一种移动机器人实时检测动态障碍物的方法。选用 2D 激光雷达作为外部导航传感器来观测环境,将障碍物距离数据转换映射到栅格地图上。通过维持三幅栅格地图,对比相邻时刻三幅栅格地图上同一个栅格的占用情况,可以检测辨识环境中的动态障碍物和静态障碍物,采用八邻域滚动窗口的方法处理不缺定性信息。在中南大学智能所研发的移动机器人MORCS – 1 上实现了该方法,结果显示移动机器人在未知环境下能够实时可靠地检测出环境中的动态障碍物和静态障碍物。

1. 动态障碍物的检测

采用栅格地图表示室内环境,直观简单。将激光雷达实时获取的传感器观测信息映射到栅格地图上,可以清楚地知道障碍物的分布情况。然而,激光雷达在一个扫描时刻只能检测到前方是否存在障碍物,并不能判断障碍物的性质

（静态或动态）。要检测辨别出环境中的静态障碍物和动态障碍物,需要考虑环境中障碍物的历史信息,即考虑若干个相邻时刻激光雷达检测障碍物的情况。通过不同时刻栅格地图的差异可以检测识别出环境中的静态障碍物和动态障碍物。建立三个相邻时刻传感器的三幅栅格地图,设 t 时刻的栅格地图为 M_t,$t-1$ 时刻的栅格地图为 M_{t-1},$t+1$ 时刻的栅格地图为 M_{t+1}。根据同一个栅格单元 $c_{i,j}$ 在 M_{t-1}、M_t 和 M_{t+1} 上的占用情况,可以判断该栅格单元是否被同一障碍物占据。如果在相邻三个时刻,三幅栅格地图上同一栅格单元都被障碍物占据,则可确定该处障碍物为静态障碍物;否则,为潜的动态障碍物。图 5-20 说明了通过维持三幅栅格地图检测识别动态障碍物和静态障碍物的原理。

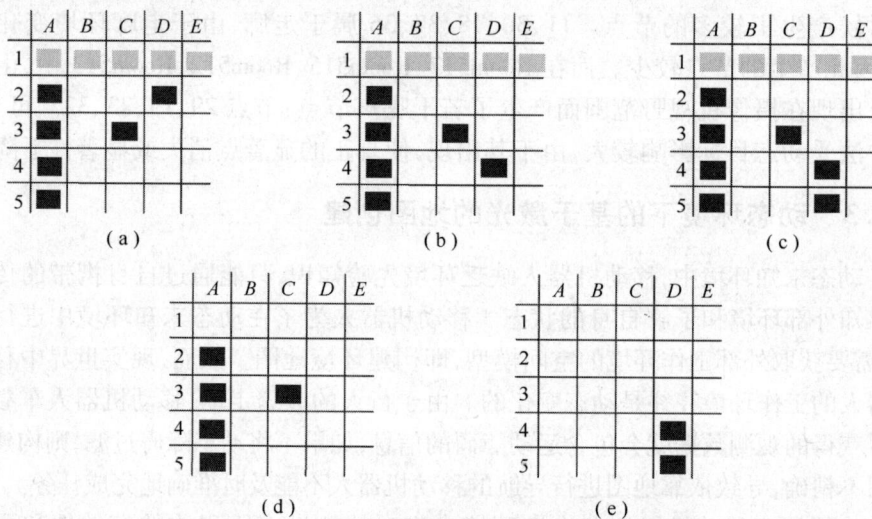

图 5-20　基于维持栅格地图的运动障碍物实时检测
(a)M_{t-1};(b)M_t;(c)M_{t+1};(d)静态障碍物;(e)潜在动态障碍物。

图 5-20 中,灰色表示移动机器人没有访问过环境中的未知区域,空白表示环境中的空闲区域(自由区域),黑色表示该栅格单元处存在障碍物。如单元栅格 $C3$ 在 M_{t-1},M_t,M_{t+1} 三幅栅格地图上都是黑色,说明在三个不同的扫描时刻,激光雷达检测到的障碍物在同一个位置,没有移动,因此可以断定该障碍物为静态障碍物。栅格单元 $D2$ 在 M_{t-1} 上显示为黑色,但在 M_t 和 M_{t+1} 上显示为空白,因此可知该处的障碍物为潜在动态障碍物(动态障碍物或刚检测到的静态障碍物)。同理,栅格单元 $D4$ 和 $D5$ 处的障碍物也应为潜在的动态障碍物。通过三幅栅格地图之间的比较,可以得出前三个扫描周期内环境中的静态障碍物和动态障碍物,如图 5-20 中的(d)和(e)所示。比较当前栅格

地图中的障碍物和已检测出的静态障碍物,则可以将潜在动态障碍物检测识别出来,再过一个扫描周期,就能将先前的潜在动态障碍物区分为动态障碍物和新检测到的静态障碍物。

2. 地图构建中不确定性的处理

Wolf 方法构建动态环境的地图时采用航迹推算法进行定位,但航迹推算系统的里程计会随着时间的推移而累积定位误差。定位误差影响地图构建的精度,因此必须对其进行处理。图 5 – 21 显示了没有考虑定位误差的地图构建,建立了三个相邻时刻观测时刻的三幅局部栅格地图,t 时刻的栅格地图为 M_t,$t-1$ 时刻的栅格地图为 M_{t-1},$t+1$ 时刻的栅格地图为 M_{t+1}。灰色表示移动机器人没有访问过的环境中的未知区域,空白表示环境中的自由区域,黑色表示该栅格单元处存在障碍物。根据同一对应栅格单元 $c_{i,j}$ 在 M_{t-1}、M_t 和 M_{t+1} 上的空间位置,可以判断其是被静态障碍占据还是动态障碍占据。

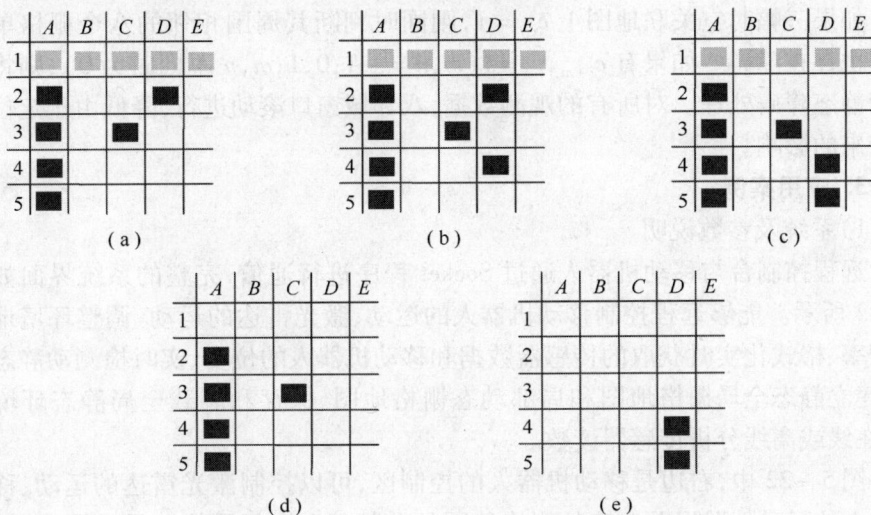

图 5 – 21　没有考虑定位误差的地图构建
(a)M_{t-1};(b)M_t;(c)M_{t+1};(d)静态地图;(e)动态地图。

实际应用中由于定位误差的影响,激光雷达在三个相邻扫描时刻观测到的同一静态障碍,其在栅格地图上的位姿(位置和方向)并不完全相同。如图 5 – 21 中栅格单元 $D2$ 在栅格地图 M_{t-1} 和 M_t 上显示为黑色,但在栅格地图 M_{t+1} 上显示为空白,该处障碍很可能也是静态障碍,但是采用 Wolf 方法则不会将 $D2$ 作为静态障碍处理。换句话说,$D2$ 不会显示在静态栅格地图上,也不会显示在动态栅格地图上,致使构建的栅格地图精度下降。

对移动机器人在动态运行过程中采集到的数据进行分析,结果表明在每个极坐标测量角度方向上相邻时刻的测量值具有相关性。同时,同一组测量中相邻扫描角度上的测量值也存在较大的相关性。因此,为了提高检测移动机器人在动态环境中构建地图的精度,充分利用激光雷达测量值在空间和时间上的相关性,采用八邻域滚动窗口的方法处理定位误差。考虑三幅时空关联地图中某个对应栅格单元是否被障碍占有时同时兼顾到周围与其相邻的八个栅格单元的占用状态。判断三幅时空关联地图中栅格单元 $c_{i,j}$ 为静态障碍时,同时考虑到三幅时空关联地图中与其相邻的八邻域栅格单元组:

$$c_{i-1,j-1}, c_{i-1,j}, c_{i-1,j+1}$$

$$c_{i,j-1}, c_{i,j}, c_{i,j+1}$$

$$c_{i+1,j-1}, c_{i+1,j}, c_{i+1,j+1}$$

如果三幅时空关联地图上 $c_{i,j} = 1$,则同时判断其周围相邻的八个栅格单元是否也存在障碍。如果有 $c_{i+m,j+n} = 1(m,n = -1,0,1; m,n$ 不同时为0),则将其作为静态障碍处理。对所有的观测数据,八邻域窗口滚动进行,降低由于定位误差带来的影响。

3. 应用案例

1）系统及参数说明

远程控制台与移动机器人通过 Socket 程序进行通信,完整的系统界面如图 5-22 所示。能够远程控制移动机器人的运动、激光雷达的运动、调整环境地图分辨率、格式化实时获取的传感器数据和移动机器人的位姿、实时检测动静态障碍、建立静态全局栅格地图和局部动态栅格地图、保存和装载全局静态环境地图、在线或离线分析传感器读数。

图 5-22 中,右边是移动机器人的控制区,可以控制激光雷达的运动、移动机器人的运动情况以及构建的栅格地图的参数等。中间是构建的地图显示区,显示区下面是环境参数信息和移动机器人的位姿信息,右上方是全局静态地图显示区,右下方是局部动态地图显示区。该系统能够实时获取激光雷达的观测数据,对其进行分析,检测识别环境中的动态障碍和静态障碍,并分别将其显示在不同的显示区间,构建全局一致的静态环境地图。局部动态障碍信息可用来进行实时避障。能够实时获取环境的感知数据,并将其保存起来,以备进行离线数据分析,具有在线和离线两种不同的数据分析模式。

在本系统中,时空地图的大小为 800×600,单个栅格的大小为 $5cm \times 5cm$,可显示的环境大小为 $40m \times 30m$。为了将整个动态环境的信息全部显示在显示

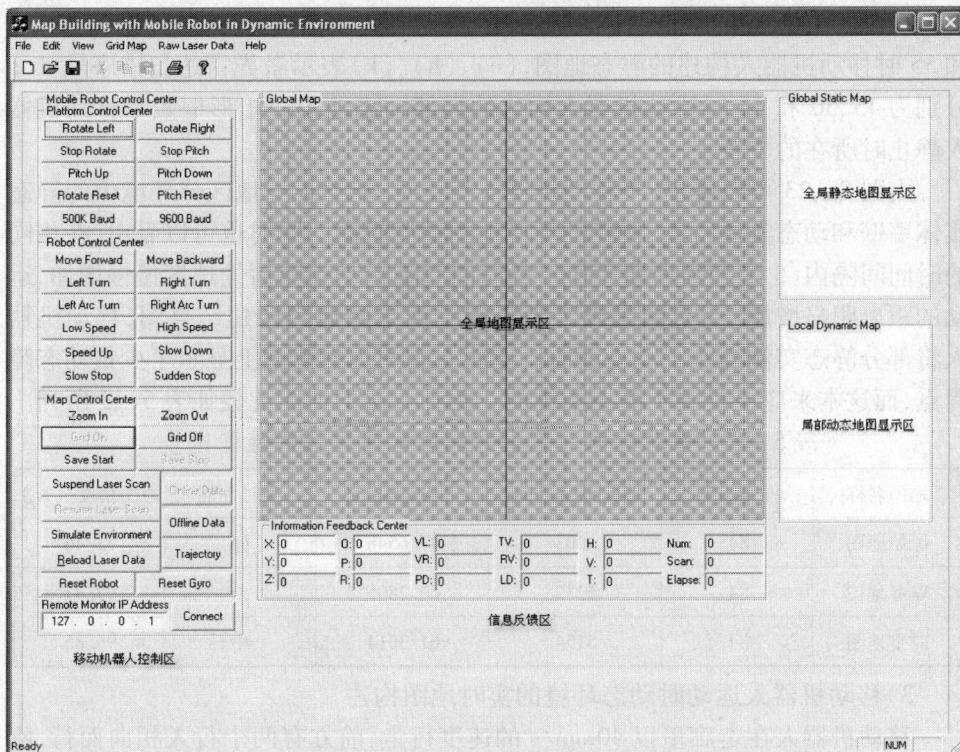

图 5-22 动态环境中移动机器人时空关联地图构建的系统界面

界面上,右边两个显示区域的单个栅格大小设置为 $10cm \times 10cm$,也就是说,右边两个显示区域中的障碍显示大小只有中间显示区域大小的一半。栅格精度也是影响地图准确性的一个不可忽略因素,设计时采用了多分辨率的栅格地图显示模式。

激光雷达的采样频率为 20Hz,移到移动机器人工作时激光雷达始终处于平视状态,在 50ms 的时间间隔内采样一次前方 180° 范围内的环境信息,扫描角度解析度为 0.5°,每次能够获取 361 个离散的数据点,并把采样结果发送给控制端。

2)移动机器人静止时动态环境的实时地图构建

移动机器人静止在走廊的中间,行人从里往外向移动机器人的前方走动。为了更好地比较算法的性能,同时用 Wolf 方法构建了全局地图,结果如图 5-23 所示。图 5-23(a)表示未经处理的原始环境地图,(b)是用 Wolf 方法构建的全局地图,(c)、(f)、(i)表示激光雷达扫描序号 scan 分别为 45、50 和 55 时移动机器人构建的全局地图,(d)、(g)、(j)表示激光雷达扫描序号 scan 分别为 45、50 和 55 时移动机器人构建的静态地图,(e)、(h)、(k)表示激光雷达扫描序号 scan 分别为 45、50 和 55 时移动机器人构建的局部动态地图。矩形框表示移动机器人静止时所在的位置。

由图 5-23 可以看出,当移动机器人静止时,能够很好地区分环境中的静态实体墙壁和动态实体行人,构建的环境地图精度较高。同时也可以看出,在相同的时间间隔内(5 个扫描周期 250ms 的时间间隔),动态障碍的速度慢慢增加,运动的距离明显增加。(b)图是没有考虑定位误差的地图构建结果图,移动机器人将部分静态实体当作了动态障碍。走廊左右两边的墙壁上显示了少量动态障碍点,而这本来应该是属于静态实体的。两种方法的性能比较如表 5-3 所列。

表 5-3　移动机器人静止时地图构建方法的性能比较

地图名称	样本总数	累计时间/ms	平均时间/ms	实时性能	地图精度/(%)
原始地图	84	4003	47.6548	好	72.46
Wolf 地图	84	5232	62.2805	差	93.47
时空地图	84	5154	61.3614	中	96.85

3)移动机器人运动时动态环境的实时地图构建

移动机器人在走廊里以 40mm/s 的速度行走,前方有两个行人相向而行,刚开始时行人 1 离移动机器人较近,而行人 2 离移动机器人较远。行人 1 和行人 2 的运动速度不一样,大概为 50cm/s。移动机器人的环境感知传感器激光雷达平视扫描前方环境。图 5-24 显示了当激光雷达的扫描序号分别为 40、45、50、55、60 时整个环境的信息。移动机器人在室内环境运动时,在移动机器人前后有很多的运动障碍(行人)以不同的速度行走,移动机器人能够检测到前方的动态障碍,并将动态障碍滤除。

图 5-24 显示了激光雷达扫描序号为 40 到 60,中间每隔 5 个扫描间隔整个环境状态的变化情况,分别描述了移动机器人在不同时刻对环境的认知,包括全局环境、全局静态环境和局部动态环境。在不同的观测时刻,移动机器人都能够很好地检测环境的动态障碍和静态障碍,行人 1 和行人 2 在激光雷达扫描序号为 50 时即将相遇。过滤掉与动态障碍相对应的观测数据后,构建的全局静态地图精度较高。图 5-24(k)、图 5-24(n)、图 5-24(q)图中有极少量动态噪声没有过滤掉,主要是由于定位误差没有完全消除。(b)图是用 Wolf 方法构建的全局地图,由于没有处理定位误差,构建的地图精度不高。表 5-4 比较了在该场景下两种地图构建方法的性能。

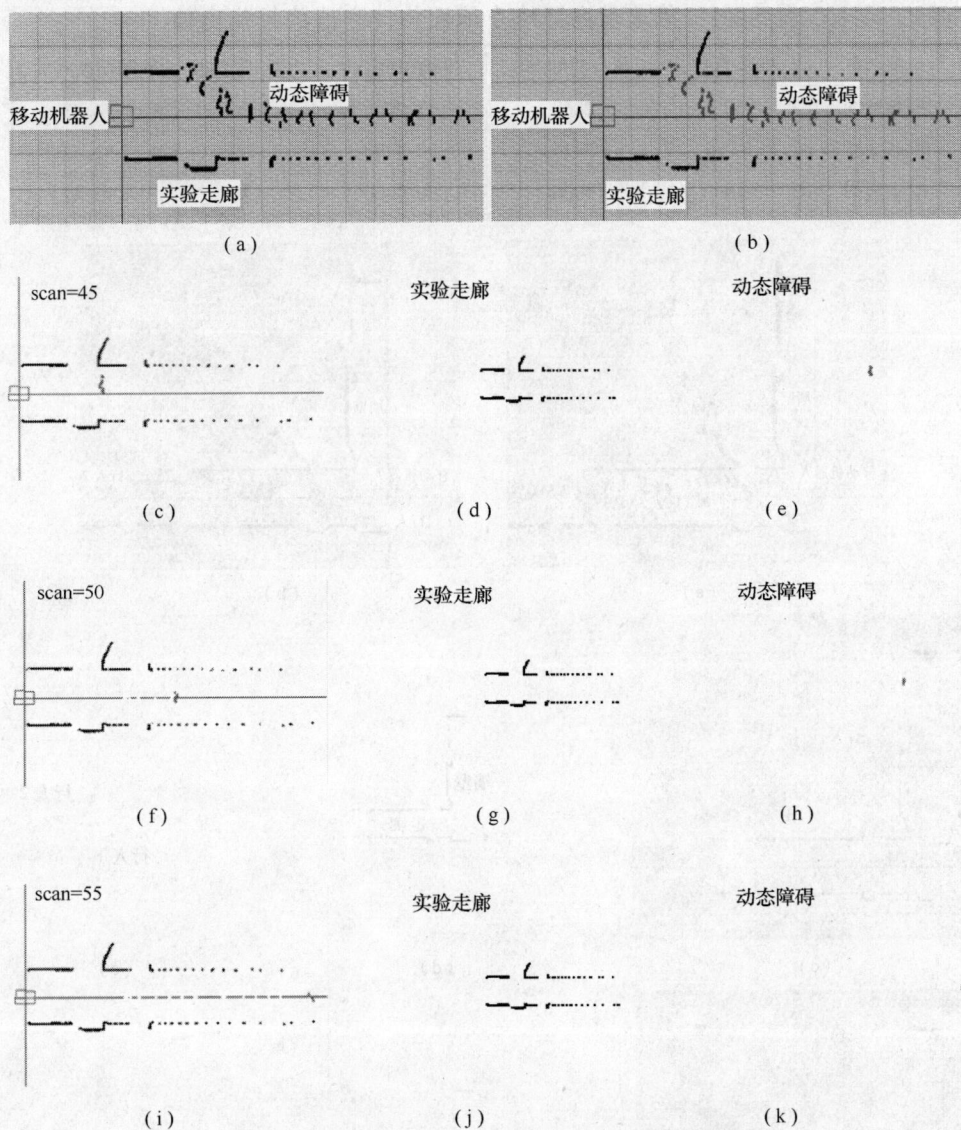

（a）

（b）

scan=45

实验走廊

动态障碍

（c）

（d）

（e）

scan=50

实验走廊

动态障碍

（f）

（g）

（h）

scan=55

实验走廊

动态障碍

（i）

（j）

（k）

图 5－23　移动机器人静止时动态环境的地图构建

（a）原始全局环境地图；（b）Wolf 法构建的全局地图；（c）scan＝45 时的全局地图；
（d）scan＝45 时的静态地图；（e）scan＝45 时的动态地图；（f）scan＝50 时的全局地图；
（g）scan＝50 时的静态地图；（h）scan＝50 时的动态地图；（i）scan＝55 时的全局地图；
（j）scan＝55 时的静态地图；（k）scan＝55 时的动态地图。

表5-4　简单动态环境中地图构建方法的性能比较

地图名称	样本总数	累计时间/ms	平均时间/ms	实时性能	地图精度/(%)
原始地图	60	2868	47.7966	好	71.43
Wolf 地图	60	5426	90.4407	差	92.47
时空地图	60	3000	50.0000	好	95.42

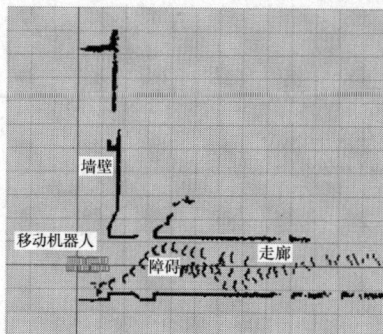

（a）

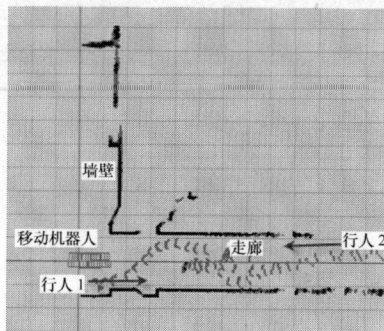

（b）

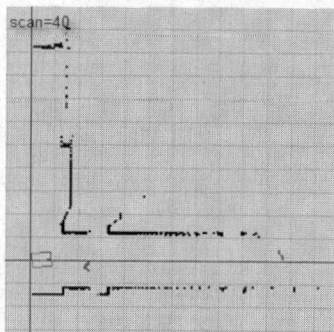

（c）

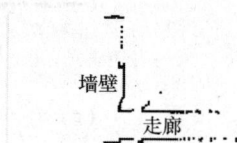

（d）

（e）

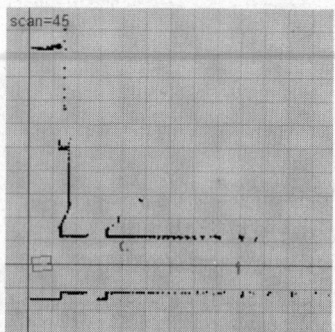

（f）

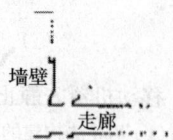

（g）

（h）

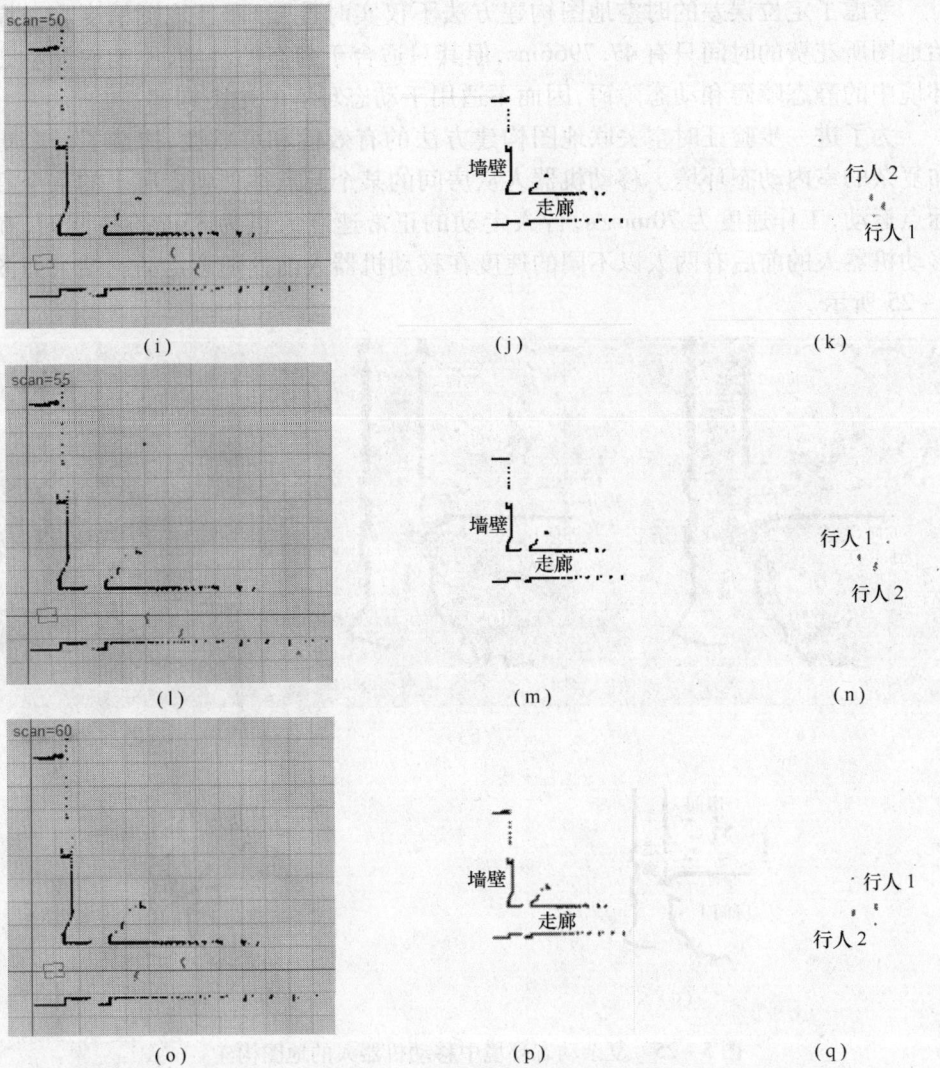

图 5 - 24　简单动态环境中移动机器人的地图构建

（a）原始全局环境地图；（b）Wolf 方法构建的全局地图；（c）scan＝40 时的全局地图；
（d）scan＝40 时的静态地图；（e）scan＝40 时的动态地图；（f）scan＝45 时的全局地图；
（g）scan＝45 时的静态地图；（h）scan＝45 时的动态地图；（i）scan＝50 时的全局地图；
（j）scan＝50 时的静态地图；（k）scan＝50 时的动态地图；（l）scan＝55 时的全局地图；
（m）scan＝55 时的静态地图；（n）scan＝55 时的动态地图；（o）scan＝60 时的全局地图；
（p）scan＝60 时的静态地图；（q）scan＝60 时的动态地图。

考虑了定位误差的时空地图构建方法不仅实时性强,而且地图精度高。原始地图所花费的时间只有 47.7966ms,但其只适合于静态的环境,不能检测动态环境中的静态障碍和动态障碍,因而不适用于动态环境的地图构建。

为了进一步验证时空关联地图构建方法的有效性和可靠性,构造了一个更加复杂的室内动态环境。移动机器人从房间的某个起点往外朝走廊上的某个目标点运动,工作速度为 70mm/s,行人走动的正常速度大概为 85cm/s。同时,在移动机器人的前后有两人以不同的速度在移动机器人前方随意走动。结果如图 5-25 所示。

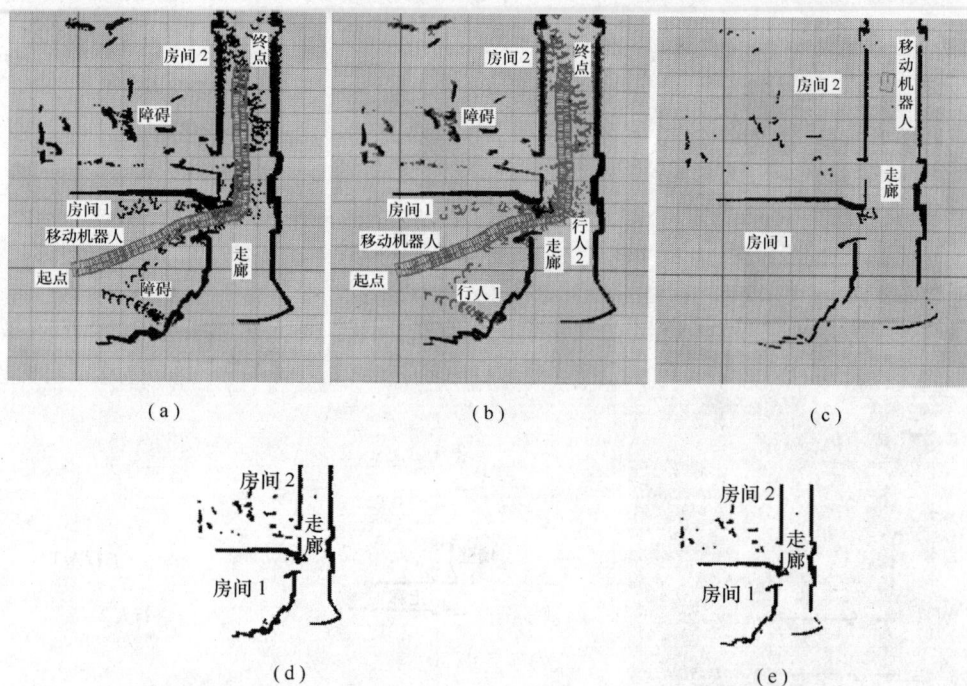

图 5-25　复杂动态环境中移动机器人的地图构建
(a)未经处理的原始地图;(b)Wolf 方法构建的地图;(c)改进的时空关联地图;
(d)Wolf 方法构建的静态地图;(e)时空关联法构建的静态地图。

图 5-25 中(a)是未经处理的原始环境地图,(b)是用 Wolf 方法构建的全局地图,(c)则是考虑了定位误差的时空地图。在这个场景中,从结果可以看出时空关联地图更精确。

两种地图构建方法的性能比较如表 5-5 所列。从中可以看出,动态复杂环境中用时空关联地图法构建的环境地图不仅实时性能好,而且精度高。

这是因为采用考虑了定位误差的时空栅格地图能够更好地表示动态环境，同时利用选择更新机制能够将地图更新的时间复杂度由 $O(n^2)$ 降低到常数级。

表 5-5　动态复杂环境中地图构建方法的性能比较

地图名称	样本总数	累计时间/ms	平均时间/ms	实时性能	地图精度/(%)
原始地图	685	32538	47.5007	好	70.47
Wolf 地图	685	81475	118.9427	差	91.35
时空地图	685	28772	42.0029	好	95.12

本小节主要结合声纳、视觉和激光传感器介绍了静动态环境下的地图创建的实例，对多移动机器人的集中探索，分布建图提供了很好的理论和实践依据。

5.3　多移动机器人协作建图策略

近年来，在一些面向任务的应用中，多移动机器人必须协同合作才能完成任务，如协同作战、移动机器人足球赛、多机作业等，多移动机器人的协同工作发挥了重要的作用。多移动机器人系统的研究已收到国内外研究机构和产业界的重视。为了使移动机器人更好地服务于人类和社会，在目前的移动机器人技术水平条件下，通过采用多移动机器人相互协作来弥补个体能力的不足无疑是个很好的思路。而自主式移动机器人在协同工作中，只有准确地知道自身的位置、工作空间中障碍物的位置以及障碍物的运动情况，才能安全有效地进行运动。这就是多移动机器人的合作定位与地图创建技术。

国外对于协作建图研究比较成功的是美国卡内基梅隆大学开发的小型移动机器人队列，这是一组小型的、模块化的异类移动机器人，用于环境探测及地图创建。小型移动机器人上配备有全向的超声波传感器，用于测量与所有其他移动机器人之间的距离。目前国内开展的多移动机器人系统研究的机构也比较多，并取得了一定的成果。沈阳自动化研究所设计了多移动机器人协作装配系统，上海交通大学在 ActivMedia Robotics 多移动机器人系统平台上研究了多移动机器人协作系统的体系结构等。还有很多大学和研究所开展了移动机器人足球方面的研究。这些研究里面，多移动机器人的协作地图创建就是一个研究的热点内容。

而在多移动机器人协作地图创建的研究中，又涉及到多移动机器人的系统控制结构、多移动机器人探测环境的分区以及移动机器人自身定位的问题，本节主要以特征地图为例详细介绍移动机器人探测环境的分区算法。移动机器人的同时定位与建图将在下一节做详细介绍。

5.3.1 多移动机器人系统控制结构

多移动机器人系统从控制结构上大致可以分为集中式控制、分布式控制和混合式控制三种。采用集中式控制结构时如图 5 – 26 所示,各个机器使用相同的算法处理自己的感知数据并创建局部地图,存在一个中央模块将所有的局部地图集成为全局地图,局部地图模块通过局部地图的匹配减少数据的不确定性,而中央模块由于融合了多个移动机器人的数据并进行迭代运算进一步提高了地图的正确性。但当移动机器人数目增多时,集中式系统将变得复杂而难以控制。

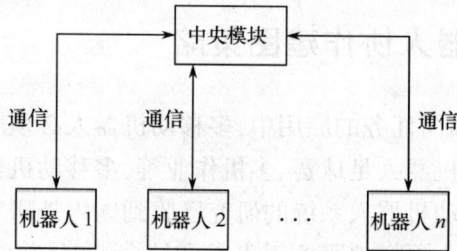

图 5 – 26 多移动机器人组的集中式控制结构

分布式控制结构如图 5 – 27 所示,移动机器人之间通过无线网络进行通信,每个移动机器人根据自己的感知建立地图,同时以广播形式把自己的局部地图信息发送到所有其他移动机器人,而在接收到其他移动机器人的地图信息时,需要转换到自己的坐标系中,并根据自己原来的全局地图、自己新的局部感知信息和其他移动机器人的地图信息更新自己维护的全局地图,即每个移动机器人都

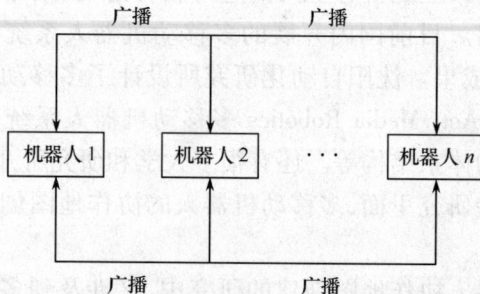

图 5 – 27 多移动机器人组的分布式控制结构

有自己所认为的全局地图,分布式具有更多的灵活性和更强的鲁棒性,每个移动机器人的行为由自己的规则决定。

图 5 – 28 所示为混合式控制结构,即移动机器人之间分布式探索,集中建图。它集合了前两种控制结构的优点,分布式控制使移动机器人有独立决策的能力,集中式控制又使移动机器人组不会太分散,确保移动机器人之间的行为不重复也不发生冲突,该系统具有更强的鲁棒性。

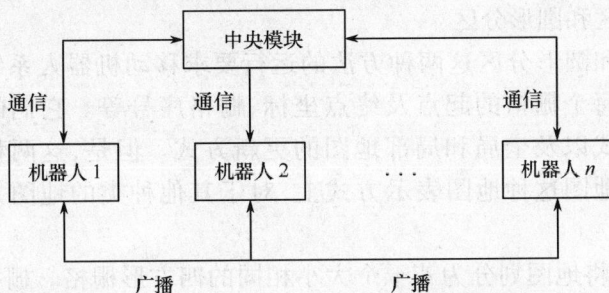

图 5 – 28　多移动机器人组的混合式控制结构

每个移动机器人独立探测自己的环境地图,独立决策自己下一步的行动。移动机器人之间可以通信,互相告知自己的位置信息和互相分享地图。这样移动机器人可以根据整个移动机器人群的结构和当前环境的探测情况来决定自己下一步的行为。存在一个中央控制模块,将每个移动机器人发送过来的地图融合到全局地图中,每个移动机器人会异步得建立自身的数据包,其中包括上一个时间段内获取的环境信息,也包括自己下一段时间内的规划。

5.3.2　协作探测方案

1. 多移动机器人协作建图策略

多移动机器人协作搜索策略的是为了让多个移动机器人在某种规定的引导下合作且无冲突地完成对大范围环境地探测。评判协作探测策略的好坏标准有以下四点:

(1)能否保证移动机器人组对环境的全面高效探索;

(2)移动机器人对环境的重复探测率;

(3)移动机器人之间互相干扰的概率;

(4)整个系统的计算量需求和复杂度。

在多移动机器人建图中,常见的探测策略有动态分区法、方形分区和圆形分区、三角动态分区。

1）动态分区（Dynamic Region Decomposition）

动态分区是多移动机器人建图中常用的方法，它的思想是根据多个移动机器人探测到的环境信息实时地对未知环境进行分区，把复杂环境分割为多个简单的区域，便于移动机器人的探测。而且通过对所划分的子区域的分配，对各个移动机器人进行协调，很大程度上减少了移动机器人间的碰撞和重复探测的可能。

2）方形分区和圆形分区

方形分区和圆形分区这两种方法的运行要求移动机器人系统存在一个中央模块来存储每个栅格的起点及终点坐标、栅格序号等。它们的区别主要在于动态分区方式以及全局和局部地图的更新方式。但是，这两种分区法主要是应用在栅格地图这种地图表示方式上，对于其他种类的地图并不能得到很好的效果。

方形分区：将地图划分为若干个大小相同的四方形栅格。栅格的大小和移动机器人大小可以比拟。移动机器人一般是从九栅格块的中心开始建图行为。每个九栅格块大小是固定的。随着移动机器人对环境的不断探测，新探测的栅格的占有概率也随之被计算出来。因为只有一部分全局地图被存储起来，所以地图的扩张和更新非常简单。这种方法不受探测范围大小和形状的限制，具有很强的灵活性。

圆形分区：是根据移动机器人传感范围、移动机器人的运动速率以及更新的时间间隔来建立的，图 5-29 所示为用这三个元素来计算最佳可视区域：

$$R = r + (\delta_t) \times (V) \tag{5-35}$$

式中：R 为栅格的大小；r 为移动机器人的探测半径；δ_t 为更新的时间间隔；V 为移动机器人运动的速率。

3）三角形动态分区

由于目前大多数的协作探测方法是基于栅格地图这种表示方法，而几何特征地图和栅格地图在表现形态和存储方式上都是有差别的。与栅格地图不同的是，几何地图中的元素均是由点和直线组成，由这两种结构化信息来表示环境的形态。根据几何地图的特征用一种基于三角形动态分区的算法来进行多移动机器人的协作策略研究。

算法的基本思想是：移动机器人在探测环境的过程中，根据探测到的环境特征点将环境划分为一个个不重叠、邻接的三角形子区域，如图 5-30 所示。移动机器人依次探测每个三角形分区，直至完成整个环境探索。

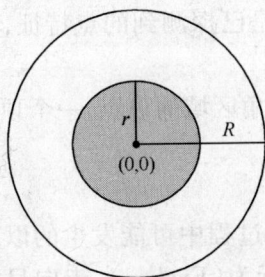

图 5 - 29　圆形分区的栅格形状　　　图 5 - 30　环境的三角形分区

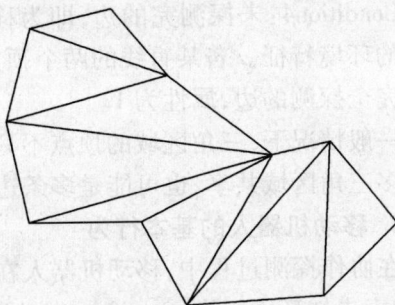

分区算法是根据全局地图来进行的,为了更好地对环境进行分区,它需要中央模块按照移动机器人发送的环境信息融和后,根据新探测到的点特征将环境中的不确定区域划分为新的三角区块。三角区块划分遵循无相交边原则,即所有区块的边不相交。再将新的区块分配给移动机器人。

为了更好地对环境进行表达,这里定义了三种区域,并将每种区域设计一个属性值以方便区分。

障碍区:被障碍占据的区域,不需要分区。被探测到的直线特征反面 d 范围内的区域被设定为障碍区。

不确定区:需要分区的区域,对应于全局地图中的不确定区域。中央模块每次收集到移动机器人发送过来的环境信息将其融合后,首先就要更新环境中不确定区域,以便下一次的分区。

已分区:已经经过分区的区域都为已分区。

为了更好地对移动机器人行为进行引导,首先对几何地图中的子区域设置属性,用此属性能更好地规划移动机器人的行为。

利用三角形分区算法形成的全局地图中,直线为非常重要的元素,不但担当了环境中分区的边界,也很可能代表环境中的一个直线特征,可以把全局地图中的直线分为以下四种,它们的属性值设置如下:

Condition1:已探测完的环境特征,属性值为 $-1 * a$;其中 a 为一正整数,表示该边被探测过的次数。

Condition2:未知的边,刚经过分区算法得到的边,属于重点探测对象,属性值为2。

Condition3:为了构成三角形而设置的虚拟边界,只有在探测完某三角区域之后才能得知哪些边为虚边,属性值为0。

Condition4：未探测完的边，即为移动机器人在某次的探测行为中检测到一部分的环境特征。若某直线的两个顶点并不全是已探测到的点特征，则将其设为未完全探测的边，属性为1。

一般情况下，三角区域的顶点不只是一个三角区域的顶点，一个顶点很可能被很多三角区域共享，也可能是多条边的端点。

2. 移动机器人的基本行为

在协作探测过程中，移动机器人在协作探测过程中可能发生的以下六种行为：搜索未知环境行为（Search）、三角区域探测行为（Explore）、走向目标点行为（Goto Goal）、等待行为（Waiting）、避障行为（Avoid Obstacle）、避碰行为（Avoid Robot）。这六种行为构成了中央控制模块对各个移动机器人的基本命令集。

1）搜索未知环境行为

环境搜索的任务是保证移动机器人能够对未知环境进行完整的、无遗漏的搜索。由于环境是未知的，中央模块要根据移动机器人对环境的探测逐渐来划分子区域。在初始情况下，中央模块并不知道点特征的位置，无法划分三角形区域，此时由移动机器人执行搜索未知环境行为，搜索环境中的点特征。还有一种特殊情况是，当环境结构非常简单，物体之间的距离非常大，甚至远大于移动机器人的探测范围，那么当机器组的移动机器人均完成当前探测任务之后还没有探测到新的特征以划分新的分区分配给移动机器人。这时移动机器人再次执行此行为以寻找新的点特征。

搜索未知环境行为可以看成为单移动机器人的导航行为，采用最佳视角法进行移动机器人的路径规划，方法主要可以分为以下几步：

Step1：在待分区内，随机选取许多点 $q_i (i = 1, 2, 3, \cdots)$。

Step2：假如在当前行走的路径 P 中，从 q_i 经过的边的长度小于预先给定的阈值，丢弃该点。

Step3：对于每一个点 q_i，估计从该点走的代价。该估计函数由两部分组成，第一部分为从 q_i 点走潜在的通过空白区域边缘可视的新的空间点的数量；第二部分为从移动机器人当前点到 q_i 点的最短路径的长度，该最短路径在待分区内，并且绕过障碍物；估价函数可表示为

$$g(q_i) = A(q_i) \times e^{-\lambda L(q_i)} \tag{5-36}$$

其中 λ 为一个正常数，它表示移动机器人走到该点的效用，由于移动机器人执行未知区域地探测行为是为了尽快找出，这里需要选取一个较大的值；$L(q_i)$ 为移动机器人从上一位置 q_{i-1} 走到 q_i；$A(q_i)$ 为移动机器人走到该点可以

获得的环境信息量的度量。

Step4：选择效用最高的的 q_i 点作为下一个探测点。

移动机器人一旦探测到足够的点特征就停止运动，将点特征信息发送给中央模块，等待分配任务。

2）三角区域探测行为

移动机器人对三角分区的探测可以简单地表述为沿边行走的探测过程。依次沿三角区域进行探测，并抛弃已经探测过的边。转化为移动机器人的具体行为则表示为简单的走向目标点行为，移动机器人每走到一个顶点就规划走向下一个顶点的动作，先计算自己下一个需要走向的顶点 p_i 与自己当前方向 θ_k 的连线和方向的夹角 φ_{p_i}，以及两点之间的距离 d_{p_i}，再根据计算结果转过角度 ϕ_{p_i}，使自己的方向与连线基本重合，然后行走距离 d_{p_i}，最后判断自己的位置和目标点之间的位置的距离是否小于给定的阈值，若不是，则重复以上步骤，直到位置差调整到阈值之内。

移动机器人到达一个未探测的三角区域，对边的探测顺序并不是随机盲目的，而是根据每边的属性值有顺序地执行探测行为。首先确定所需探测区域三角形三边的属性值，再根据属性值来决定自己的探测方向，即选择效用值较高的边作为探测方向，若效用值相等，则随机选择。每探测完一条边，移动机器人自身会对该三角形区域的信息做一次融合和确认，若在此边的探测过程中，三角形的其他边的属性已经可以确定，则更新属性值，根据更新后的值确定下次探测的边。

探测完整个区域后停留在三角形的一个顶点，将探测到的环境特征发送给中央模块。

3）走向目标点行为

被分配到目标点后，移动机器人要移动到其需要探测的区域时，执行此行为。一般情况下，目标点离移动机器人的距离不会太远，移动机器人沿直线走向此区域，在此过程中执行避障或避碰子行为。

4）等待行为

等待行为是用来控制的一种策略，这种状态在移动机器人协作探测过程中是必须的，例如为了避免碰撞而等待。而在协作探测行为中移动机器人需要执行等待行为的情况有：

Condition1：对某三角形区域探测完毕时，执行等待行为。

Condotion2：当移动机器人分配的所有任务结束时，进入此状态等待其他移动机器人完成。

5）避障行为

此行为发生在移动机器人分配到新的目标之后走向目标点的过程中，若此过程中探测到前方存在物体，再根据左右侧声纳组的信息来判断移动机器人的旋转方向：

（1）左侧有障碍物，右侧没有，移动机器人向右旋转90°；

（2）右侧有障碍物，左侧没有，移动机器人向左旋转90°；

（3）两侧均无障碍物，移动机器人默认左转；

（4）两侧均有障碍物，移动机器人往后退。

6）避碰行为

此行为在协作建图的整个过程中都有可能发生。当两移动机器人的相对位置小于一定距离，且当前方向射线存在交点时就要进行避障。我们将离两移动机器人方向射线交点较近的移动机器人设置较高的优先级，使它优先行驶，另一个移动机器人则行走到与交点距离1.5倍移动机器人半径处执行等待行为，待行驶移动机器人行驶过交点，且离交点的距离大于1.5倍移动机器人半径时，第二个移动机器人开始行走。

3. 协作建图的整体方案

根据以上所述，基于三角形动态分区的多移动机器人构建未知环境地图的算法可以总结如下：

Step1：移动机器人从各自的初始位置开始执行搜索未知环境行为，将探测到的点特征坐标发送给中央模块，当某移动机器人探测到三个不在同一直线上的点特征，中央模块即连接三点作为该移动机器人第一个探测分区。

Step2：当移动机器人探测到足够的点信息就马上进入该分区执行三角形区域的探测行为。该行为依据移动机器人探测到足够点信息的先后确定。

Step3：当所有其他执行三角区域探测行为的移动机器人完成检测后，中央模块融合移动机器人获得的地图信息，并更新全局地图，然后依据新的全局地图对不确定区域进行分区。

Step4：中央模块把所有分区的目标点位置发送给移动机器人，移动机器人根据自己当前的情况计算到各个目标点的效用，选择效用最大的目标点。通过任务分配算法和中央模块的交互确认后，得到各自的最优目标

Step5：移动机器人各自从当前位置执行奔向目标分区行为，到达目标点后即开始执行三角区域的探测行为。若任何一个移动机器人完成分配的任务，则进入等待状态。

Step6：当全局地图中没有不确定区域时，任务结束。

在这个方案中最重要的三个部分是全局地图更新、分区算法以及任务分配，以下就分别对这三部分进行介绍。

1）全局地图更新

当移动机器人探测完三角形区域，将得到的环境信息发送给中央模块，这样，中央模块就要根据新信息对全局地图进行更新。

假设移动机器人的位姿是绝对精确的，也即在不存在移动机器人位置误差的前提下建立的一种协作策略。而在实际采用移动机器人实现协作建图中，由于里程计的读数存在误差，移动机器人行走的距离越远，累积误差越大。这势必降低移动机器人建图的准确性，尤其在多个移动机器人建图中，由于位姿误差的存在，同一个环境特征在不同的移动机器人"眼里"可能是两个不同的点或者两条不同的直线，这就涉及到几何地图的特征融合问题，即当移动机器人探测到新的环境特征，要对全局地图更新时，要首先将其和环境中已存在的特征进行匹配，找出属于同一物体的特征进行融合。而协作策略以尽量减少移动机器人对同一物体的重复探测为原则，且假设特征融合的问题已经解决，即这里的全局地图更新并不把特征融合作为重点，而是着重阐明在特征正确融合的前提下如何确定环境中的不确定区域。

确定环境中的不确定区域是为了下一步的分区。移动机器人每进行一次探测，就会将得到的环境特征以给定的数据结构形式将得到的环境信息发送给中央模块。中央模块在接收完所有数据后，遍历数据包中的所有数据，根据直线和点的属性值来更新地图中的不确定区域。这里先介绍闭和区域的概念，结构化环境中将每条边都为已知边的多边形视为一个闭合区域。闭合区域即为地图中的已知区域，闭合区域以外的区域都是不确定的未探测区。所以全局地图更新过程可以转化为确定地图中的闭合区域的过程，搜索闭合区域的算法如下：

Step1：中央模块先在新产生的已知直线中随机选取一条直线特征 l_1，在其他已知直线中搜索和该直线同端点的直线 l_2，若有则再搜索与 l_2 另一端点连接的直线，否则算法终止，转到 Step2。依次方法依次搜索，若最后能回归到 l_1，则将这些直线所围成的区域视为一个闭合区域。

Step2：若还有新产生的直线没有被加入闭合特征，则再随机选择一条重复以上操作。

在全局地图中搜索由已知直线构成的闭合区域可以很好地确定地图中的已知区域，而剩下的区域就为不确定区，也即下一步需要分区的区域。

2）分区算法

确定了地图中新的不确定区域之后，就要根据移动机器人新探测到的点特征重新对不确定区域进行分区。分区算法的目的是根据已获得环境信息,把待分区域分成若干个子区域。地图中的禁止区域在未知障碍物检测完毕后的更新地图的过程中已经确定为障碍物区。具体的是采用上面所介绍的三角动态分区法。

3)任务分配

对不确定性区域分区后就要将所有新的分区分配给移动机器人进行新一轮的探测,这里就涉及到移动机器人的任务分配。任务分配是多移动机器人协作探测系统首先需要解决的问题。在分布式控制结构中,每个移动机器人根据自己维护的地图来决定行为决策,相互之间信息共享,独立决策,具有较好的鲁棒性。但可能会出现多个移动机器人搜索同一区域的情况。

在存在中央模块的多移动机器人系统中,任务分配的工作由中央模块来完成,最常用的方法是以"竞标"的形式实现:中央模块在当前的全局地图中选择未知区域作为"标底"向所有移动机器人发布,各移动机器人则根据自己当前状况计算完成"标底"需要付出的代价并回复给中央模块,中央模块再按照最小代价的原则选择"中标者","中标"模块在完成"标底"前不准继续投标,如此重复直到所有"标底"完成。

混合式控制系统中,移动机器人有独立决定下一个目标点的能力,但是为了避免分布式系统中几个移动机器人同时探测同一区域的行为,中央模块也需要执行一定的任务分配职能。可以由移动机器人独立计算各个目标点相对自身的效用值,选择最优效用的目标点。再将效用值发送给中央模块,中央模块统筹后给出确认,移动机器人则开始行动。若两个或多个移动机器人同时选择了同一目标点,中央模块根据两移动机器人到达该目标的代价来重新分配,代价较低的移动机器人获得该目标,另一个移动机器人采用自己的第二效用目标,依次类推得到最优的分配方案。具体的见第四章多移动机器人的协同机制。

5.3.3 基于多移动机器人的地图创建的案例

仿真环境的地图模型如图 5 - 31 所示,比例尺为 1:20。

该环境中有大部分为置于边沿的障碍物,还有在中间的障碍,由于环境比较复杂,对分区算法、未知环境的搜索算法、奔向目标点的算法要求较高。当移动机器人的个数设置很多时,对线程控制的要求也很高。

开始时,要给移动机器人一个初始位置和方向,然后开始探测。图 5 - 32 显示了它们的状态。假设左边的移动机器人为 Robot1,右边的移动机器人为 Robot2。移动机器人的探测范围为 1m。两个移动机器人一开始都处于未知环境的探测状态。

图 5-31 协作建图模拟环境

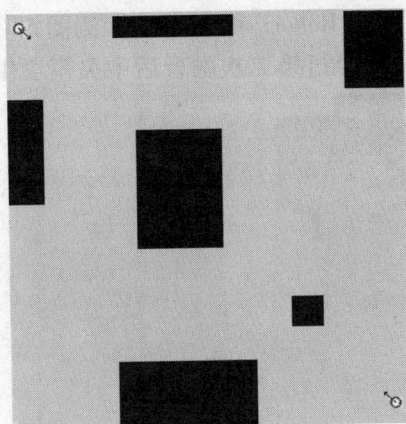

图 5-32 移动机器人初始位置和方向

两个机器先后探测到三个特征点,如图 5-33 中灰色的点即为两个移动机器人分别探测到的点特征。

两移动机器人接着开始探测第一个三角形区域,这个三角形的三条边均为虚设的边,但在沿边行走的过程中,探测到边附近的区域。图 5-34 所示即为两个移动机器人在完成第一个三角形区域探测后各自所探测的区域、移动机器人探测完后的位置以及当前维护的地图,斜线阴影的区域为移动机器人探测的区域,灰色的线表示移动机器人在此探测过程中探测到的直线特征,灰色的点为此探测过程中探测得到的点特征。虚线边界区域是中央模块根据分区算法划分的新的三角区域。

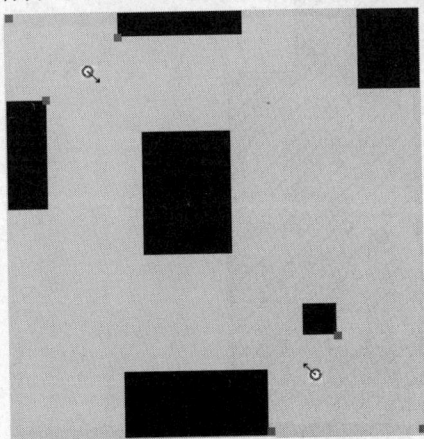

图 5-33 移动机器人执行搜索未知
环境行为最先探测到的三个点特征

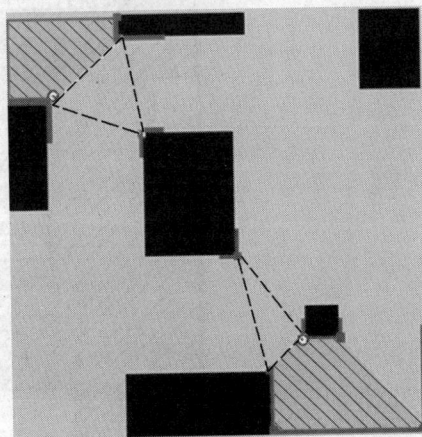

图 5-34 第一次完成三角区域
探测后的情况

下一步 Robot1 和 Robot2 探测图 5 - 35 所示虚线边界区域。

同样,经过第二次融合后中央模块生成的全局地图如图 5 - 36 所示。

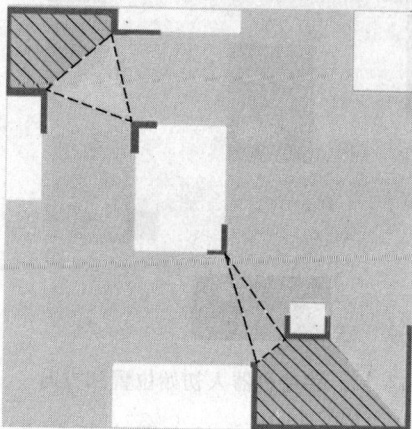

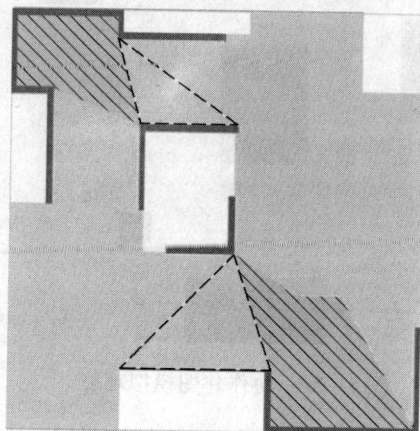

图 5 - 35　第一次地图融合后的全局地图　　图 5 - 36　第二次地图融合后的全局地图

重复上面步骤,直到所有不确定区域都被探测到,算法结束。图 5 - 37 所示为建图完成后的全局地图。两个移动机器人在探测未知环境时的速度为 100mm/s,完成对整个环境的探测总共耗时 8.38min,在同样的环境下,用一个移动机器人采用最佳视角法探测,耗时 18.03min,且在探测过程中总是因为对某物体探测不完全而不得不对同一区域进行重复探测。由此可以看出利用多移动

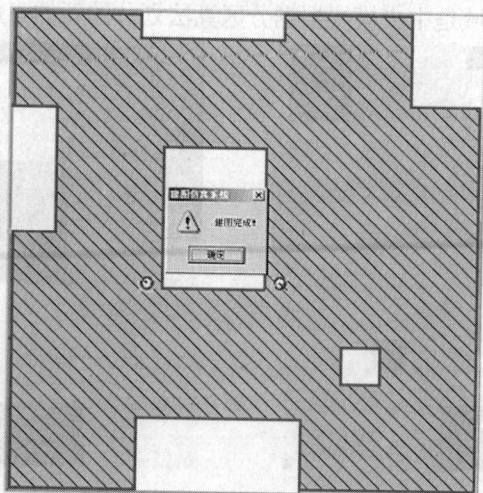

图 5 - 37　建图完成后的全局地图

机器人进行协作探测在效率和整个地图的完整性上都优于单移动机器人建图系统。

5.4 多移动机器人的合作定位和地图创建

近年来多移动机器人的合作定位与地图创建受到越来越多的重视与研究，逐渐成为一个活跃的研究领域。多移动机器人群能够利用相互之间的信息，不依赖外部环境，通过信息交换，共享各个移动机器人所获得的信息，得到比单移动机器人更精确、更快速的环境信息。而其中自主移动机器人的自身定位问题就显得尤为重要，是其最重要的能力之一。

合作定位 2000 年由 Roumelioties 和 Fox 等人提出。Fenweick 和 Leonard 将给予卡尔曼滤波的单个移动机器人的 SLAM 扩展到多移动机器人的 SLAM，从而得到较精确的相对位置地图。Roumeliotis 提出方法是从异类移动机器人群中获得的声纳数据通过 KF 融合来估计移动机器人群中的每个移动机器人位置，然后他们将集中的 KF 分成 n 个单独的 KF（每个移动机器人对应一个 KF）进行分布式处理。Fox 等人描述的多移动机器人定位方法也是每个移动机器人维护一个概率分布来表示自己的位姿（基于里程计和环境传感器），但是可以通过对其他移动机器人的观测来重新定义这些概率分布。Howard 提出了一种多移动机器人合作的相对定位，即每个移动机器人去确定团队中其他每个移动机器人相对自己的位置，这种方法不需要 GPS 路标或某种特定的环境模型。移动机器人直接测量附近可探测到的移动机器人的相对位置，然后把这些信息广播到中每个移动机器人。每个移动机器人通过处理这些信息得到其他所有它观测到和观测不到的移动机器人相对于自己的位置估计。

本节针对未知的数据关联，利用粒子滤波概率方法研究移动机器人静态环境建模与自定位问题，实现移动机器人位姿和环境特征位置的联合评估。

5.4.1 系统状态

机器人系统状态如图 5-38 所示。假设机器人在一未知环境中移动，同时使用自身携带的传感器探测外部未知的路标信息以及自身的里程信息。在一给定的时刻 t，定义如下变量：

（1）x_t：表示机器人位置以及方向的位姿状态向量。

（2）m_j：表示第 j 个路标的位置状态向量。

（3）u_t：表示使机器人从时刻 $t-1$ 运动到时刻 t 的输入控制向量。

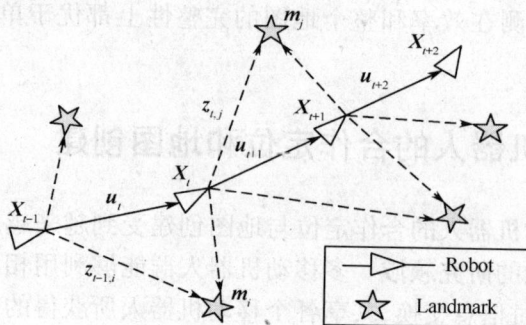

图 5 - 38   机器人系统状态

(4)$Z_{t,j}$:表示机器人在时间 t 对第 i 个路标的观测向量。

此外,下面还定义与上述状态向量相关的状态向量集:

$X_{0:t} = \{x_0, x_1, \cdots, x_t\} = \{X_{0:t-1}, x_t\}$:机器人时刻 0 到时刻 t 的位置状态集。

$U_{0:t} = \{u_0, u_1, \cdots, u_t\} = \{U_{0:t-1}, u_t\}$:机器人时刻 0 到时刻 t 的控制量输入状态集。

$Z_{0:t} = \{z_0, z_1, \cdots, z_t\} = \{Z_{0:t-1}, z_t\}$:机器人时刻 0 到时刻 t 的特征观测量。

$M = \{m_0, m_1, \cdots, m_n\}$:机器人所有观测到的路标集。

5.4.2   基于粒子群优化的 fastSLAM 算法

FastSLAM 算法使用带有权重的粒子表示机器人运动的状态和地图特征,然后用解析的表达式计算机器人的当前状态信息。粒子可表示为:$s_t^{(i)} = \{x_t^{(i)}, M, w_t^{(i)}\}$,其中 $w_t^{(i)}$ 表示在时刻 t 时第 i 个粒子的权重值。因此,机器人从时间 0 到时间 t 的全部位姿可用粒子集代表:$S_{0:t} = \{s_t^{(i)} \mid i = 1, 2, \cdots, N\}$($N$:表示粒子数)。FastSLAM 算法可以分解为两部分的乘积,即:机器人位姿后验估计 $p(S_t \mid Z_{0:t}, U_{0:t}, M)$ 和 n 个路标的后验估计乘积 $\prod_{i=1}^{n} p(m_i \mid Z_{0:t}, U_{0:t}, M)$。可用下式表示:

$$p(S_t, m_i \mid Z_{0:t}, U_{0:t}, M) = p(S_t \mid Z_{0:t}, U_{0:t}, M) \prod_{i=1}^{n} p(m_i \mid Z_{0:t}, U_{0:t}, M)$$

$$(5 - 37)$$

常规的 FastSLAM 算法由递推的四步组成:机器人位置预测、更新地图特征、计算粒子权重及归一化、重采样。

在常规的 FastSLAM 算法中,移动机器人下一时刻的位置是从移动机器人的运动模型中采样获得的:$s_t^{(i)} \sim p(s_t^{(i)} \mid s_{t-1}^{(i)}, u_t)$,即通过粒子集 S_t 来表示移动机器人下一时刻的可能位置。不难发现,这一预估过程没有考虑到 t 时刻的最新的路标观测数据,因而无法根据最新的观测数据对移动机器人预测位置进行及时的更新。特别是当移动机器人的运动模型的噪声相对于观测模型的噪声大时,粒子集 S_t 中的粒子分布在测量相似性较低的区域,即明显偏离移动机器人的真实位置,严重时将导致同时定位与建图失败。针对这一问题,传统的方法是依靠增大粒子数目。然而粒子数的增加将直接影响计算的复杂度。

1. 粒子群优化的 FastSLAM 算法

在常规的 FastSLAM 算法的基础上,融入粒子群优化(Particle Swarm Optimization)的思想,对移动机器人位置预测过程进行改进,使得位置预测过程实时考虑了最新路标的观测信息。该方法称为粒子群优化的同时定位与建图方法(Particle Swarm Optimization Simultaneous Localization And Mapping, PSO-FastSLAM)。首先,使用粒子群算法中的速度与位置方程对移动机器人的预测位置进行更新,更新方程人下:

$$v_t^{(i)*} = c_1 \times |\operatorname{Rand1}()| \times (p_{\text{pbest}} - x_t^{(i)}) \times c_2 \times |\operatorname{Rand2}()| \times (p_{\text{gbest}} - x_t^{(i)}) \tag{5-38}$$

$$x_t^{(i)*} = x_t^{(i)} + v_t^{(i)} \tag{5-39}$$

其中 $|\operatorname{Rand1}()|$ 和 $|\operatorname{Rand2}()|$ 为对角线矩阵,其对角线上的元素为正的标准正态分布的随机数;$x_t^{(i)}$ 和 $v_t^{(i)}$ 分别表示第 i 个粒子的位置和速度;p_{pbest} 和 p_{gbest} 分别表示移动机器人位置预测值的局部最优解和全局最优解。c_1 和 c_2 表示学习因子。通过式(5-38)和式(5-39)的更新,移动机器人的位置向量由 $x_t^{(i)}$ 变成 $x_t^{(i)*}$。其次,引用适应度函数来判断粒子群算法对移动机器人预测位置的优化程度,适应度函数定义如下:

$$\text{Fitness} = \exp\left\{ -\operatorname{sqrt}\left[(z_t - z_{t\text{Pred}}) \cdot R_k^{-1} \cdot (z_t - z_{t\text{Pred}})^{\text{T}} / c_3 \right] \right\} \tag{5-40}$$

其中 R_k 表示移动机器人的测量噪声协方差矩阵;$z_{t\text{Pred}}$ 表示 t 时刻移动机器人对路标观测值的预测。$z_{t\text{Pred}}$ 可通过预测位置值 $x_t^{(i)*}$ 和已经观测到的路标位置 m_k 计算得到,引入如下函数:

$$z_{t\text{Pred}} = g(x_t^{(i)*}, m_k) \tag{5-41}$$

对于一个在 t 时刻以前已经被移动机器人观测过的某个特征 m_k 在 t 时刻又被观测到时,则可以在估计移动机器人估计位置 $x_t^{(i)*}$ 的基础上,计算该特征相对于预估位置 $x_t^{(i)*}$ 的预测观测值 $z_{t\text{Pred}}$。再通过求实际观测值和预测观测值的差,则可以判断更新后的位置 $x_t^{(i)*}$ 是否更加接近移动机器人的真实位置,即通过求适应度函数(5-40)来判断粒子群优化后的位置是否较好的分布在移动机器人真实位置附近。设定一个阈值 δ，当 Fitness$\geqslant\delta$，表明该预测值 $x_t^{(i)*}$ 已分布在移动机器人真实位置附近了；当 Fitness$<\delta$，表明该预测值 $x_t^{(i)*}$ 偏离了移动机器人真实位置。对粒子集中的所有粒子进行上述更新运算，使得所有粒子都朝向移动机器人真实位置附近运动。完整的 PSOFastSLAM 算法如下：

初始化

对每一时间步 t 执行

For i = 1 to N

移动机器人位置预测(从临时粒子集 S_t^* 中抽取新粒子) $s_t^{(i)} \sim p(s_t^{(i)} \mid s_{t-1}^{(i)}, u_t)$

(1) Do：

(2) PSO 更新计算 $v_t^{(i)}$ 和 $x_t^{(i)}$：$(s_t^{(i)} \rightarrow s_t^{(i)*})$；

(3) 计算 $Z_{t\mathrm{Pred}} = g(x_t^{(i)*}, m_k)$ 以及适应度函数值 Fitness；

(4) While(Fitness $<\delta$)；

(5) 获取新的路标观测值 z_t 以及更新地图中的路标特征；

(6) 计算权重：$w_t^{(i)} = w_{t-1}^{(i)} \cdot p(z_t \mid s_t^{(i)})$；

(7) End fo；r；

(8) 权重归一化：$\sum_{i=1}^{N} w_t^{(i)} = 1$；

(9) 重采样：从临时粒子集 S_t^* 中根据权重的大小按比例抽取粒子并将粒子添加到新的粒子集 S_t 中；

(10) 结束。

2. 仿真

如图 5-39(a)所示的环境地图中星号(*)表示路标,曲线表示移动机器人控制输入量。图中共有 25 个路标且相对于移动机器人为未知,二者均为随机手动设定的。针对 PSOFastSLAM 和 FastSLAM 两种算法分别在该仿真环境中进行测试。图 5-39(b)所示为算法估算的结果地图,其中三角形表示估计的路标位置,点线表示移动机器人实际运动曲线。

图 5-40 是 PSOFastSLAM 算法和 FastSLAM 算法在建图后所形成的移动机器人位置误差和路标误差曲线。两个算法中均使用 10 个粒子,图 5-40(a)是 PSOFastSLAM 算法的仿真结果误差图,图 5-40(b)是 FastSLAM 算法的仿真结果误差图。从曲线图 5-40(b)中不难看出,最大位置误差在 $x = 14$mm 处,误差估计值为 1.1mm,最大路标估计误差在 $x = 50$mm 处,误差值为 0.5mm。而 PSO-

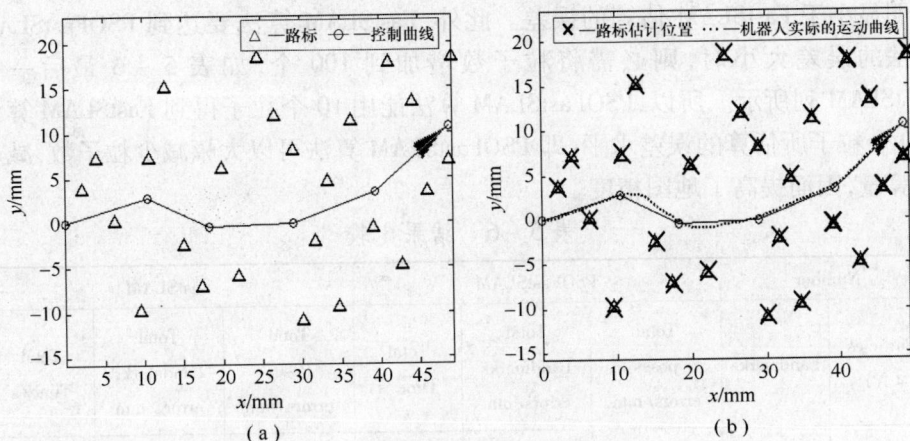

图 5 - 39　移动机器人仿真环境及估计地图

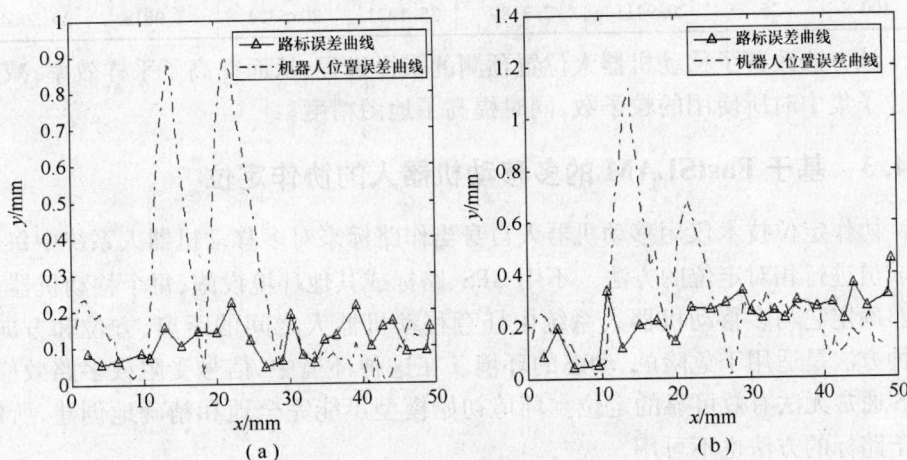

图 5 - 40　PSOFastSLAM 算法和 FastSLAM 算法估计地图误差

FastSLAM 算法中,如图 5 - 40(a) 所示,位置估计的最大误差仅为 0.9mm,路标估计的最大误差仅为 0.25mm。显然,PSOFastSLAM 算法产生的地图精度明显优于 FastSLAM 算法产生的地图精度。

　　为进一步验证算法的性能,表 5 - 6 列举了不同粒子数时两种算法的地图误差数据。粒子数为 10 时,FastSLAM 计算总的路标误差为 6.0038mm,总的位置误差为 22.6533mm。而 PSOFastSLAM 估算的上述地图误差分别仅为 2.8799mm和 18.4929mm,且两者所用的时间相差不大,即 PSOFastSLAM 估算的地图误差

要明显小于 FastSLAM 估算的误差。此外,FastSLAM 算法要达到 PSOFastSLAM
算法的误差大小时,则必需将粒子数增加到 100 个,如表 5 - 6 最后一行
FastSLAM 列所示。所以,PSOFastSLAM 算法能用 10 个粒子得到 FastSLAM 算法
100 个粒子所估算的误差水平,即 PSOFastSLAM 算法可以大幅减少粒子数,减少
计算量,因而提高了地图精度。

表 5 - 6　结果比较

Number		PSOFastSLAM			FastSLAM		
Particles (N)	Landmarks	Total poses errors/mm	Total Landmarks errors/mm	Total Time/s	Total Poses errors/mm	Total Landmarks errors/mm	Total Time/s
10	25	18.4929	2.8799	6.3115	22.6533	6.0038	5.6548
40	25	19.6243	2.7468	16.0177	22.5454	4.1740	13.5532
100	25	20.9411	2.3189	35.1221	20.5324	2.9818	29.3064

该方法改善了移动机器人位置预测的采样过程,从而提高了采样效率,减少
了粒子集中时所使用的粒子数,同时提高了地图精度。

5.4.3　基于 FastSLAM 的多移动机器人的协作定位

协作定位技术仅用移动机器人自身当作路标来对多移动机器人系统中每一
个成员进行相对定位的方法。不用 GPS、路标或其他环境设施,每个移动机器人
能够确定它与多移动机器人系统中任意移动机器人之间的距离、方位和方向。
这种方法是适用于危险的、动态的环境。在这种环境中,信号受阻或多路效应,
GPS 通常无法有效可靠的定位。环境初始模型不能完全地和精确地创建,所以
基于路标的方法也不可用。

1. 基于相对观测量的 co - FastSLAM 定位

多移动机器人合作定位的关键思想是融合不同移动机器人所获得的信息,
使得每个移动机器人都能利用这些信息获得更精确的位置。做下面三个基本假
设:首先假设每个移动机器人装配上运动传感器,能够测量自身位姿的变化。可
以选用里程计或陀螺仪作为合适的运动传感器。每个移动机器人根据它的运动
模型,由运动传感器感知它的运动状态,可得到移动机器人移动的距离和方位变
化,进而计算出移动机器人的位置坐标和运动方向。第二个假设是每个移动机
器人装配上能够测量与附近移动机器人之间相对位置和识别附近移动机器人的
外部传感器。这种传感器可以是视觉、超声或是激光测距等。还要进一步假设

移动机器人的身份识别总是正确无误的,这样就避免了组合标号问题的出现。最后假设每个移动机器人可以以某种形式进行发送接收数据,用于将信息发送到计算定位的设备中。

在这些假设的情况下,多移动机器人合作定位可以用基于相对观测量的 co-FastSLAM来解决。基本方法如下:首先,建立估计集合 $H = \{h\}$,其中每个元素 h 代表一个特定移动机器人在特定时间的位置估计。这些位置估计是针对假定全局坐标系统的;其次,建立观察集合 $O = \{o\}$,其中每个元素 o 代表运动传感器或外部传感器的观测值。利用 FastSLAM 融合运动传感器信息及外部传感器提供的相对观测量,来估计出移动机器人路径轨迹的后验概率分布,生成预测粒子集、计算粒子权重、重采样来递归估计修正移动机器人组中每个移动机器人的位置。

1)系统模型

对于由 n 个移动机器人组成的队列在未知二维环境中运动,用 $X_{i_k} = (x_{i_k}, y_{i_k}, \Psi_{i_k})^{\mathrm{T}}$ 表示第 i 个移动机器人在 k 时刻的位置,则对于整个队列在某时刻的位置可以表示为

$$X_k = (X_{1_k}, X_{2_k}, \cdots X_{n_k})^{\mathrm{T}} \tag{5-42}$$

系统模型包括移动机器人模型和多移动机器人观测模型。下面就对这两个模型的建立进行一一介绍。

(1)移动机器人模型:理想情况下,第 i 个移动机器人的状态应该是精确已知的。

$$x(k) = f(x(k-1), u(k)) + v(k) \tag{5-43}$$

假定,k 时刻的控制输入由轮子速度 $v(k)$,转角 $r(k)$ 和移动机器人长 L 算出,得到移动机器人模型(图5-41):

$$
\begin{bmatrix} x(k) \\ y(k) \\ \Psi(k) \end{bmatrix} =
\begin{bmatrix} x(k-1) + \Delta t(k)V(k)\cos(\Psi(k-1) + r(k)) \\ y(k-1) + \Delta t(k)V(k)\sin(\Psi(k-1) + r(k) \\ \Psi(k-1) + \Delta t(k)V(k)\dfrac{\tan(r(k))}{L} \end{bmatrix} +
\begin{bmatrix} v_x(k) \\ v_y(k) \\ v_{\Psi}(k) \end{bmatrix}
$$

$$\tag{5-44}$$

(2)多移动机器人观测模型:在移动机器人队列中,某一时刻移动机器人 A 观测到移动机器人 B,通过它携带的外部传感器测量出它们之间的相对位置,包括相互之间的距离、方位等,如图5-42所示。

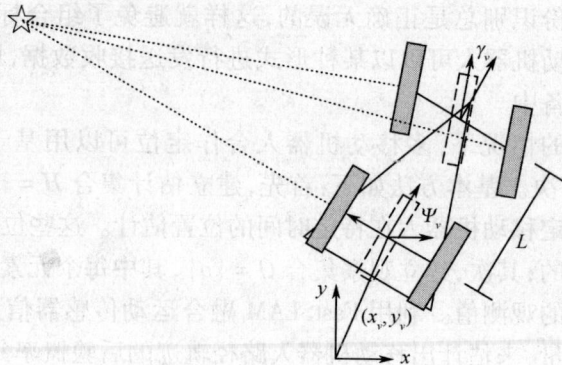

图 5 - 41   移动机器人模型

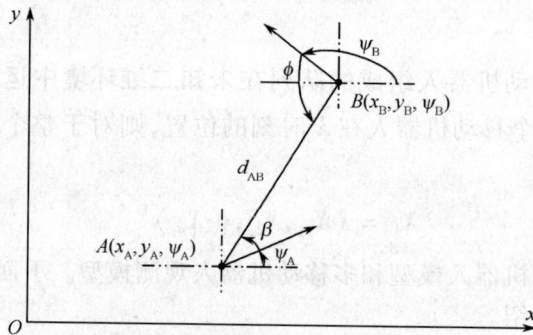

图 5 - 42   多移动机器人观测模型

两个移动机器人之间的相对观测量：d_{AB} 是它们之间的距离，ψ_B 分别是它们的方位角，β 是移动机器人 B 相对于 A 的方位角，ϕ 是移动机器人 A 相对于 B 的方位角度。则

$$d_{AB} = \sqrt{(x_B - x_A)^2 + (y_B - y_A)^2} \tag{5-45}$$

$$\beta = \arctan\left(\frac{y_B - y_A}{x_B - x_A}\right) - \varphi_A \tag{5-46}$$

$$\phi = \arctan\left(\frac{-(y_B - y_A)}{-(x_B - x_A)}\right) - \psi_B = \pi + \arctan\left(\frac{y_B - y_A}{x_B - x_A}\right) - \psi_B \tag{5-47}$$

那么，相对方位的观测方程可写为

$$z = \arctan\left(\frac{y_B - y_A}{x_B - x_A}\right) - \psi_A + v_\beta \tag{5-48}$$

2）基于相对观测量的 co – FastSLAM 定位算法

输入：移动机器人 A、B 的速度，位置和初始朝向，移动机器人 B 的观测噪声，粒子数 N，移动机器人预计行走轨迹。

输出：移动机器人 A 和 B 的真实运动轨迹，和 B 的粒子过滤后的运动轨迹。

Step1：初始化。初始化预测粒子集 prerp，每个粒子的位置和移动机器人的起始位置相同，每个粒子的权重为 $1/N$。此刻真实粒子集 realp 赋值等于预测粒子集 prerp。

Step2：预测下一步的粒子群状态。根据移动机器人速度预测下一步的位置状态，得到预测粒子集 prerp。

Step3：获取移动机器人 B 与 A 的相对观测量 RelaObs relative，距离观测量 d_{ABi}；移动机器人 B 相对于 A 的方位角 β。

Step4：计算移动机器人 B 预测粒子集中每个粒子与能够精确定位的移动机器人 A 之间的相对观测量。距离观测量 d_{AB} 和移动机器人 B 相对于 A 的方位角 β，计算出预测每个粒子的观测量和真实观测量的差 Δd_{ABi} 和 $\Delta \beta_i$。

Step5：计算粒子集的权重，对于每个粒子计算其权重

$$w_i = \frac{a}{\Delta d_{ABi}} + \frac{b}{\Delta \beta_i} \qquad (5-49)$$

式中：a、b 分别为距离观测误差和方位观测误差的权重影响系数，可根据实际实验调出最值；Δd_{ABi} 为每个粒子距离观测量和真实测量值之差；$\Delta \beta_i$ 为移动机器人 B 相对于 A 的方位角 β 的观测值和真实测量值之差。

Step6：权重归一化：

$$w_i = w_i / \sum_{i=1}^{N} w_i \qquad (5-50)$$

Step7：重新采样：根据有权重 w_i 表示的离散概率从粒子集 prerp 中重新抽取 N 个粒子，且每个粒子的权重为 $1/N$。并将这 N 个粒子赋值给真实粒子集 realp。

Step8：如果移动机器人没有停止，就转到 Step2。

2．仿真

为了验证融合多个移动机器人之间的相对观测量信息 co – FastSLAM 定位方法对提高定位精度的有效性，采用两个移动机器人以不同的速度作匀速直线运动，移动机器人 A、B 速度分别为 1.5m/s，2.0m/s。两个移动机器人异构，其中 A 可以精确定位。利用两移动机器人之间的相对观测量通过 co – FastSLAM 算法对移动机器人 B 进行定位。

图 5－43 所示为移动机器人 B 的单移动机器人定位误差和 co－FastSLAM 定位误差的比较。可见 co－FastSLAM 方法在定位精度有很大的提高。

单机器人定位误差 VS.co-FastSLAM 定位误差

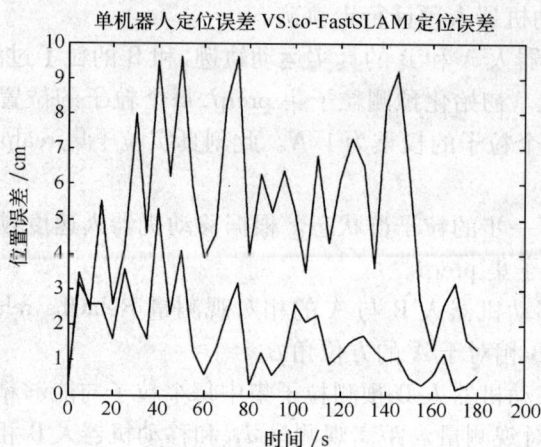

图 5－43　仿真结果

从以上仿真结果可以看出，该方法适用于由小型移动机器人和能力特别强的复杂移动机器人组成的异类多机器。在这个移动机器人群中一些小型移动机器人在装配有视觉设备的大型移动机器人指导下合作完成某项任务。在这种定位策略下，大型移动机器人能够通过自己同时探测和定位所有小移动机器人。这样就提供了一个没有误差累计的可靠的测量系统，这个系统可以用于对合作行为进行开发研究，同时在所有情况下移动机器人群中每个小型移动机器人都能够被精确定位。这种方法在现实中可应用于在危险环境中的目标定位，让先进昂贵的移动机器人保持在安全地带，简单便宜的移动机器人可做牺牲。

本节在介绍基于粒子滤波的移动机器人的 SLAM 的算法上，将粒子群优化算法利用到 FastSLAM 中，从而提高了采样效率，减少了粒子集中时所使用的粒子数，同时提高了地图精度。在移动机器人合作定位与建图方面，提出了基于观测量的 co－FastSLAM 算法，减少了移动机器人的定位误差，提高了整个环境地图的准确度。

5.5　小结

由于多移动机器人系统在许多领域都具有潜在的、巨大的应用价值，使得多移动机器人系统的研究成为充满活力和挑战的领域，其中移动机器人协作定位与建图是关键和重要的问题之一。

本章在系统介绍多移动移动机器人协作定位与建图的国内外研究现状的基础上,研究了多机多移动机器人协作建图的策略和多移动机器人之间的合作定位与建图。针对地图的创建方法、协作建图策略、合作定位等方面进行了深入的研究,主要包括以下内容:

首先研究了地图的创建方法。移动机器人首先收集其内部和外部传感器的信息,然后将这些信息正确的融合到环境地图中。针对不同的传感器信息,提出了栅格地图、拓扑地图以及特征地图的创建方法。尤其对于动态未知环境,提出了基于时空关联的实时地图创建方法,不仅实时性好,而且地图创建的精度高。

其次分析了多移动机器人协作建图的策略。在分区算法分析的基础上,提出了移动机器人分散探索、集中建图的控制结构。每个移动机器人独立探测自己的环境地图,独立决策自己下一步的行动。中央控制模块,将每个移动机器人发送过来的地图融合到全局地图。

最后研究了多移动机器人的合作定位和地图创建方法。首先提出了一种改进的粒子滤波建图方法。通过将粒子群优化算法和 fastslam 算法结合起来,调整了粒子的提议分布,增强了位置预测的准确性。然后在多移动机器人相对观测量的基础上,提出了 co – FastSLAM 算法,减少了移动机器人的定位误差,提高了整个环境地图的准确度。

然而对于未知环境中多移动机器人同时定位与建图方法的研究,是一个系统而长期的过程,还有许多可以继续深入研究的问题,如多传感器信息的融合、粒子滤波器的并行实现以及大规模室外环境的地图创建等问题。

第六章

多移动机器人的目标协作跟踪

　　计算机视觉是一门多学科交叉的学科,涉及图像处理、计算机图形学、模式识别、人工智能、人工神经网络、计算机、心理学、生理学、物理学和数学等,广泛应用于智能监控、机器人视觉导航、医学辅助诊断、工业机器人视觉系统、地图绘制、物体的三维重建与识别、智能人机接口等领域,而在序列图像中进行运动目标跟踪是计算机视觉中必不可少的关键技术。运动目标跟踪问题引起广泛关注是由于它能够应用于民用和军事的许多领域,主要包括以下四个方面的应用:视频监控、视频压缩、基于视频的人机交互、自动驾驶及机器人领域等,本章介绍的内容主要针对多移动机器人应用领域。

　　在过去的 20 多年中,运动目标跟踪的理论和方法已取得了较大发展,成为当今热门研究领域之一。但将它应用于自动驾驶及机器人领域还是一个新兴的重要发展方向。车辆的自动驾驶吸引了很多研究者的兴趣,其基本思想是利用安装在车辆上的摄像机实现对道路的检测、对前方车辆和行人的检测与跟踪,以保证车辆的安全行驶,同时该技术很容易地转移到移动机器人技术上。美国 CMU 大学的 Navlab-5 系统实用 RALPH 视觉系统导航,1995 年就做到最长自主驾驶 111km。日本 HONDA 公司研制的代表移动机器人最先进水平的 ASIMO-P3,它可以 1.6km/h 的速度行走。它的头部装有两部功能独立的摄像机,具有识别障碍物、对移动机器人进行导航的功能。移动机器人无论在室内还是在室外环境下工作,都存在着动态的目标,这些动态目标包括行人、机动车等。有些目标移动得比移动机器人快,有的比移动机器人慢,所以目标的检测和动作的估计是移动机器人在室内外环境中避障所必需具备的能力。基于移动机器人的动态目标检测和跟踪是一个非常活跃的课题,在多移动机器人的协作跟踪、足球机器人、动态环境的避障中应用非常广泛,尤其对于多移动机器人选择性环境建模、多移动机器人编队以及智能监控等应用都非常重要。

信息探测、危险环境搜索、出奇不意的攻击等是现代战争的重要组成部分,多移动机器人是一种很好的战争武器,其灵巧的机动性、良好的隐蔽性以及互相协同配合能力可为此提供全新的途径和手段。移动机器人目标跟踪系统与雷达成像、红外成像、电视成像等其他武器跟踪系统相比有其自身的特点和不同,主要体现在以下几个方面:

(1)机器人武器以人为作战对象,跟踪目标为类刚性。

(2)机器人武器目标跟踪时把人作为一个整体,不需要关于人的形状特征等较高层面上的知识。

(3)机器人武器作战时场景往往是未知的甚至是动态的,复杂场景增加了目标跟踪的难度。

机器视觉用计算机实现人的视觉功能,实现对客观世界三维场景的感知、识别和理解。本章主要针对移动机器人作为武器的目标跟踪系统的特点,研究基于机器视觉的复杂场景下类刚性运动目标的检测和跟踪方法。目标跟踪系统由CCD摄像机、移动机器人控制模块、无线通信模块、远程计算机等组成。系统的工作过程可以描述为CCD摄像机采集现场视频信号,传输给移动机器人控制模块,移动机器人控制模块可完成两个方面的任务:一方面,根据实际情况自主检测和跟踪目标;另一方面,将检测和跟踪的结果无线通信模块上传给远程计算机,远程计算机通过对不同移动机器人上传的检测和跟踪结果进行最优协调和决策,使得各个移动机器人协作完成某个跟踪任务。

对于上述过程来说,主要涉及到三种技术、运动目标检测技术、目标跟踪技术和协作跟踪技术。目标检测技术主要是利用连续的多帧图像分割出运动目标,以此作为目标跟踪的初始化步骤。目标跟踪技术是在连续视频帧中找到感兴趣运动目标所处的位置,相对于目标检测而言,目标跟踪属于高层次的计算机视觉问题。协作跟踪技术主要是指协调多个移动机器人系统来实现对单个或多个目标的跟踪问题,涉及到高层的决策问题。本章主要是针对上述三个问题介绍了研究概况和最新的一些进展和成果。

6.1 目标跟踪技术

6.1.1 目标检测技术的研究概况

目标检测算法主要是利用连续的多帧图像分割出运动目标,根据摄像机是否运动,可分摄像机静止的目标检测和摄像机运动的目标检测。前者主要应用于视频监控、基于视频的人机交互,而后者主要应用于视频压缩、自动驾驶及机器人领域。在现实中,人多摄像机是运动的,因此后者的应用范围更广一些,但由于摄像机的运动,目标检测的难度更大。

1. 摄像机静止的目标检测

摄像机静止意味着场景中的背景大部分是静止的,但也可能有部分背景是动态的,如背景中树叶的摇摆、水的波纹等。这部分动态背景的存在会引起误检,因此目标检测算法应能够减少这种误检。由于在场景中绝大部分运动是由于运动目标引起的,因此这种算法要简单得多。算法大体可以分为三类:帧差法、背景减除法、背景模型法。

1)帧差法

利用视频序列中连续多帧图像获得差分图像,然后对差分图像二值化,差分值大于事先确定的阈值时,认为该像素为前景像素,否则为背景像素。这样就确定出目标的所在区域。阈值的选择相当关键,太小则难以抑制图像中的噪声,太大则易忽略图像中的运动像素。帧差法往往只能提取出运动目标边缘的一些像素,目标不够完整,需要结合其他方法来提取出完整的目标,如区域增长、活动轮廓方法等。如果目标的纹理均匀、运动缓慢,帧差法检测的效果不好。它的优点是算法简单易行,计算量小。根据选择的帧数不同,帧差法存在两种方法:两帧差和三帧差法,两者比较,三帧差法提取的运动像素比二帧差法要更真实些,但提取的运动像素更少一些。

2)背景减除法

通过提取背景图像,利用每一帧的图像和背景图像求差值,将差值图像二值化,即可检测出运动目标。由于背景在整个视频序列中近似静止,故背景对应时间轴上的低频信息,因此可以通过对视频序列进行低通滤波来估计静止背景。最简单的背景模型是求一段场景背景图像序列的时域平均图像,即均值背景模型,即当前静态场景相似的背景。该方法存在下列一些缺陷:

(1)不适合于具有运动场景的背景。

（2）对存在许多移动目标特别是这些目标移动速度很慢的情况下鲁棒性差。

（3）不能处理双模背景。

（4）当场景中背景重新出现时，求取的背景恢复慢。

另一种常用方法是一段时间轴观测量的中值构成背景，即中值背景模型，这种方法可以处理一些因光照变化而产生的背景图像的灰度前后不一致的情况。

3）背景模型法

自适应背景模型能执行迭代更新背景模型，能降低动态场景变化对运动分割的影响，这种自适应更新模型有很多，常见的模型有高斯滤波、Kalman 滤波等。该方法与背景减除法的区别在于，该方法利用背景的参数模型来模拟背景图像的像素值，通过判断视频帧的各个像素值是否与这个模型项匹配来实现对目标的检测。早期的模型是静态场景中的像素颜色用一个高斯分布来模拟，单个高斯密度分布不适合于室外环境，因为在室外环境中存在的重复运动、阴影或反射等经常会引起多个颜色像素属于背景。为了解决这个问题，于是出现了用混合高斯模型来表示每个像素的强度，以便表示背景颜色潜在似然函数的多峰性。混合高斯模型的缺点是不能清晰地表述邻域像素颜色空间的依赖性，并且这种依赖性在真实运动中确实存在。还有一种描述像素背景模型是非参数估计方法，核密度估计（Kernel Density Estimation，KDE）是用来建立非参数模型的方法之一。该方法适合于给定特征空间的密度区域，其好处是它不要求对密度的形状作任何假设，缺点是计算代价高和需要选择适合的核带宽。实际应用中，背景中不同位置的像素，其亮度分布复杂程度往往是不同的，同一像素在不同时段内的亮度分布复杂度也可能不同。因此引入模型结构的自适应机制，以适应于环境的变化，有学者提出了一种基于模型切换的背景建模方法，其背景复杂度度量是熵图像，也可是信息熵。

2. 摄像机运动的目标检测

摄像机的运动会造成视频帧中的背景发生变化，从而形成动态背景。摄像机的运动是一种全局运动，即它造成的图像变化是一种全局变化，可通过全局运动估计来进行补偿，以克服全局运动的影响。摄像机运动的目标检测必须通过全局运动估计进行运动补偿后，借助摄像机静止的目标检测方法完成目标的检测。

1）全局运动估计

摄像机移动时，图像中的运动主要由摄像机运动和特定目标运动共同作用下形成的，这就使得目标的分割变得非常困难。通常称由于摄像机位置或参数的变化而引起整个图像的变化为全局运动，而称由于场景中目标的运动而引起局部图像的变化为局部运动。对于全局运动估计，国际上已有许多学者做了大量的研究工作,绝大部分全局运动估计方法一般遵循以下两个步骤:①利用视频序列的相邻两帧图像来计算光流场;②对得到的光流场进行分析,通过建立运动方程来估计全局运动参数。根据光流场计算方法的不同,全局运动估计可以分为像素法、宏块法、特征法等。目前,对于很多全局运动估计方法,一个主要的问题是计算量较大,导致参数估计速度慢,因而限制了它们的应用。有学者提出了一种新的快速全局运动估计方法,该方法使用三参数模型,利用更少的参数来描述和估计全局运动,在保证准确性的同时简化参数估计的复杂度。

2) 目标分割方法

运动目标的分割技术主要分为两大类:运动分割和时空分割,如图 6 - 1 所示。基于运动的分割根据其运动的描述或者聚类标准可以细分,而时空分割结合视频序列中空域和时域也可属于运动分割,因为运动分割和时空分割都利用了运动估计技术。但这类方法不同于基于运动的分割方法的是它利用空域信息来修正和改进时域分割的结果,克服基于运动的分割中存在的问题,适合于非刚性运动或者说更一般性的场景。从视频序列中提取的特征可分为三类:运动、空域和时域特征。运动特征表示视频序列中存在的目标运动信息,不同于静止图像中存在的一些图像特征如像素的颜色、亮度、边缘、纹理等,是视频序列中独有的特征。空域特征表示像素的颜色或灰度、像素梯度、局部结构等;而时域表示像素在帧之间的改变。因此不管那种运动目标分割方法,都必须涉及到三类特征。如何融合这些特征,是当前研究的热点。

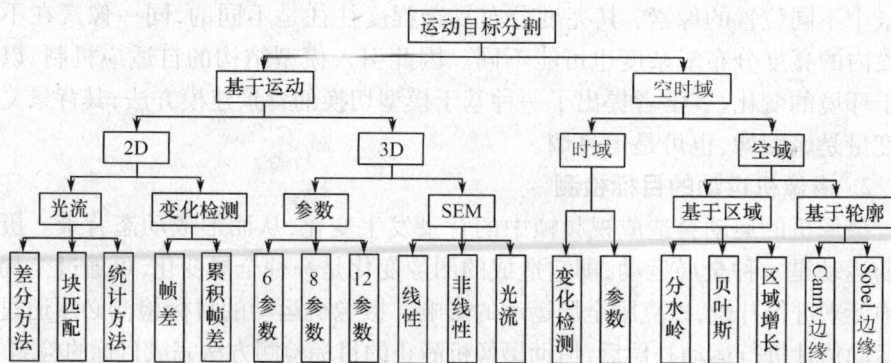

图 6 - 1　目标分割方法

6.1.2　目标跟踪技术的研究概况

目标跟踪就是在连续视频帧中找到感兴趣运动目标所处的位置,相对于目标检测而言,目标跟踪属于高层次的计算机视觉问题。对大多数的视频监视系统而言,都是摄像机静止时对某个需要特殊区域进行监视,而多数情况下,摄像机是运动的,其运动的形式有两种:一种是摄像机的支架固定,但摄像机可以旋转、俯仰以及缩放;另一种是摄像机装在某个移动的载体上,如移动的车辆。在这两种情况下,背景和前景相对于摄像机都是运动的,目标跟踪是一个非常困难的问题。就目标跟踪的技术而言,依据跟踪方法的不同可以分为四类。

1. 基于区域的跟踪(Region-based Tracking)

一般先获得跟踪目标的模板(Template),相当于目标的初始化,然后在序列图像中,运用相关算法跟踪目标。该方法把跟踪过程看成是一序列迭代优化求解问题:对每帧图像,跟踪的任务是发现一个能描述目标状态的最优解决方法,并建立一个用于实时跟踪的可信区框架(Trust-region Framework)。有学者提出了一种实时跟踪算法,以目标中心距离加权的灰度图像作为模板,采用 Mean Shift 迭代方法实现目标的空间定位。也有采用基于新颜色直方图的目标描述方法,使用颜色相关图的简单形式作为目标特征,空域信息融入到目标描述中,允许跟踪过程中的各种旋转。基于区域的跟踪方法的优点是:当目标未被遮挡时,跟踪精度高、性能稳定;其缺点是不能获得目标的轮廓或 3D 姿态,因此这些算法不能满足复杂背景或多运动目标场景下的视频监控的要求;时间开销大,当搜索区域较大时情况更严重;算法要求目标变形不大,且不能有太大的遮挡,否则相关精度会下降,造成目标丢失。

2. 基于特征的跟踪(Feature Based Tracking)

与基于区域的跟踪算法类似,不同之处在于,后者使用目标整体(模板)作为跟踪的对象,而前者使用目标的某个或某些局部特征作为跟踪对象。基于边缘的跟踪算法,在目标区通过使用边缘图像提取特征点,然后目标运动模型的参数矢量通过最小化参考特征点和跟踪帧观测到的特征点的差平方和来估计。有学者通过从图像中提取目标的关键特征点来描述,这些关键点通过从边缘图中获得的信息来提取,并通过确认跟踪特征点的准确性来实现跟踪。这种基于特征的跟踪方法的优点在于:

(1)通过目标运动、局部特征和依赖图等信息能解决部分遮挡问题。

(2)这种方法假设特征与运动是相互独立的,因此在运动分析时可以不区分运动物体的几何形状。

(3)跟踪过程中特征容易捕捉,能够匹配每一个特征符号。

不足之处是:

(1)因为在立体投影和图像随观测点运动而变化的过程中存在非线性失真,导致基于 2D 图像特征的目标识别率很低。

（2）算法一般不能恢复目标的 3D 姿态。

（3）处理遮挡、重叠和非相关结构干扰的稳定性一般较差。

3. 基于变形模板的跟踪（Deformable Template-based Tracking）

由于大多数跟踪应用中的目标是非刚性的，变形模型受到特别关注。变形模板模型就是利用前一些帧的先验形状信息来建立下一帧的目标形状模型。变形模板是纹理或边缘可以按一定限制条件变形的面板或曲线，如主动轮廓模型（Active Contour Based Tracking，又称 Snake 模型）。主动轮廓算法通常被分为两类：参数化主动轮廓和短程线主动轮廓。参数化主动轮廓使用参数表示运动曲线，而短程线主动轮廓的运动方程不包含与曲线几何结构无关的参数，并且在高维空间使用 Level Set 方法表示曲线。同参数化主动轮廓模型相比，短程线主动轮廓模型能够在不附加任何外界控制条件的情况下自动处理曲线在运动过程中的拓扑结构变化，而参数化模型需要附加外界控制条件或先验知识，这就使得短程线主动轮廓模型更适合于同时跟踪多个非刚性运动目标。该方法采用运动检测和跟踪两个步骤对运动目标进行跟踪并取得了良好的效果，但其算法并不适合复杂背景下的运动目标跟踪，后来有人对轮廓模型进行了改进，提出了的跳跃模型，适用于序列图像中连续两帧图像不存在目标重叠的情况。基于活动轮廓跟踪方法的优点是：

（1）从整体上识别物体，在物体具有变形、背景复杂和局部被遮挡的情况下，仍可以得到较为满意的跟踪效果，具有较强的鲁棒性。

（2）Snake 的跳跃模型的优点是可以在不连续的情况下由节点设置表达，依靠寻找最大倾斜点可以找到物体确切的边界。

（3）相比于基于区域的跟踪算法，活动轮廓算法描述目标更简单、更高效，能降低算法的复杂度。

但也存在缺点：对遮挡现象十分敏感，要求被跟踪物体具有清晰的轮廓，尤其当出现局部遮挡现象时更有这样的要求；图像平面上的目标轮廓三维姿态恢复困难；基于活动轮廓的算法对跟踪的初始值很敏感，使得难于自动开始跟踪。

4. 基于模型的跟踪（Model-based Tracking）

基于模型的跟踪算法是通过目标模型与图像数据间的匹配来跟踪目标，这种方法需要先验知识来描述目标模型。基于模型的刚体目标跟踪和基于模型的非刚体目标跟踪是完全不同的，这里仅仅讨论基于模型的人体（非刚体）跟踪和基于模型的车辆（刚体）跟踪问题，如使用一个简易的人体上半身三维模型，并使用基于颜色直方图的粒子滤波算法对头部和手部进行跟踪，从而恢复出模型的各个参数。与其他跟踪方法相比，基于模型的跟踪方法具有下列优点：

（1）使用目标的 3D 轮廓或表面的先验知识，算法具有较好的鲁棒性。在有遮挡或邻近的图像运动之间存在相互干扰时，能获得良好的结果。

（2）只要考虑了基于模型的人体跟踪，那么人体的结构、人体运动的约束和其他先验知识都自动进行融合了。

（3）只要考虑了基于 3D 模型的跟踪，则通过相机标定建立 2D 图像坐标与 3D 世界坐标的几何对应以后，就能自然获得目标的 3D 姿态。

（4）目标突大规模改变运动方向时，该基于 3D 模型的跟踪方法还有效。

基于模型的跟踪方法不可避免地存在缺点，如需要构造模型、计算代价高等，模型的好坏直接影响跟踪的精度和稳定性。

除了以上四类方法以外，为了在序列图像中更好地实现目标跟踪，许多学者在目标跟踪方法中融入机器学习的思想来进行参数的自适应设定和目标的描述，以增强对环境的适应能力，从而产生了基于机器学习的目标跟踪方法，通过在线采样、更新学习和分类来实现多物体跟踪问题，将 SVM 分类器融合了于基于光流的跟踪中，支持向量作为模型来描述目标的外观。VM 跟踪的缺点是不能处理目标的消失或重新出现现象以及目标部分或全部遮挡。把跟踪问题看成是二分类问题，弱分类器用来在线训练以区分目标和背景，结合 adaBoost 和弱分类器构成一个强分类器，目标位置通过 Mean Shift 来确定。有学者提出使用分类器作为粒子的似然观测函数，使用从通用数据库进行学习后的统计模型来识别和跟踪一个目标。在给定尺度不变特征变换（SIFT）的特征点模型情况下，使用在线期望最大化（EM）算法来训练模型参数，一旦每个模型的参数确定以后，就可以使用匹配的特征点确定目标在下一帧的位置。也有研究对目标的颜色进行聚类分析，根据聚类结果通过矩阵分解和正交变换自适应地剖分目标的颜色空间，从而确定对应于每一聚类的子空间，在此基础上建立了一种颜色模型。

另外还有其他一些常用的目标跟踪方法，如基于粒子滤波的目标跟踪，基于 Mean Shift 的目标跟踪，基于卡尔曼滤波的目标跟踪等。基于 Mean Shift 的目标跟踪是一种基于模板的跟踪方法，有关基于 Mean Shift 的目标跟踪方法，D. Comaniciu 对此做了大量的研究工作，该跟踪方法采用 Bhattacharyya 系数作为相似性度量标准。随着各种跟踪方法的出现，目标跟踪的发展趋势是将多种方法结合起来使用，这样可以吸收各自的优点，更好地实现目标跟踪，如 Mean Shift 和粒子滤波方法结合起来，对每个粒子使用 Mean Shift 算法改善每个粒子的性能，能提高跟踪精度。将卡尔曼滤波和 Mean Shift 算法结合起来，通过卡尔曼滤波方法预测目标在下一帧的位置或者通过卡尔曼滤更新目标模型来改善跟踪的性能。

6.1.3 目标协作跟踪的研究概况

多移动体的多目标协作跟踪一直是计算机视觉中极富挑战性的问题,随着机器人硬件设施、计算机网络技术的快速发展,移动机器人团队可完成复杂任务的能力也越来越强,使其成为研究的热门,研究的主要方面着重于多 Agent 系统的体系结构、任务分配方面的研究、可重构算法等方面。要解决在未知环境中协作检测与跟踪动态多目标问题,则要求多 Agent 系统和单个 Agent 模型均要具有合理和先进的体系结构,即保证异步的通过多移动机器人上的 Agent 模型对环境实时的进行观察,并解决局部问题,又通过同步整个多 Agent 系统之间的信息,保证信息的实时性和准确性,进而根据全局信息进行决策。

1. Agent 概况

Minsky 在 1986 年出版的《思维社会》中第一次提出了 Agent 的概念:社会中的某些经过协商可求得问题的解的个体。它最初是作为一种分布式智能的计算模型被提出,其基本思想是使软件能模拟人类的社会行为和认知,即人类社会的组织形式、协作关系、进化机制,以及认知、思维和解决问题的方式。从建造 Agent 的角度出发,单个 Agent 的结构通常分为思考型 Agent、反应型 Agent 和混合型 Agent。思考型 Agent 的最大特点就是将 Agent 看作是一种意识系统。人们设计的基于 Agent 系统的目的之一是把它们作为人类个体或社会行为的智能代理,那么 Agent 就应该(或必须)能模拟或表现出被代理者具有的意识态度。意识态度可以分为两类:一类是"信息态度",它是 Agent 关于其所处世界的信息,如信念、知识;另一类是"预先态度",即那些以某种方式引导 Agent 行为的态度,如愿望、意图、义务、承诺、选择等。Rao 和 Georgeff 提出了基于信念、愿望、意图的 BDI 模型和一系列描述 Agent 意识态度的 BDI 逻辑,以其坚实的理论基础和方便的可操作性而成为目前的研究和应用中使用最多的 Agent 模型。

但是符号 AI 的特点和种种限制给思考型 Agent 带来了很多尚未解决、甚至根本无法解决的问题,这就导致了反应型 Agent 的出现。反应型 Agent 的支持者们认为,Agent 的智能取决于感知和行动(所以在 AI 领域也被称为行为主义),从而提出 Agent 智能行为的"感知—动作"模型。Agent 不依赖任何符号表示,直接根据感知输入产生行动。反应结构的设计部分是来自下面的假设:Agent 行为的复杂性可以是 Agent 运作环境复杂性的反应,而不是 Agent 复杂内部设计的反应。这种结构虽然简单,但在实践中被证明是非常高效的,它甚至解决了传统符号 AI 很难解决的问题。

混合型 Agent 的系统通常被设计成至少包括如下两部分的层次结构:高层是一个包含符号世界模型的认知层,它用传统符号 AI 的方式处理规划和进行决策;低层是一个能快速响应和处理环境中突发事件的反应层,它不使用任何符号表示和推理系统。反应层通常被给予更高的优先级。采用分层结构时要处理的主要问题是,各层应采用什么样的控制框架以及各层之间应如何交互。

从当前的研究和应用现状来看,思考型 Agent 占据主导地位,因为多数研究和开发者都喜欢使用自己已经较为熟悉的符号 AI 技术和方法;反应型 Agent 的研究和应用目前尚处于初级阶段;混合型 Agent 由于集中了上述两种 Agent 的优点而成为当前的研究热点。比较著名的有层次型的 Procedural Reasoning System、Touring Machine、InterRRaP 及环形的 Will。在所有有关 Agent 理论和结构的研究中,BDI 结构以其坚实的理论基础和方便的可操作性而成为目前研究和应用领域中使用最多的 Agent 结构。

2. MAS 概况

MAS(Multi-agent System)是由多个 Agent 组成的 Agent 社会,是一种分布式自主系统。MAS 的表现通过 Agent 的交互来实现,主要研究多个 Agent 为了联合采取行动或求解问题,如何协调各自的知识、目标、策略和规划。在表达实际系统时,MAS 通过各 Agent 间的通信、合作、互解、协调、调度、管理及控制来表达系统的结构、功能及行为特性。由于在同一个 MAS 中各 Agent 可以异构,因此多 Agent 技术对于复杂系统具有无可比拟的表达力,它为各种系统提供了一种统一的模型,从而提供了一种统一的框架。相应的基本观点包括开放信息系统的观点、对策论的观点、计算生态学的观点和复杂适应系统(Complexity Adoptive System,CAS)的观点。分布式人工智能(DAI,Distributed Artificial Intelligent)的发展为 MAS 的研究提供了技术基础。在 DAI 研究早期提出的一些经典结构,包括合同网、Actor 系统、黑板结构以及一些有名的测试床,如分布式车辆监控测试床(DVMT,Distributed Vehicle Monitoring Testbetl)等,在当前 MAS 研究中仍有很大影响。

合同网是由 R. Davis 和 R. Smith 于 20 世纪 70 年代末提出的,其主要原理是采用市场机制进行任务分解、通告、投标、评标,最后签订合同来实现任务分配。它已被证实是一种能组织大量个体,从而提高总体生产效率的机制。合同网既是一种组织结构,也是协调协作策略。合同网由于采用了市场机制的原则,符合 MAS 的社会性追求,目前已应用于敏捷制造、空中交通管理等实际系统中。这种基于自由市场体系的控制方法由于没有集中控制而会有很高的鲁棒性,并且能够在动态环境中有效地利用资源。这种控制体系本质上是分布式的,但有时会形成集中式的子组以提高效率。研究者们又通过将期望效用的评价方式结合可用度的概念及信任度的概念来对合同网进行了改进。

DVMT 由 V. R. Lesser 和 D. D. Corkill 从 20 世纪 80 年代初开始研究,是一个仿真环境,由一些同构的、地理分布的分布式求解器(即 Agent)组成。Agent接收声音传感器发来的被监控区域内车辆的原始数据,然后进行处理,目的是得到区域内车辆移动的动态轨迹。在 DVMT 实验环境下,提出和验证了许多协作分布式问题求解(CDPS)的方法,如功能精确/协作、部分全局规划(Partial Global Planning,PGP)和通用的 PGP (General PGP),以及通过组织结构进行协作控制的方法,并从 DVMT 中抽象出分布式搜索问题、复杂任务环境的量化模型问题。FA/ C 与 PGP 要求参与协作的 Agent 没有认识和兴趣上的冲突,否则很难达成一致的全局解或规划。Decker 和 Lesser 的通用部分全局规划(GPGP)是 PGP 的发展,包含一组可扩展的模块化协作机制,这些协作机制的相互组合能用于不同的任务环境。

3. 多目标协作跟踪

多目标跟踪技术的概念于 1955 年由 Wax 提出,之后由 Bar – shalom 和 Singer 所进行的工作促进了多目标跟踪技术的进一步发展。迄今为止,多目标跟踪技术仍是一项非常复杂的多学科研究课题,到现在为止还没有一种通用的技术方法适用于各种跟踪情况。目前,多目标的协作跟踪主要采用两种方法。一种是采用静态传感器网络进行多个移动目标的跟踪,如 Norimichi Ukita 和 Takashi Matsuyama 研究了室内环境下固定底座可转动摄像头检测跟踪动态多目标的情况,他们使用一种 Active Vision Agents (AVAs)的三层交互结构。另一种方法是采用基于多移动机器人的移动传感器网络进行跟踪观测,即自组织协作跟踪多移动目标。使用多移动机器人协同进行多移动目标的跟踪观测主要有两个优点:一是可以覆盖更大的区域,二是能够跟随移动目标进行实时跟踪。采用多移动机器人协同的体系结构主要有集中式、分布式和混合式。集中式控制的计算成本高,实时性、灵活性所受限制较大,近年来在多目标协作检测及跟踪方面所牵涉到的多 Agent 系统的体系结构,大多是采用分布式或用某种特定算法来进行上层监控的混合式来进行调控,比较典型的有 GOFER、MURDOCH、KAMARA、ALLIANCE 等。GOFER 系统中存在一个任务规划与调度中心,它产生一个规划模板并把该模板及未决目标通知所有可通知到的移动机器人,移动机器人则根据任务分配算法决定它们自己的角色。CALOUD P,CHOI W 等人通过该系统应用于室内环境的多移动机器人协同来完成多移动机器人任务规划、通信等。Gerkey 和 Mataric 等人提出了 MURDOCH 体系结构,它是一种以资源为中心的信息交流模型。该结构的主要特点在于所有的通信交流都是以完成某任务所需要的资源为中心,求得进行资源分配的全局最优解。德国 Karlsruhe 卡尔斯鲁厄大学 IPR 研究所开发了自主移动机器人(KAMRO)的多智能体机器人系统体系结构 KAMARA。1995 年,Lynne 通过异质多移动机器人团队介绍了 ALLIANCE 结构,它适合于异构的中小规模的多移动机器人的合作控制,它要求各智能体有较强的感知和广播通讯能力。B. J 和 G. S. S 通过使用 ALLIANCE 体系结构实现了用移动机器人基于区域进行协同检测和跟踪。

6.2 基于最大后验概率条件下的运动目标检测方法

最大后验概率(MAP,Maximum A Posterior)方法由 Murray 和 Buxton 最先提出,属于贝叶斯方法,是一种很有前途的方法。为了融合图像序列中更多的特征信息,提高目标检测的准确度,本节给出一种基于最大后验概率的运动目标检测方法。

6.2.1 概率框架下目标检测的研究状况

最大后验概率方法的主要思想是在给定观察图像的条件下,寻找分割结果的最大后验概率。首先利用贝叶斯规则将后验概率转化为分割的先验概率和似然函数,分割的先验概率模型假设为马尔科夫随机场(MRF,Markov Random Field)的一个样本,服从吉布斯分布。其次通过模拟退火方法来搜寻得到使后验概率最大的标记。采用隐马尔科夫模型(HMM,Hidden Markov Model)的原因在于两个因素:HMMs 具有很强的图像序列处理、高效快速学习的能力,具有清晰的贝叶斯语义解释。最后,HMMs 的表达力强、计算复杂性低。当然也可以使用其他 Markov 模型,如连接隐 Markov 模型、隐条件随机场模型。最大后验概率方法使用的 MRF 能量函数包括空域平滑度、时域连续性等参数,这些能量函数包含图像序列中的三类特征,所以最大后验概率方法相当于融合这三类特征的运动目标分割方法。当前存在着大量基于最大后验概率或 MRF 的运动目标分割方法。目标分割方法分为两步:第一步定义随机场和各种统计模型;第二步计算后验概率,并最大化后验概率。下面从特征场和概率模型的描述两个方面来阐述当前的研究概况。

1. 特征场的描述

特征场就是视频序列中存在的图像时空信息,这些信息包括亮度、颜色值、帧差分信息、纹理、边缘信息等。人们对特征场分割的研究集中在特征场信息如

何选取,特征场的选取有如下几种方式:

(1)特征场为亮度、颜色或标准化颜色。

(2)特征场为除颜色以外,还包括帧差、边缘等,称为多特征场分割。

该方法将图像特征分解为不相关的两部分:像素的强度和像素邻域的梯度。假设背景的像素强度服从高斯分布,目标的像素强度服从均匀分布;对于梯度,分别设上、下、左、右 4 个方向的梯度,分别服从高斯分布。对于这些高斯分布的均值和方差,采用初始化和自适应更新。显然该方法已经在观测模型中融入了图像的梯度特征,概率模型会更好一些。

特征场也可用概率密度函数的相关参数来描述,如假设概率密度函数服从 Gaussian 或 Laplacian 分布,则相应参数为 μ、σ。因为噪声的存在,背景之间存在差值,因此对未知参数模型,必须加以约束,未知参数的估计可通过最大似然(ML)方法来完成。也有的研究选取当前帧、图像差分、背景和背景边缘信息等作为特征场来计算分割场的最大后验概率估计,并假设图像边缘特征上的像素亮度是独立的,则似然函数能用亮度似然函数和边缘似然函数来表示,然后利用吉布斯分布模型和前景及背景模型来完成最大后验概率估计。

2. 概率模型的描述

视频序列包含时域的相关性、空域的相关性、像素属性(像素的强度、边缘和强度的差分等)和区域属性(连通、相似等)。这些特征信息在概率框架下主要体现在各种概率模型上。当然这些模型是建立在 Markov 模型之上的,也可延伸到条件随机场模型或动态条件随机场模型,这样可以大大简化概率模型。

先验概率一般可用吉布斯分布确定,涉及到势能函数的确定。势能函数的确立常需要借助图论(Graph Theory)的方法构造 Markov 图,由它表示处理这些问题时所需的上下文关系(约束),确定邻域结构及基团。这是标准的势函数构建,仅包含空域的信息。分割技术中的势能函数有很多种不同选择方法,一般在构建势函数时包含图像序列时域和空域信息。可将势能函数 U 由 V_1、V_2、V_3 组成。V_1 由邻域内的颜色均值差表示,表明区域观察场之间的联系程度;V_2 为区域之间的邻接能量,使区域与其相邻区域的标记趋于一致;V_3 表示当前标记与初始标记之间能量,反映了初始标记对最后标记的约束作用。有学者将势能函数 U 由两部分组成:单像素势能和双像素势能。单像素势能反映了从单个位置观测的信息或约束,而双像素势能利用空域约束形成邻近区域,两个邻近像素更可能属于相同类别的标记,并且空域约束随着邻近位置的缩短而增强。还有的将势能分为四部分。U_1 表示惩罚目标函数,其大小由相邻像素标记是否相同决定；U_2 表示关于背景提取的吸引条件，当后验概率越大时，该值越大；U_3 表示期望背景颜色亮度属性，假如像素误分类，则目标函数被惩罚；U_4 是关于标准化颜色特征的最大后验分割概率。这些方法考虑了当前邻域像素值和标记、初始标记对当前像素标记的影响，自然比基于单纯的时域或空域势能函数的效果要好，可以说是时空方法的融合。势能函数也能用局部图像的特征差来构造，而该构造方法最关键是寻找局部图像特征，多维可扩展高斯差分（MDOG）特征是一种很好的表示方法，其优点是在局部图像集合和伪噪声中高斯混合核对小扰动的鲁棒性好，而且 MDOG 特征对旋转不变性，但其忽略了时域空域的连续性。如果能结合局部图像特征和时空连续性构建能量函数，是一种很有前途的方法。

6.2.2　最大后验概率方法

在场景中，运动目标的检测就相当于多分类问题，可用概率方法来解决。贝叶斯检测模型的实质是试图用所有已知标记信息来构造当前帧标记状态的后验概率密度，即用先前的标记模型预测当前帧标记状态的先验概率密度，再使用最近的标记进行修正，得到后验概率密度。最大后验概率方法的目的是在给定随机场 D 的情况下最大化未知标记场 W 的后验概率，即最大化后验概率 $p(W|D)$。

图像序列的随机场 $D = \{f_t\}$，f_t 表示 t 时刻的图像，$f_t(x)$ 表示 t 时刻位置为 x 的图像像素；$w_t(x)$ 表示用在 t 时刻位置 x 的标记状态，这里时间 $t \in N, x \in X, X$ 是图像序列的空域集合。为简单起见，假设只检测单个目标，则整个标记场就表达为 $W = \{w_t\} \in \{0,1\}$，1 表示运动像素，0 表示背景像素。则目标检测方法为

$$\widehat{w}_t(x) = \arg \max_{w_t(x)} p(w_t(x) \mid f_{1:t}(y), \forall y \in X) \qquad (6-1)$$

其中 $f_{1:t}(x)$ 表示 $f_1(x), \cdots, f_t(x)$。式（6-1）称为 MAP 方法。MAP 方法的关键是如何获得后验概率。利用贝叶斯规则，可得

$$p(w_t(x) \mid f_{1:t}(y), \forall y \in X) =$$
$$p(w_t(x) \mid f_{1:t-1}(y), \forall y \in X) p(f_t(y) \qquad (6-2)$$
$$\forall y \in X \mid w_t(x)) / p(f_t(y), \forall y \in X \mid f_{1:t-1}(y), \forall y \in X)$$

若初始标记的概率密度为 $p(w_0(x) \mid f_0(y), \forall y \in X) = p(w_0(x))$，对于一阶马尔科夫过程，由 Chapman-Kolmogorov 方程得先验概率 $p(w_t(x) \mid f_{1:t-1}(y), \forall y \in X)$ 可用式（6-3）计算。

$$p(w_t(x) \mid f_{1:t-1}(y), \forall y \in X) =$$
$$\sum_{w_{t-1}(x)} p(w_t(x) \mid w_{t-1}(x)) p(w_{t-1}(x) \mid f_{1:t-1}(y), \forall y \in X) \qquad (6-3)$$

则后验概率 $p(w_t(x) \mid f_{1:t}(y), \forall y \in X)$ 满足式(6-4)。

$$p(w_t(x) \mid f_{1:t}(y), \forall y \in X) \propto$$

$$p(f_t(y), \forall y \in X \mid w_t(x)) \sum_{w_{t-1}(x)} p(w_t(x) \mid \qquad (6-4)$$

$$w_{t-1}(x)) p(w_{t-1}(x) \mid f_{1:t-1}(y), \forall y \in X)$$

根据 Markov 属性和条件随机场的属性得

$$p(f_t(y), \forall y \in X \mid w_t(x)) = p(f_t(x), f_t(y), \forall y \in N(x) \mid w_t(x))$$

$$p(w_{t-1}(x) \mid f_{1:t-1}(y), \forall y \in X) = p(w_{t-1}(x) \mid f_{t-1}(x), f_{t-1}(y), \forall y \in N(x))$$

其中 $N(x)$ 表示位置 x 的邻域场,可以为 3×3 或 5×5 大小的邻域,下面为了方便起见,统一使用 $N(x)$ 表示 x 的邻域场。则式(6-4)变为

$$p(w_t(x) \mid f_{1:t}(y), \forall y \in X) \propto$$

$$p(f_t(x), f_t(y),$$

$$\forall y \in N(x) \mid w_t(x)) \sum_{w_{t-1}(x)} p(w_t(x) \mid w_{t-1}(x)) p(w_{t-1}(x) \mid f_{t-1}(x),$$

$$f_{t-1}(y), \forall y \in N(x))$$

$$(6-5)$$

于是,MAP 方法就转化为最大化式(6-5)右边的部分。对于当前帧运动目标检测来说,每个像素的标记场可记为 $w_t(x) \in \{0,1\}$,1 表示运动像素,0 表示背景像素。在式(6-5)中,最重要的是如何建立 $p(f_t(x), f_t(y), \forall y \in N(x) \mid w_t(x))$, $p(w_t(x) \mid w_{t-1}(x))$, $p(w_{t-1}(x) \mid f_{t-1}(x), f_{t-1}(y), \forall y \in N(x))$ 的概率模型,这些模型的详细介绍见下面介绍。

1. 条件概率模型

在描述图像条件概率密度函数中,MRF 模型提供了一种有力的工具,在 MRF 模型中,随机场中某个点的局部条件概率密度仅仅依赖于该点邻域内的随机场分布,而且 MRF 模型可将局部相关性加以传播,MRF 模型还可有效地描述图像的许多属性。根据吉布斯分布与 MRF 之间等价性的理论,可以用吉布斯分布来描述 MRF 模型。因此条件概率 $p(w_{t-1}(x) \mid f_{t-1}(x), f_{t-1}(y), \forall y \in N(x))$ 可以表示为

$$p(w_{t-1}(x) \mid f_{t-1}(x), f_{t-1}(y), \forall y \in N(x)) \propto \sum_{\omega} e^{-U(w_{t-1}(x))/T} \delta(w_{t-1}(x) - \omega)$$

$$(6-6)$$

式中:$\delta(\cdot)$ 表示狄拉克函数;ω 表示随机场的状态;T 是所谓的温度,控制分布

的尖峰,$U(w_{t-1}(x))$表示吉布斯势能,可以定义为

$$U(w_{t-1}(x)) = \sum_{y \in N(x)} V(w_{t-1}(x), w_{t-1}(y)) \qquad (6-7)$$

$V(\cdot, \cdot)$的值反映了当前像素和其邻域像素之间的关联程度,可用像素之间的颜色均值差来表示。首先定义两像素颜色距离,其中(R_x, G_x, B_x)表示位置x处的像素颜色,D为一常数。

$$D(x,y) = \begin{cases} (|R_x - R_y| + |G_x - G_y| + |B_x - B_y|)/3, & x \neq y \\ D, & \text{其他} \end{cases}$$

则

$$V(w_{t-1}(x), w_{t-1}(y)) = \begin{cases} -m_1 D(f_{t-1}(x), f_{t-1}(y)), & w_{t-1}(y) = w_t(x), \forall y \in N(x) \\ 0, & \text{其他} \end{cases}$$

式中:$m_1 \in [0, 1]$表示预先设定的常数。

2. 标记转移概率模型

状态转移概率描述了对连续标记场的动态或时域的依赖性。当前帧的状态与前一帧的标记及其邻域标记状态有关,而且与当前帧邻域的标记有关,因此标记场的状态转移概率用下式来表示:

$$p(w_t(x) \mid w_{t-1}(x)) \propto \exp\Big(- \sum_{y \in N(x)} V_1(w_t(x), w_{t-1}(y))$$
$$- \sum_{y \in N(x)} V_2(w_t(x), w_t(y))\Big)$$

转移势能$V_1(w_t(x), w_{t-1}(y))$模拟了时域邻域标记状态转移,而标记势能$V_2(w_t(x), w_t(y))$模拟了空域邻域标记场的状态转移,体现了邻域标记场与当前标记的联系程度。转移势能可由下式求出:

$$V_1(w_t(x), w_{t-1}(y)) = \begin{cases} -\lambda, & w_{t-1}(x) = w_t(y), \forall y \in N(x) \\ 0, & \text{其他} \end{cases}$$

式中,λ为预先设定的常数。上式表明前一帧邻域标记与当前标记一致时,能量小,转移概率越大;否则能量大。标记势能可由下式求出:

$$V_2(w_t(x), w_{t-1}(y)) = \begin{cases} -\lambda', & w_t(x) = w_t(y), \forall y \in N(x) \\ 0, & \text{其他} \end{cases}$$

式中:λ'为预先设定的常数。

上式表明当前标记与邻域标记一致时,则能量小,联系程度越密切;否则能量大,相关性越小。

3. 观察模型

观察模型描述了对模型的先验概率,如果先验概率相同,则最大后验概率方法转化为最大似然方法。先验概率的确定必须考虑连续帧的影响,假设当前观察与其邻域观察相互独立,则观察模型 $p(f_t(x), f_t(y), \forall y \in N(x) | w_t(x) = 1)$ 可分解为

$$p(f_t(x), f_t(y), \forall y \in N(x) | w_t(x)) = p(f_t(x) | w_t(x)) p(f_t(y),$$

$$\forall y \in N(x) | w_t(x))$$

假设场景环境是相对稳定的,则每个背景像素服从高斯分布 $N(\mu_{b,t}(x), \sigma_{b,t}^2(x))$,$\mu_{b,t}(x)$ 背景均值,$\sigma_{b,t}(x)$ 背景方差,即 $p(f_t(x) | w_t(x) = 0) \sim N(\mu_{b,t}(x), \sigma_{b,t}^2(x))$。目标观察模型 $p(f_t(x) | w_t(x) = 1)$ 服从高斯分布模型:$p(f_t(x) | w_t(x) = 1) \sim N(\mu_{f,t}(x), \sigma_{f,t}^2(x))$,$\mu_{f,t}(x)$ 目标均值,$\sigma_{f,t}(x)$ 目标方差。

邻域观察模型 $p(f_t(y), \forall y \in N(x)) | w_t(x))$ 体现了邻域像素对当前观察的影响,影响的因素主要包括梯度、纹理、边缘等。对于检测的运动目标来说,运动目标像素在图像像素的突变处表现很明显,为简单起见,用图像的边缘信息来描述领域观察模型。首先用边缘算子如 roberts、sobel 等算子标出当前场景中的边缘像素点,用 $E(x) \in \{0, 1\}$ 表示,1 表示边缘点,0 表示非边缘点。邻域观察模型由下式表示:

$$p(f_t(y), \forall y \in N(x) | w_t(x)) \propto \exp(-U(f_t(x))),\text{其中 } U(f_t(x))$$

$$= \sum_{y \in N(x)} V(f_t(x), f_t(y)),$$

$$V(f_t(x), f_t(y)) = \begin{cases} -\lambda'', & w_t(x) = 1, E(y) = 1 \\ 0, & \text{其他} \end{cases}$$

式中:λ'' 为预先设定的常数。

6.2.3 最大后验概率目标检测方法的实现

根据概率模型和式(6-5),就可实现最大后验概率来检测运动的目标像素。但在计算最大后验概率的过程中,需要解决以下问题。

1. 概率模型参数的选择

在计算最大后验概率时,主要涉及到的参数有概率模型参数 $\mu_{b,t}(x)$、$\sigma_{b,t}(x)$、$\mu_{f,t}(x)$、$\sigma_{f,t}(x)$。这些参数的获取和与实际情况的差异直接影响目标检测的准确性。一般来说,实际场景的亮度经常变化,而且场景的范围也随着摄像机的移动会发生变化,例如出现了一些新的场景,前一些帧某些场景突然消失,所

以模型参数必须及时更新。模型参数的求取须结合多帧图像,令 $d_{t,t-1}(x)$ 为 $f_t(x)$ 和 $f_{t-1}(x)$ 的帧差,即 $d_{t,t-1}(x) = |f_t(x) - f_{t-1}(x)|$。对 $d_{t,t-1}(x)$ 进行二值化后可快速检测出第 t 帧中的目标像素,令 $D_{t,t-1}(x)$ 为二值化差分模板:

$$D_{t,t-1}(x) = \begin{cases} 1, & d_{t,t-1}(x) > T \\ D, & \text{其他} \end{cases} \tag{6-8}$$

式中:1 表示目标像素;D 表示背景像素;阈值 T 的选取与场景相关,可根据具体的场合在 20~40 之间选取。

上面介绍的是两帧差方法,该方法是一种常用的运动目标检测方法,通过两帧差方法获得的运动目标一般是目标的大体轮廓,对静态摄像机来说具有好的效果,但对于运动摄像机来说,可能包含有很多静态物体的边缘,所以对于运动摄像机的目标检测来说,须对当前帧的全局运动估计进行运动补偿以后即用运动补偿后的像素取代 $f_t(x)$,才利用两帧差方法求出运动像素点。

目标背景是指动态环境中的静态环境,必须根据多帧图像信息来提取目标背景。设 $t = k-1, \cdots, k-2L-1$ 为 $2L+1$ 帧连续图像。在图像中位置 x 处,通过求 $2L+1$ 帧图像的像素 $f_t(x)$ $(t = k-1, \cdots, k-2L-1)$ 的均值和方差,即可获得背景模型参数 $\mu_{b,t}$、$\sigma_{b,t}$,但这样的一系列像素中包含有运动目标像素(或称噪声),在一定程度上影响了背景模型参数的值,因此必须过滤掉这些噪声。另外由这系列像素中包含的目标像素可求出其目标模型参数 $\mu_{f,t}$、$\sigma_{f,t}$。因此均值参数的确定如下式:

$$\mu_{b,t}(x) = \text{mean}_t(f_t(x)) \text{ if } D_{t,t-1}(x) = 0$$
$$\mu_{f,t}(x) = \text{mean}_t(f_t(x)) \text{ if } D_{t,t-1}(x) = 1$$

然后求出相应的方差。如果像素 $f_t(x)$,$k-1 < t < k-2L-1$,$\forall D_{t,t-1}(x) = 0$,则 $p(x_t(x)|w_t(x)=1) = 0$,$p(x_t(x)|w_t(x)=0) = 1$。

2. 全局运动估计

在视频中,通常存在着两种运动:一种是由于摄像机位置或参数的变化而引起的整个图像的变化称为全局运动,另外一种是由于场景中物体的运动而引起的局部图像的变化称为局部运动。全局运动的估计对于运动目标的检测起着关键作用。全局运动估计可分为八参数模型法、六参数模型法、四参数模型法、三参数模型法等,一般来说,参数模型的参数越多,对全局运动的估计越准确,而计算复杂性越大。摄像机运动引起的全局运动的六参数模型表示为

$$\begin{cases} x = ax' + by' + e \\ y = cx' + dy' + f \end{cases} \tag{6-9}$$

参数(x, y)、(x', y')表示某两帧的像素点则称为像素法;如果表示某两帧的宏块则称为宏块法;如果表示某两帧的特征块则称为特征法。根据梯度信息提取特征块然后仅仅根据这些特征块来计算参数。这里介绍像素法,其中(x, y)为当前帧I_k的坐标,(x', y')为相邻帧$I_{k'}$中与(x, y)对应的点坐标,$\theta_{k, k'} = (a, b, c, d, e, f)$为全局运动参数,$a$、$b$、$c$、$d$表示旋转和缩放,$e$、$f$表示位移。定义目标函数

$$R(\theta_{k,k'}) = \sum_p |I_k(x, y) - I_{k'}(x', y')| \qquad (6-10)$$

全局运动估计就是要求解待定参数$\theta_{k, k'}$使得式(6-10)最小,即

$$\theta_{k, k'} = \min(R(\theta_{k, k'})) \qquad (6-11)$$

式(6-11)是一个线性方程求解的问题,若式(6-10)正确则应有$R(\theta_{k, k'}) = 0$。可以使用线性方程求解方法来求解式(6-10)的参数$\theta_{k, k'}$,如使用 Levenberg-Marquardet 非线性优化算法迭代求解。求得$\theta_{k, k'}$后,用该参数对$I_{k'}$进行补偿即可获得与I_k在空间上对齐的$I_{k'}^{com}$。这种方法首先需要求解参数$\theta_{k, k'}$,效率不高,不适合于移动机器人视觉系统的在线处理。对于移动机器人视觉系统来说,只需要识别前方障碍物存在的大致范围,精度要求不高。采用的方法类似于像素法,不同的是这里的方法不需要求取参数,而是通过像素的邻域粗略估计运动补偿。假设视觉系统中的摄像头固定,不旋转、不平移,只有移动机器人在慢速(4cm/s)移动,视觉系统每秒提取 25 帧图像信息。因此前一帧的某个(x, y)位置的像素通过旋转、平移,以大概率存在于下一帧对应位置(x', y')的邻域内。通过式(6-12)提取目标的运动补偿。

$$\{I_{k'}(x', y') = I_{k'}(u, v) | \min\{|I_k(x, y) - I_{k'}(u, v)|\}, (u, v) \in N_{(x', y')}\}$$

$$(6-12)$$

$N_{(x', y')}$表示(x', y')位置的邻域,可以是 4 邻域或 8 邻域,移动机器人的速度越快,采用的邻域就越大。通过式(6-12),易知可以近似求出满足式(6-11)的$I_{k'}(x', y')$,作为运动补偿$I_{k'}^{com}$。由于像素法原理简单,易于实现,但是对噪声很敏感,精确性不够。为降低噪声的影响,在计算运动补偿之前对每帧图像进行均值滤波。

3. 初始化状态的确定

最大后验概率运动目标检测方法的基本原理是根据前一帧的检测结果来最大化当前帧标记的后验概率,这就必须初始化前一帧的目标的标记状态。如果前一帧用手动标记,体现不出自动检测目标的效果。为了能保证自动检测目标,

这种初始化可通过两帧差方法(式(6-8))来提取前一帧的运动像素点。另外在求转移概率时,需要考虑当前帧某像素的邻域标记状态,这种邻域标记状态的确定也由两帧差方式式(6-8)获得。

1)实验结果

为了检验提出的最大后验概率方法的有效性,对一些视频序列进行了仿真实验。这些视频包含两类视频:通过移动机器人平台获取的视频和常用视频。实验中用一个矩形来描述检测到的运动目标模块,以便满足后续目标跟踪研究的需要。

在实验环境中,摄像机固定安装在移动机器人的上方,在机器人移动的过程中摄像头自身不旋转,机器人的移动速度为4cm/s。机器人获取的视频帧大小为288×384,由于摄像机是运动的,所以必须在进行帧间差分时进行运动补偿。由于摄像机运动速度较慢,实验中采用式(6-12)来实现运动补偿。通过移动机器人平台在室外环境中获取视频的运动目标检测实验结果如图6-2和图6-3所示,结果中显示了提取的运动目标掩模和目标。从结果中可以看出提出的方法能很好地检测到运动目标。

(a)　　　　　　　　　　　(b)　　　　　(c)

图6-2　woman序列目标提取结果

(a)原始序列第80帧;(b)目标掩模;(c)目标。

常用视频序列 EnterExitCrossingPaths2cor(http://groups.inf.ed.ac.uk/vision/CA VIAR/ CAVIARDATA1/)的运动目标提取结果见图6-4。从结果中可以看出提出方法能很好地检测到运动目标。

2)检测方法的评价

采用 Wollborn 提出的一种评价方法来评价运动目标检测方法的好坏,该评价方法认为目标误差的产生有错分和漏分两种情况,如果事先已知一个准确的参考模板,这两种情况下的误差概率可统一定义为

$$d(A_t^{\text{est}}, A_t^{\text{ref}}) = \frac{\sum_{(x,y)} A_t^{\text{est}}(x,y) \oplus A_t^{\text{ref}}(x,y)}{\sum_{(x,y)} A_t^{\text{ref}}(x,y)}$$

式中:A_t^{est}、A_t^{ref} 分别为第 t 帧获得的目标模板和参考分割模板;$\oplus$ 为逻辑异或操作。

可采用下式来评价目标检测方法的准确度。

$$S(t) = 1 - d(A_t^{\text{est}}, A_t^{\text{ref}})$$

式中,$S(t)$越小,则准确度越好。要用上式来评价目标检测方法,必须先获得一个准确的参考目标模板,但到目前为止,并没有相关视频序列的参考模板。实验采取手动方法获得相应帧的参考目标模板,对 EnterExitCrossingPaths2cor 序列和 woman 序列的前 80 帧,与相关的一些方法作比较分析,结果如图 6-5 所示。其中吉布斯表示基于区域的吉布斯方法,均值表示均值方法,中值表示中值方法。从图中可看出提出方法比其他三种方法的准确度要好。

（a）　　　　　　　　　　　（b）　　　　　　　　（c）

图 6-3　two man 序列目标提取结果

（a）原始序列第 80 帧;（b）目标掩模;（c）目标。

（a）　　　　　　　　　　　（b）　　　　　　　　（c）

图 6-4　EnterExitCrossingPaths2cor 序列目标提取结果

（a）原始序列第 80 帧;（b）目标掩模;（c）目标。

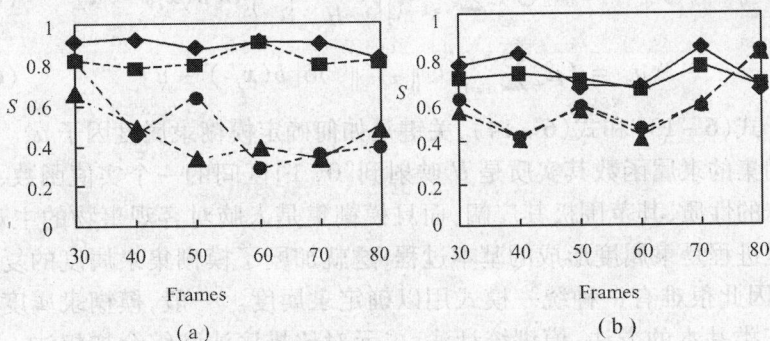

图 6-5 目标模块检测准确度比较结果

(a) EnterExitCrossingPaths2cor 序列；(b) woman 序列。

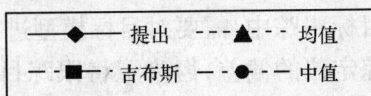

6.3 基于模糊核直方图的跟踪方法

模糊的概念在科学领域中处处可见,非常广泛应用于模式识别、图像处理等领域,本节结合核直方图和模糊集合的思想,提出一种模糊核直方图的方法,然后应用于 Mean Shift 的目标跟踪中。

6.3.1 模糊核直方图

适合于模糊核直方图要求的模糊隶属度集合的定义如下:

定义 6-1 设集合 A 表示目标像素的集合,论域 U 表示目标模型中颜色特征,则定义论域 U 上的模糊集合 A 表示为

$$A = \{\mu_A(x), x \in U\}$$

其中,$\mu_A(x) \in [0,1]$,称为 U 上 A 的隶属度,称 $\mu_A(x) = 0$ 为 U 上不属于 A 的隶属度;称 $\mu_A(x) = 1$ 为 U 上完全属于 A 的隶属度;$\mu_A(x) = 0.5$ 为 U 上 A 的模糊分界点。

上述定义中,$\mu(x)$ 表明了目标模型中颜色属于目标的程度,于是,在目标模型和候选目标模型的核直方图中引入一个模糊隶属度因子 $\mu(x)$,则相应的目标模型如下:

$$p_u(\boldsymbol{y}) = C_h \mu_u(\boldsymbol{y}) \sum_{i=1}^{n_k} k\left(\left\|\frac{\boldsymbol{y} - \boldsymbol{x}_i}{H}\right\|^2\right) \delta[b(\boldsymbol{x}_i) - u] \qquad (6-13)$$

$$q_u = C\mu_u \sum_{i=1}^{n} k(\|\boldsymbol{x}_i^*\|^2) \delta[b(\boldsymbol{x}_i^*) - u] \qquad (6-14)$$

对于式(6-13)和式(6-14),关键是如何确定模糊隶属度因子 μ_u。论域 U 上的模糊集的隶属函数其实质是 U 映射到[0,1]区间的一个实值函数,并没有附加特殊的性质,其范围极其广阔,而且模糊集是人脑对客观事物的主观反映,人的心里进程是隶属度形成的基本过程,这就加剧了模糊集隶属度的复杂性和多样性,因此很难有一种统一模式用以确定隶属度。一般,模糊隶属度的确定方法有三类基本的方法:模糊统计法、二元对比排序法和综合加权法。如果考虑论域 U 为实数域 $\mathbf{R}$,则对于 $\mathbf{R}$ 中的模糊子集 A,则称隶属度函数 $A(x)$ 为模糊分布。

在基于核直方图的目标跟踪中,需要对目标模型进行描述,而目标模型内的背景像素会造成目标跟踪定位的偏差,但为了将跟踪目标全部包含在目标模型中,不可避免引入很多背景像素。根据隶属度的定义,隶属度因子 $\mu(x)$ 应体现核直方图的特征隶属于目标的程度,因此在模糊核直方图中,μ_u 的含义是:当 $\mu_u = 0$ 时,则表示该背景特征与对应的目标特征相似,对目标模板中的特征值影响大,这样就可以剔除目标模板内的背景特征;当 $\mu_u = 1$ 时,则该背景特征与对应的目标特征相差很大,对目标模板中的特征值影响最小,这时保留该特征值。

根据上述分析,模糊因子 μ_u 应考虑目标模板和其周围背景像素等因素,为此,需要考虑背景像素和目标像素来获取模糊因子。中心—周围方法是一种提取背景特征和目标特征的方法,在该方法中,目标及其附近的区域被分为两个区域:目标区域和背景区域,从而分别在目标区域和背景区域中来采样像素,由此获取模糊核直方图的方法如图6-6的描述。图6-6表示:分别从原图像(图6-6(a))中提取背景直方图(图6-6(b))和目标核直方图(图6-6(c)),合成模糊隶属度因子 μ_u(图6-6(d)),然后与目标核直方图(图6-6(c))形成目标模糊核直方图(图6-6(e)),最后对此直方图进行归一化,形成目标特征(图6-6(f))。在图6-6(a)中,选择一个覆盖目标的像素矩形集来描述目标模型,而选择目标外围的矩形环内像素来描述背景。假设内部矩形框包含 $h \times w$ 个像素,背景像素的外部边缘的尺寸为 $rh \times rw$,一般 $r > 1$,取 $r = 2$。获取目标矩形像素,形成颜色核直方图,并归一化形成离散的概率目标分布 g_u,另外,获取目标外围的矩形环内背景像素,形成颜色直方图,并归一化形成离散的概率背景分布 b_u,其中 $1 \leq u \leq m$。提取表示目标和背景特征的 g_u 和 b_u 后,接下来就是如何根据 g_u 和 b_u 获取模糊隶属度。

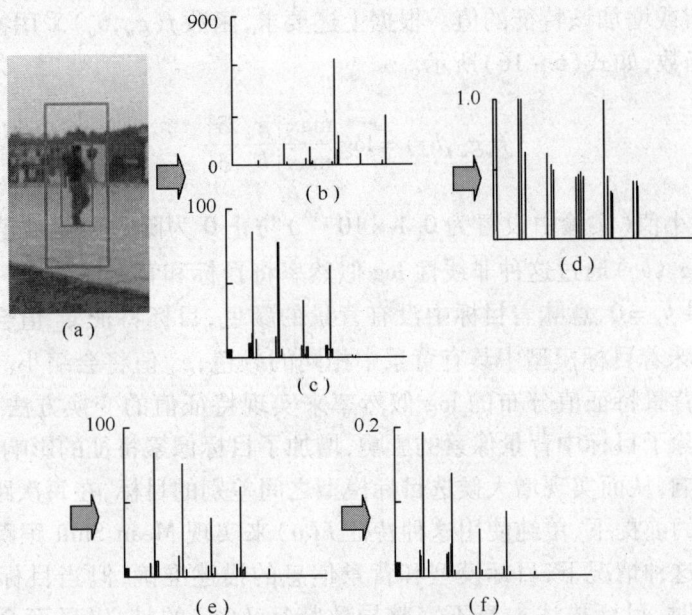

图 6 - 6　目标模糊核直方图生成示意图

(a)原始；(b)背景直方图；(c)目标核直方图；

(d)μ_u 分布图；(e)目标模糊核直方；(f)归一化模糊核直方图。

由于需根据两种特征来获取隶属度，可采用二元对比法，而上述提到的模糊分布函数是一元的，不能满足模糊核直方图的需要。由于需要考虑两种特征，因此模糊隶属度函数的构造这里给出两种策略：比率策略和差分策略。

1)比率策略(Rate Mean Shift，RMS)

对于每个目标和背景特征，通过一个映射函数 $f(g_u, b_u)$ 合成一个新的特征 $L(u)$ 来增加目标和背景差异，即 $L(u) = f(g_u, b_u)$，而比率策略体现在特征 $L(u)$ 的计算。首先采用的广义模糊隶属度函数如式(6 - 15)是线型变换的分段函数，式中 B 为正常数，控制 μ_u 在[0,1]范围内的分布。式(6 - 15)中 μ_u 随 $L(u)$ 值变化的曲线如图 6 - 7 所示。

$$\mu(u) = \max(0, \min(L(u) + B, 2B)) / 2B \qquad (6 - 15)$$

函数 $f(g_u, b_u)$ 的选择有这样的要求：合成的特征 $L(u)$ 描述了目标内的表示目标的像素，而不包含背景像素。也就是说当 b_u 较大时，表明该特征描述了背景信息,则 $L(u)$ 应小,即删除该特征。当 b_u 较小时,表明该特征受背景的影响小,尽量保留或增加该特征的值。根据上述要求,函数 $f(g_u, b_u)$ 采用特征分布的 log 似然率函数,如式(6 - 16)所示。

$$f(g_u, b_u) = \log \frac{\max\{g_u, \delta\}}{\max\{b_u, \delta\}} \qquad (6 - 16)$$

式中, δ 为很小值(实验中设置为 0.1×10^{-10})防止 0 为除数或函数值为负无穷大。函数 $f(g_u, b_u)$ 通过这种非线性 log 似然率将目标和背景映射成一系列的新特征值,如果 $b_u = 0$,意味着目标中没有背景的颜色,目标特征 g_u 值会扩大。当 $b_u > 0$ 时,意味着目标模型中具有背景中相同的颜色, g_u 值将会缩小。这种通过计算目标与背景特征值分布的 log 似然率来实现特征值的变换方法,在获得的新特征中剔除了目标中背景像素的影响,增加了目标像素特征的影响,降低了背景像素的影响,从而实现增大候选目标模型之间差别的目标,在每次跟踪准确或者没有遮挡的前提下,单纯使用这种特征 $L(u)$ 来实现 Mean Shift 跟踪能获得好的效果。在这种情况下,目标模型和背景信息的描述准确,但当目标被遮挡或者部分遮挡时,目标描述本身不完整导致特征 $L(u)$ 的歧义,反而会增加跟踪目标的定位偏差,使得跟踪更不准确,而且上述方法忽略了目标的颜色信息。通过模糊核直方图的引入,能克服这方面的困难,提高跟踪的精度和对环境适应性。

2)差分策略(Difference Mean Shift, DMS)

差分策略体现在对这目标特征与背景特征的差分比较之上。如果 $b_u = 0$ 则表明对应的目标特征 g_u 不包含背景特征,应完全保留即 $\mu_u = 1$;如果 $g_u \gg b_u$ 表明该目标特征 g_u 包含很少的背景特征,应完全保留, $\mu_u = 1$;如果 $g_u \ll b_u$ 则表明 g_u 包含非常多的背景特征,应完全删除, 即 $\mu_u = 0$;如果 $g_u = b_u$ 则存在有两种情况:

(1) $g_u = b_u = 0$,表明都不具有该特征, μ_u 可为任意值。

(2) $g_u = b_u \neq 0$,表明都具有该特征,且具有最大的模糊度, $\mu_u = 0.5$。如果 $g_u > b_u$,表明具有一定的模糊度,即 $0.5 < \mu_u < 1$;如果 $g_u < b_u$ 表明具有一定的模糊度,即 $0 < \mu_u < 0.5$。

因此根据上述分析,设计如式(6 - 17)的模糊度函数,式中, $D_u = g_u - b_u$, $D_u \in (-1, 1)$。式(6 - 17)中 μ_u 随 D_u 值变化的曲线如图 6 - 8 所示(图中省略了符号 u)。

$$\mu_u = \begin{cases} 1 & q_u = 0 \\ 1 & D_u \geq T_1 \\ 0 & D_u \leq -T_2 \\ (D_u + T_2)/(T_1 + T_2) & \text{else} \end{cases} \qquad (6-17)$$

式中：T_1、T_2 分别为设定的阈值，实际中设置 $T_1 = T_2$，实验中取 $g_u(u = 1, \cdots, m)$ 的平均值。

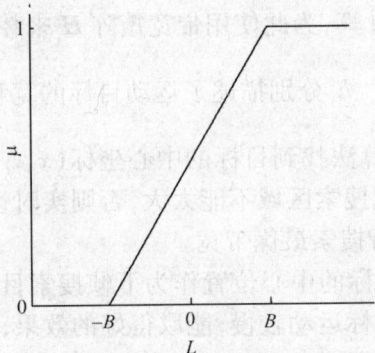

图 6-7　比率策略中的 L-μ 曲线　　图 6-8　差分策略中的 D-μ 曲线

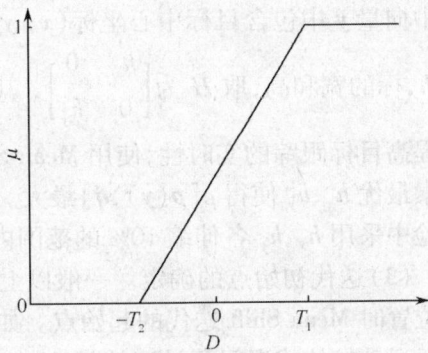

6.3.2　跟踪方法的实施

在实施上述基于 Mean Shift 的目标跟踪方法时，还需要考虑下列因素：

（1）函数 $k(\cdot)$ 的选择。比较常用的核函数有高斯函数、Epanechnikov、截断高斯函数 $k(x) = \begin{cases} e^{-x} & |x| \leq \kappa \\ 0 & |x| > \kappa \end{cases}$。实验中，选择截断高斯函数作为核函数。选择的理由有以下三点：

①对于高斯函数来说，当 x 较大时，高斯函数的值很小，对目标跟踪的精度影响很小，但会增加计算量。

② 对于 Epanechnikov 核，Mean Shift 算法就变成了 $\boldsymbol{y}_1 = \sum_{i=1}^{n_h} \boldsymbol{x}_i w_i / \sum_{i=1}^{n_h} w_i$，这相当于每次迭代时求目标的质心点坐标，体现不出核函数对目标跟踪的影响。

③截断的高斯函数是通过参数 κ 来限制计算的范围，相比高斯函数来说计算量要大大减少，而且能保证算法的收敛性。在截断高斯函数中，参数 κ 的选择

对于目标跟踪的稳定性是很重要的。假如 κ 太小,则目标易丢失;太大,则计算时间太长,实时性能差。一般 $\kappa = 1.5 \sim 2.5$,实验中取2。

(2)带宽的确定。一种简单的方法是令 h_{prev} 为前一帧的带宽,分别使用三个不同的带宽 $h = h_{prev}$,$h = h_{prev} + \Delta h$ 和 $h = h_{prev} - \Delta h$ 通过 Mean Shift 算法选择具有最大 Bhattacharyya 系数的 h_{opt},其中,设 $\Delta h = 0.1 h_{prev}$。为了避免对尺度变化的敏感,带宽通过下式滤波获取:$h_{new} = \gamma h_{opt} + (1 - \gamma) h_{prev}$,这里 $\gamma = 0.1$。这种方法的缺点是三次使用 Mean Shift 算法,会增加目标跟踪的计算时间,降低实时性。对于一个运动目标来说,包含四个参数:目标中心坐标(x, y),目标的宽和高。其中向量 y 中包含目标中心坐标(x, y)的计算,为此使用带宽矩阵 H 来替代带宽 h,标的宽和高,取 H 为 $\begin{bmatrix} h_x & 0 \\ 0 & h_y \end{bmatrix}$,其中 h_x、h_y 分别描述了运动目标的宽和高。为提高目标跟踪的实时性,使用 Mean Shift 算法找到目标的中心坐标(x, y)后,搜索最优 h_x、h_y 使得 $\rho[p(y), q]$ 最大。带宽搜索区域不能太大,否则实时性差,实验中采用 h_x、h_y 各伸缩10%的范围内进行搜索最优带宽。

(3)迭代初始点的确定。一般以上帧目标的中心位置作为下帧搜索目标中心位置时 Mean Shift 迭代的起始点。如果目标运动较慢,能取得好的效果,但当目标运动较快或者目标被遮挡时,Mean Shift 算法无法搜索到目标位置。这是因为相似性函数在 $p_u(y_0)$ 处进行 Taylor 展开,Taylor 展开要求是在邻域内展开,这就限制了起始点 y_0 和 y 点的距离不能太大。考虑目标运动的惯性和运动的连续性,可通过对前一系列帧中目标位置的分析来预测目标位置,从而作为 Mean Shift 迭代的初始位置。常用的预测方法有很多,如卡尔曼滤波器等。为了保证跟踪的实时性,采用线性预测来获取初始位置。即 $y_{t+1} = y_t + \Delta t \cdot v_{t-1}$,其中 Δt 为两帧之间的时间间隔,v_t 为目标在 t 帧与 $t + 1$ 帧之间的运动速度。速度 v_t 的计算方法是:$v_t = (y_{t+1} - y_t) / \Delta t$。对于每帧之间的时间间隔相等,为方便计算,取 $\Delta t = 1$。

6.3.3 实验结果及分析

从室外环境获取视频,并截取 120 帧视频来进行目标跟踪实验。目标及其初始位置假设已知,通过 Mean Shift 算法,能实现目标的跟踪,甚至目标被遮挡了也能找到目标位置,但是遮挡的时间不能太长,否则目标将会丢失。

1. 两种策略的比较

在比率策略中,如果背景特征非常小,会导致其值非常大,因此采用 log 函数进行变换,背景信息产生的模糊性不是很明显;而差分策略根据目标特征与背景特征的差值来确定模糊度,模糊性明显,由于采取的模糊隶属度函数是不光滑的,计算出来的候选目标密度分布有可能产生不连续的现象,如图 6-9(b) 所示,采用比率策略的候选目标密度分布是光滑的,如图 6-9(a) 所示。

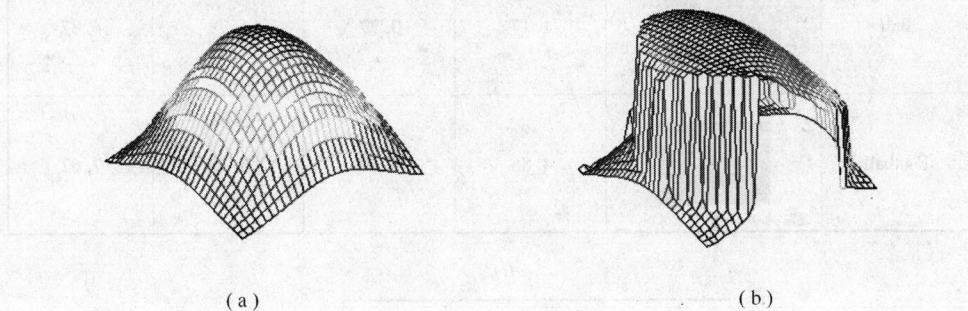

（a）   （b）

图 6-9 密度分布示意图

（a）光滑的密度分布；（b）不连续的密度分布。

另外,为了验证两种策略的优越性,与 MS 方法和方差比率(Variance Rate Mean Shift, VRMS)进行了较详细的实验比较。在 VRMS 方法的实验中,采用 20 个特征,且每个特征通过 log 似然率函数调制而成,通过两类方差率来实现自适应特征的选择。DMS 方法、RMS 方法、MS 方法、VRMS 方法的实验结果比较见图 6-10 和表 6-1。图 6-10 分别为在序列 car、ball、football 中跟踪误差的比较;为了清晰起见,图 6-10(a) 中仅列出了 DMS 方法、MS 方法、VRMS 方法的比较结果。表 6-1 表示平均误差的比较,平均误差的计算方法为:average = $\sum_{i=1}^{N} \sqrt{\text{error}_{xi}^2 + \text{error}_{yi}^2}/N$,其中 error_{xi} 表示第 i 帧位置跟踪在 x 方向的偏差,error_{yi} 表示第 i 帧位置跟踪在 y 方向的偏差。从表 6-1 中可看出,基于 RMS 的目标跟踪更适合于场景简单的目标跟踪,而基于 DMS 的目标跟踪适合于场景复杂的目标跟踪。而对于 VRMS 方法,虽然该方法在一定的环境下具有好的效果,但是由于特征中没有考虑颜色的特征,因此,长时间跟踪的效果是比较差的。

表 6-1 跟踪平均误差比较结果(单位:像素)

视频名称	实验场景	MS	RMS	DMS	VRMS
Car		9.31	6.56	5.47	8.83

（续）

视频名称	实验场景	MS	RMS	DMS	VRMS
Ball		1.17	0.77	1.79	4.87
Football		4.86	4.66	3.73	7.62

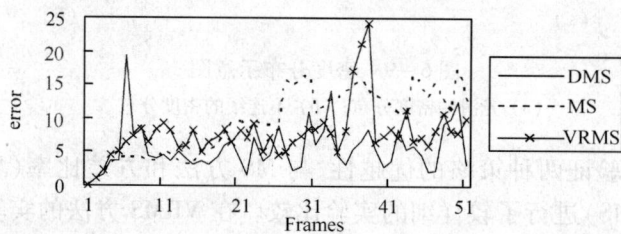

（a）

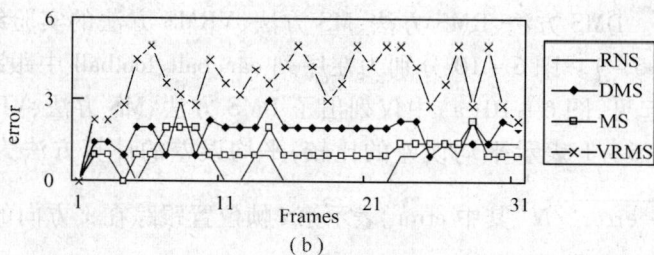

（b）

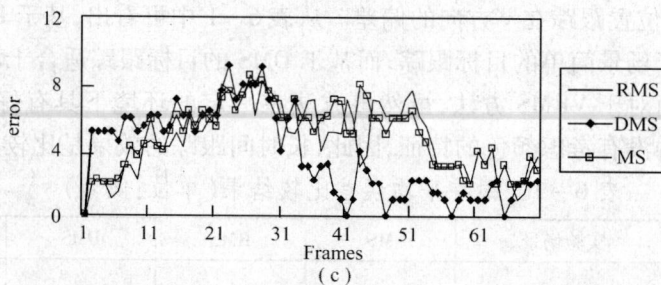

（c）

图 6 - 10　两种策略的跟踪误差比较结果

（a）car 跟踪误差比较结果；（b）ball 跟踪误差比较结果；（c）football 跟踪误差比较结果。

2. 参数 κ 的影响

参数 κ 影响着算法性能的三个方面：定位精度（用 x、y 方向定位偏差表示，偏差越小，精度越好），迭代次数和运行时间，因此 κ 的选择对于目标跟踪的稳定性是非常重要的。下面对两个视频（car 序列、man 序列），分别取不同的值来分析 κ 对跟踪方法的影响，分析结果如图 6-11 所示。图 6-11(a)、图 6-11(b) 分别表示 κ 对 x、y 方向定位的平均误差的影响。图 6-11(c)、图 6-11(d) 分别表示对平均迭代次数和平均计算时间（赛扬处理器 1.3GHZ，内存 256MB）的影响。从图 6-11 可看出，κ 越小，则目标的平均定位精度越差，迭代次数越少，计算速度越快。因此 κ 不能取得太大，否则计算时间太长，实时性能差。一般 $\kappa = 1.5 \sim 2.5$，实验中取 2。

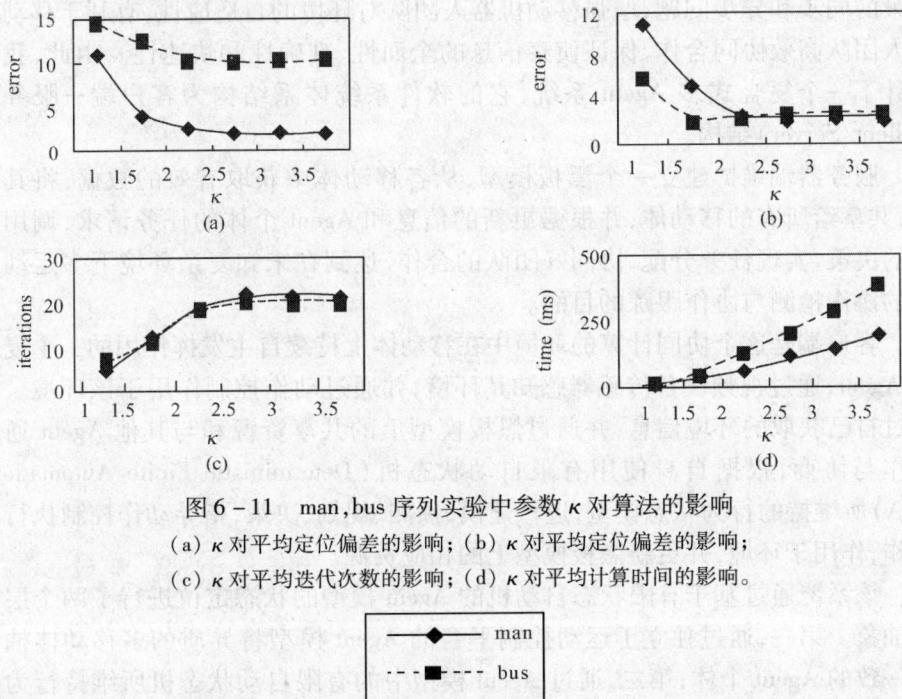

图 6-11　man，bus 序列实验中参数 κ 对算法的影响
（a）κ 对平均定位偏差的影响；（b）κ 对平均定位偏差的影响；
（c）κ 对平均迭代次数的影响；（d）κ 对平均计算时间的影响。

6.4　复杂环境中多移动机器人团队协作检测与跟踪技术

现代任务的复杂化和多样化使得对多移动机器人结合和团队任务的完成有了较高的需求，协同多 Agent 如何通过已具备的视频获取设备，通过信息交互与融合,对环境进行侦察,通过视觉来指导行为的能力就特别重要。但是,目前在这方面并未存在一个通用性强的跟踪方法,可供广泛应用。

在一个未知环境中,要使用一个具有视觉设备的大型移动机器人团队协作检测与跟踪动态多目标,需要异步的通过多移动机器人上的 Agent 模型对环境实时地进行观察,并解决局部问题,同时需要整个多 Agent 系统之间的信息能够同步,并相互交互,保证信息的实时性和准确性,进而根据全局信息进行决策。同步方面可以通过协议中的时间戳、多 Agent 群体信息交互、或者结合服务器端的全局监控和管理来进行同步,而异步则使用基于有限状态自动机的 Agent 模型,通过状态的定位,独立于动作控制平台,可调动不带视频设备的异质多移动体,分布式计算信息,协同完成任务。这两者的结合,较好的折中解决了信息和决策的同步和异步问题,增强移动机器人团队对环境的自适应性,有利于移动机器人团队高效协同合作,保证侦察信息的全面性、准确性和快速性。由此,我们设计了一个复合式多 Agent 系统,它的软件系统体系结构为客户端—服务器(Client/Server)结构。

服务器端维护建立一个黑板模型,从各移动体中获取有效的数据,将其融合,共享给所有的移动体,并根据更新的信息和 Agent 个体的任务请求,调用不同的决策,实现任务分配,协同好团队的合作,达到在未知复杂环境下多运动目标的协作检测与协作跟踪的目的。

客户端是这个协同计算的环境中在移动体上持续自主发挥作用的一个复合式 Agent,通过视频设备传感器感知其环境,并通过动作控制作用于该环境。它通过自己获取的环境信息,并通过黑板模型上的共享资源和与其他 Agent 通信协作与协商,根据自身使用有限自动状态机(Deterministic Finite Automation,DFA)所维持的行为状态模型,进行建模、预测、规划、决策,指导动作控制执行器动作,作用于环境,并更新黑板模型上的相应资源。

该系统通过基于有限状态自动机的 Agent 模型的状态定位进行了两个层次的抽象。第一,通过独立于运动控制平台的 Agent 模型将异质的多移动体抽象成一致的 Agent 个体;第二,通过 Agent 模型中的有限自动状态机所维持行为状态模型将多个 Agent 个体,通过实时的任务和环境的约束,将该多个个体分离成若干群组。各个 Agent 群组从各 Agent 个体中获取有效的数据,将其融合,共享给所有该群组的 Agent 个体,并根据更新的信息和 Agent 个体的任务请求,调用不同的决策,实现任务分配,协同好群体的合作,实现群体对多个运动目标的协作检测与协作跟踪的目的。该系统的协作是通过服务器端的黑板模型和客户端的复合式 Agent 模型以及 Agent 个体之间、Agent 群体之间、Agent 群体和黑板模型之间相互的信息交流和协同来实现的。

基于有限状态自动机及黑板模型的多目标协作检测跟踪平台的特性分析：

（1）行为自主性：Agent 个体中有两个 DFA 可在独立的环境下或者协同合作的情况下为当前 Agent 个体行为做出相应的决策。独立情况下，Agent 个体可以自己做出决策选择，而紧急的情况下，可以根据记忆模型做出紧急反应决策。协同合作情况下的 DFA 在做出下一个决策之前，Agent 个体从服务器端和其他 Agent 个体获取最新信息，根据自身状态协调修改做出新的决策。在服务器端也可以加入人工干预，决定 Agent 个体是否考虑自身决策。

（2）作用交互性：Agent 个体通过视频设备，对未知环境进行观测，捕获出现的动态目标，并进行跟踪。

（3）面向目标性：Agent 群体不仅仅对环境中目标的运动做出简单的反应，它还根据特定目标的指导，对运动的目标进行主动协作检测跟踪。

（4）存在社会性：Agent 群体构成一个大的社会环境，它们相互之间交换信息、交互作用、通信。各个 Agent 通过黑板模型的共享信息，激发知识资源进行社会推理，实现社会意向和目标。

（5）工作协作性：各 Agent 合作和协调工作，当一个 Agent 遇到意外情况，在紧急动作的同时，会向其他 Agent 提出需求的申请，希望其他 Agent 来进行支援和合作。

（6）运行持续性：当 Agent 启动后，使用有限自动状态机维持 Agent 的行为状态，在 Agent 物理设备不发生异常的情况，且 Agent 没接收到停止运行的指令，则 Agent 将一直运行下去。

（7）系统适应性：Agent 能将新建立的 Agent 集成到系统中，因为首先服务器端的黑板模型信息存储是动态更新的，没有数量限制，在硬件条件允许的情况下可以无上限地添加 Agent 信息和知识资源来进行计算；其次，客户端的 Agent 结构和感知行为层的移动机器人运动控制平台完全独立，屏蔽了不同运动控制平台的相互差异，对于 Agent 模型而言，运动控制是一致的，不同的是底层控制方式的差异。移动机器人团队要添加异质机器人，不影响黑板模型和 Agent 模型，Agent 模型之间的相互通信和协调。由于 Agent 模型的独立性，可以很快地在不同运动控制平台的移动机器人上进行该模型的移植，适合形态不同的移动机器人进行协作发挥各自的优势，开放性很强。

（8）结构分布性：在 Agent 系统中，黑板模型上承载了共享信息和知识库等，不同的知识库模块能完成不同的任务计算，各个 Agent 模型上承载了决策器、视频相关运算等若干模块。Agent 群体分担了系统中大量的数据计算工作，然后和黑板模型交互协同处理 Agent 群体计算后的结果。

(9)功能智能型:Agent 模型通过有限自动状态机及其他模块模拟构造一种能检测跟踪动态目标的智能移动体,Agent 群体模拟一种群体合作协同社会,而黑板模型通过不同的知识资源模拟一种能融合不同来源的数据并根据实时数据,选择不同知识资源计算来协调整个群体完成任务的智能体。

6.4.1　复杂环境下多移动机器人团队协作方法

复杂环境下多移动机器人团队协作方法通过机器人服务器端的一个黑板模型来实现,它通过黑板模型负责大量的数据处理来保证异质多 Agent 系统中 Agent 个体的协作能高效进行。黑板模型提供了全局的目标库、目标列表、任务列表、任务矩阵等共享信息,并实时地根据不同 Agent 个体状态和其跟踪目标的改变,以及 Agent 个体发送的请求,激发不同的决策知识资源,动态地完成任务分配、目标预测等功能,指导整体移动机器人团队进行动作。

黑板模型由一组知识资源(KS)的独立模块和一块黑板组成。知识资源含有系统中专用领域的各种知识,而黑板则是一切知识资源可以访问的公共数据结构,同时也允许其他 Agent 对其进行访问。在当前的异质多 Agent 系统中,黑板模型上黑板是多移动机器人状态列表和全局目标库、决策选择、任务列表,请求序列等,不同的任务分配算法、信息计算部分和请求处理模块组成了黑板模型的知识资源。

1. 黑板模型结构

黑板模型中的黑板部分由板区(Black Borad Field,BBF)组成,是一种复合层次结构。每一个 BBF 用一种形式存储一类信息,主要由全局目标库、机器人状态列表、决策选择、请求序列、机器人任务列表等。在每一个 BBF 的内部,为了准确地反映出某种数据融合的关系,又按照不同的层次结构组织相应的数据。每一类数据的变化,都将作为信号量通知知识资源,不同的知识资源监控自己需要的数据,当数据发生的变化达到驱动知识资源的条件时,知识资源自动运行。一个区域的数据,可以激发不同的知识资源并行计算。它们直接的关系如图 6-12所示。

该黑板模型具有如下特性分析:

计算模式多样化:异质多 Agent 系统对环境的观测和任务的需求,及对现有信息的分析和预测均是独立的计算模块,它们作为有效的知识资源,统一在这个系统结构中,满足不同条件下的数据处理。

数据驱动:信息融合和分析的对象是数据,数据来自于不同的 Agent 个体的

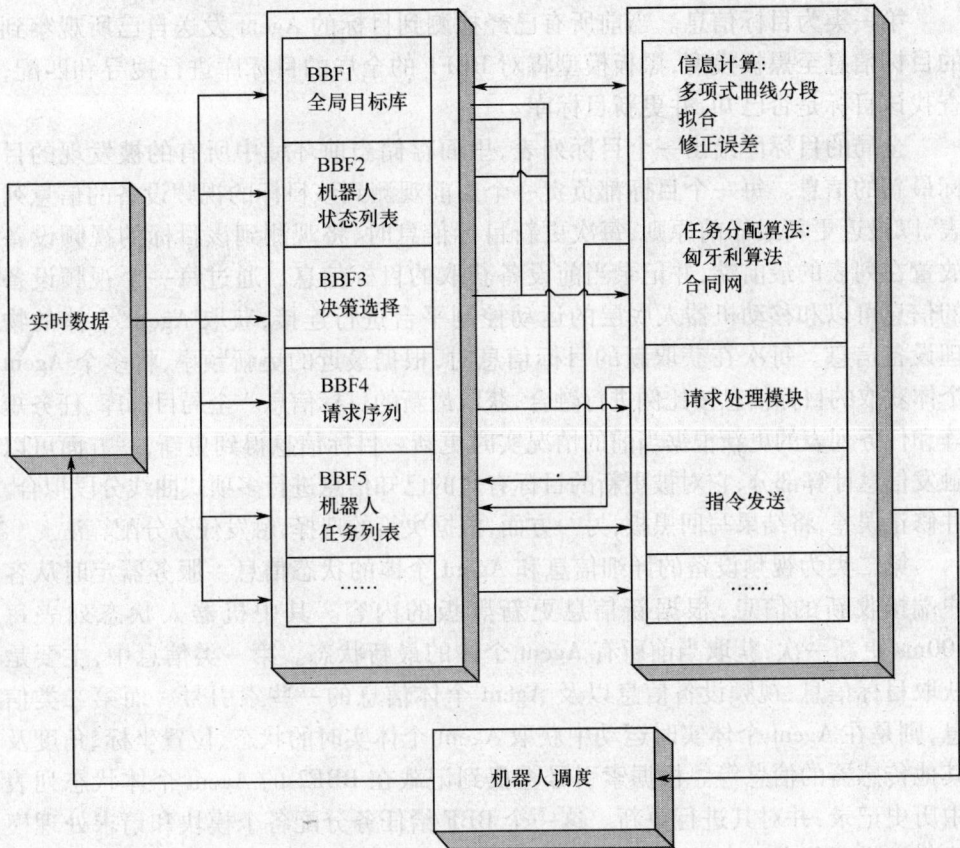

图 6 – 12　复合多 Agent 系统中黑板模型的基本结构

传感器,这些数据的变化和当前任务的需求将驱动不同的知识资源同时获取最新的数据,进行处理,并更新黑板模型上的信息。

数据实时性:数据的来源是实时进行动作的可移动 Agent 个体,它们通过对动作的指导,观察环境和获取信息,随着时间延续,不间断的发生大量、快速的信息变化。

并行计算:由于该黑板模型是数据驱动,不是采用调度模块对知识资源进行调度,因此当数据发生变化时,可以并行运行的知识资源就会自动运行,同时进行计算,运行结束后分别更新黑板上的信息,来引导 Agent 群体的动作,对其进行宏观上的调度。

2. 黑板模型的数据驱动

黑板模型从异质多 Agent 系统中获取三类实时的数据。

第一类为目标信息。当前所有已经检测到目标的 Agent 发送自己所观察到的目标信息至黑板模型,黑板模型将对 BBF1 的全局的目标库进行搜寻和匹配,查找该目标是否已知,并更新目标库。

全局的目标库给出一个目标列表,里面存储当前环境中所有的被发现的目标最新的信息。每一个目标都负责一个当前观测到该目标的视频设备的信息列表,以最近更新最靠前原则,每次更新目标信息时,将观测到该目标的视频设备放置在列表的最前端,并记录当前设备获取的目标信息。通过每一个视频设备的信息可以和移动机器人底层的运动控制平台进行连接,获取 Agent 个体的物理设备信息。每次在获取新的目标信息时,根据最近的更新频率,将多个 Agent 个体获取的目标信息按比例进行融合,获取最新的目标信息。全局目标库、任务矩阵和任务列表的更新根据当前的情况实时更新。目标信息得到更新,一方面可以触发信息计算部分,它对被更新的目标有效的已知信息进行多项式曲线分段拟合,并修正误差,将结果写回黑板;另一方面,根据决策的选择,触发任务分配算法。

第二类为视频设备的详细信息和 Agent 个体的状态信息。服务器定时从客户端接收新的信息,根据新信息更新黑板的内容。其中机器人状态列表每300ms 更新一次,获取当前所有 Agent 个体的最新状态。第一类信息中,主要是获取目标信息、视频设备信息以及 Agent 个体信息的一些索引号。而第二类信息,则是在 Agent 个体实时运动中获取 Agent 个体实时的状态、位置坐标、角度及其他传感器的信息等。根据索引号查找到记载在 BBF2 的 Agent 个体状态列表中历史记录,并对其进行更新。这一个 BBF 给任务分配各个模块和请求处理模块都提供了信息。由它来告知所有的模块,哪些 Agent 目前可以分配任务。当 BBF2 中的信息发生改变时,将触发计算所有任务分配模块的任务计算矩阵,计算当 Agent 个体和目标在新的位置时,是否有更优的跟踪方案。如果有新的方案的生成,则将信息写入 BBF5 机器人任务列表。BBF5 板块的数据变化,将激发通信模块的任务指令发送。

第三类信息为请求信息。当 Agent 个体遇到紧急情况,在意外处理无效的情况下,会发生援助请求信号,写入 BBF4 的请求序列。例如,当一个 Agent 个体发生目标丢失时,它会发出援助请求信号。援助请求信号分为几种,第一种是请求所有 Agent 个体帮忙在整个环境中对该目标进行寻找,以某一个 Agent 找到目标为标志,标志任务结束;第二种是请求某个区域的 Agent 个体帮忙协助侦探、跟踪,直到该 Agent 再次跟踪到该目标为标志,标志任务结束;第三种是请求某个 Agent 个体进行协助,该个体以某种方式遍历整个环境,找到该目标,接替跟踪任务,标志任务结束。

请求序列中存放着 Agent 发送的新请求和对应的 Agent 或 Agent 群体的索引信息。当请求序列不为空时,激发请求处理模块,根据当前请求序列和 Agent 状态列表中各 Agent 个体的状态,分配 Agent 群,选择合适的 Agent 个体去完成所请求的任务。当处理模块调度得不到满足时,则等待当前 Agent 群体完成已有任务,然后继续进行请求处理的任务调度。

黑板模型从人工干预部分也获取三类数据:一类是指定已知目标,当人工干预指定异质多 Agent 系统进行特定的协作跟踪时,将规定特定的跟踪目标;一类是 BBF3 的决策选择,在多 Agent 跟踪动态目标时,相互之间的任务分配和协调可以用不同的算法来实现,任务分配的知识资源中提供了不同的算法,可以由人工干预来决定算法的选择,使得异质多 Agent 系统可以根据指定的规则进行协调;还有一类是强制任务,如排列成不同的队列方式等。

3. 知识资源及其处理

知识资源是黑板模型中计算的主体部分,它通过数据的分离,时间的顺序和并行的计算,可以同时完成耦合性不强的各种计算。因此,知识资源也是一个可扩充、可替换的模块。黑板模型提供的数据,将提供任务触发的条件。各个知识资源维护数据驱动的条件,当一旦条件被触发,知识资源将进行计算,当计算得到新的结果的时候,将更新黑板模型中的数据。本系统中目前使用到的知识资源主要是任务分配和信息计算两个部分。这两个部分的数据来源一致,计算和目的完全分离。当信息更新时,信息计算部分使用多项式分段曲线拟合,结合误差修正部分,对目标信息的轨迹进行拟合与预测,而任务分配部分则要考虑人工干预对多移动机器人行为的影响。

1)多项式分段曲线拟合

多项式曲线拟合是一种较常用的数据拟合方法。为了较好地表现出目标的运动轨迹,需要根据所观测到的时间内目标每隔一定时间间隔的位置信息,计算出合适的多项式表示目标当前运动轨迹,这样在预测方面也可以得到较好的效果。但是由于目标的运动轨迹可能是随机的,而且当数据点较多时,多项式阶数太低,拟合精度和效果不太理想,要提高拟合精度和效果就需要提高曲线阶数,但阶数太高又带来计算上的复杂性及其他方面的不利。因此,如果只采用一种多项式曲线函数拟合较多的数据点,难以取得较好的拟合精度和效果。为有效地解决上述问题,一般采用分段曲线拟合,根据在短时间内目标运动的规律性进行统计和预测。当目标运动出现大规模偏移预测时,重新进行新阶段的曲线拟合。

2)合同网协议

合同网协议(Contractor Network Protocol, CNP)是分布式人工智能研究领

域中一种经典的协作协议,为 Agent 之间的协商提供了良好且明确的交互模型,是多 Agent 系统中采用最为广泛的控制结构。合同网中有两种类型的 Agent:管理者(Manager)和承担者(Contractor)。基于合同网的协商过程可以分为 4 个阶段:首先管理者向它认为有能力完成任务的承担者宣布任务(Announcement);承担者根据任务属性和自身资源限制评价任务,并向管理者投标(Bidding);管理者接收标书并对标书进行评估,根据评估结果选择一个承担者,授予合同(Assignment);被授予合同的承担者向管理者确认接受任务(Confirmation)。

CNP 最初被用于完全合作的分布式传感器之间的协调,随后研究者一直致力于提高其交互效率并改善其灵活性,提出各种形式的扩充和改进方案。每次承担者在接收任务时,根据任务类型选择投标计算方式,如在普通的多目标检测跟踪中,即选择目标与承担者的距离作为投标参数,而在基于抢占的区域化跟踪中,则考虑承担者所离开初始观察点的距离、监控区域目标出现概率的大小和承担者与所跟踪的目标距离三个因素作为投标参数。

6.4.2　多移动机器人团队协作检测与跟踪方法

多 Agent 系统中的主要组成部分——Agent 模型主要还集中在单 Agent 的理论与体系结构上。例如,Bratman、Rao 与 Georgeff 的 BDI(Belief,Desire,Intention)结构的实用推理 Agent;Brooks 的归类式结构的反应式 Agent 等。在多移动体的多目标协作跟踪中,由于目标和 Agent 均是动态的,实时性高,且个体性能有限等约束,这些 Agent 模型体现出了它们的局限性:在大量 Agent 需要进行信息交互的情况下,它们不能通过思维状态在获取环境信息指导动作的同时,与当前其他 Agent 群体进行信息交互的团队协作计算出一个精确性更高的结果。为了较好地折中解决多移动体的多目标协作跟踪中信息和决策的同步与异步问题,给出一种基于有限状态自动机的多 Agent 动态多目标协作跟踪方法。该方法应用在一个多 Agent 系统中的可持续自主发挥作用 Agent 个体(即移动体)上,根据环境和任务需求选择一个有限自动状态机(Deterministic Finite Automation,DFA)维持复合式 Agent 的行为状态模型,并结合视频设备传感器所感知的环境信息与 Agent 群体中的共享资源,与其他 Agent 通信协作与协商,进行建模、预测、规划、决策,指导 Agent 个体自身动作控制执行器进行一定动作。它将 Agent 个体抽象出一个可根据环境和任务需求自由选择有限自动状态机来维持行为状态模型的复合式 Agent,从一个抽象层次来管理异质的多 Agent 团队,以 Agent 的行为状态及情感信息等因素为驱动,通过信息交互或者结合服务器团队协调,进行集中式控制或 Agent 个体信息交互控制。可适用于集中式、分布式、混合式等不同体系结构,在客户端/服务器体系结构中,可同时更新服务器上的相应资源。

1. 基于有限状态自动机的 Agent 模型结构设计

复合式 Agent 是以 BDI 为理论模型的一个在 Agent 内组合多种相对独立和并行执行的智能形态,其结构包括感知、动作、反射、建模、规划、通信和决策等模块,如图 6 – 13(a)所示。Agent 通过感知模块来反映现实世界,并对环境信息做出一个抽象,再送到不同的处理模块。若感知到简单或紧急情形,信息就被送入反射模块,做出决定,并把动作命令送到行动模块,产生相应的动作。

从一个 Agent 社会的角度来看,这样的 Agent 个体之间是没有差异的,它们通过自身的智能形态改变环境,而在大量需要合作的情形下,环境希望 Agent 相互之间通过某种形态体现出合作的主动性和可靠性。而 BDI 理论支持的 Agent 模型更偏重于个体思维状态所指引的动作与环境信息的混合。

有限状态自动机是计算理论中计算模型的一种,可以自动识别符合定义的任何一种语言,表示为 $M = (Q, \Sigma, \delta, q_0, F)$。其中 Q 是一个有穷集,它的每个元素均表示当前系统的一个状态,这些状态在接收到可接受的输入符号 Σ 时,将会按照转移函数 δ 从一个状态准确地转移到下一个后继状态。当进入 F 终态集中的状态时,表示可以结束输入。此节对 Agent 模型的讨论基于一个黑板模型的服务器端为上层监控,可接受 Agent 个体信息交互控制的客户端/服务器模式混合式多 Agent 系统。给出改进后的复合式 Agent 模型,如图 6 – 13(b)所示,它主要包括如下部分:用 DFA 所维持的行为状态模型、建模部分、意外处理、决策生成、模块库、通信模块和动作执行器与感知器。其中意外处理和决策生成组成了行为决策层的实现实体,体现了对 Agent 自身愿望和意图的维护。

基于有限状态自动机的 Agent 模型对复合式 Agent 模型的改进主要在如下几个方面:

(1)设计了一个以有限状态自动机为基础的行为状态模型。在该模型中,感知器从外界环境获取信息后,通过行为状态模型的不同状态进行选择性建模。状态转移条件可以定义为其他 Agent 发送的请求或自身根据环境信息做出的决策。通过行为状态模型,可将个体思维状态所指引的动作与环境信息的混合进行有效的分离,增加了 Agent 模型设计的可扩展性。

(2)通过行为状态的体现,对 Agent 模型的表现形式进行抽象,使 Agent 模型之间的存在社会性和协作性得到了提高。以行为状态为指标从社会的角度对 Agent 群体进行团体的划分,直观地区分可实时灵活调度的 Agent 个体,可分簇来进行团队任务的 Agent 个体和处于不同优先级的任务中的 Agent 个体等。服

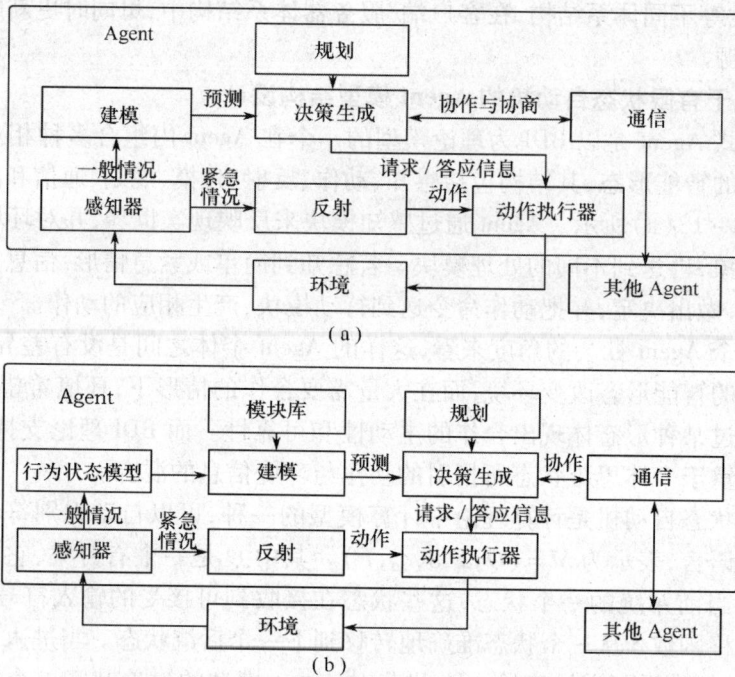

（a）

（b）

图 6 - 13 改进前后的复合式 Agent 模型结构

（a）普通复合式 Agent 模型结构；（b）结合 DFA 的复合式 Agent 模型结构。

务器端和不同的 Agent 群体以团队为单位来进行交流。团队中以选定的领队为中心,该领队对上负责获取服务器端和其他 Agent 团队的信息,对下获取目前该团队中其他 Agent 个体的信息,并根据所获取的团队信息进行融合与重建,以一个整体的形式对外提供有效信息。每个 Agent 个体则负责与团队中其他 Agent 个体进行信息交流并负责管理自己内部各个传感器获取的信息。Agent 个体通过各个模块对获取的各种信息的进行处理与整合,并根据历史信息与其他 Agent 协商且做出相应决策。

2. Agent 个体行为分析

有限状态自动机维持的行为状态模型定义如下:

定义 6 - 2 全自动状态:在 Agent 行为过程中,在没有其他 Agent 和服务器端黑板模型的信息支持的情况下,能够自主地完成目标发现和跟踪的任务,并能自主搜寻其他 Agent 个体的状态,被称为全自动状态。

定义 6 - 2 半自动状态:在 Agent 行为过程中,在指定协作的情形下,Agent 接受特定指令,跟踪搜寻指定目标和已知的 Agent 进行通信,协作完成任务,不能随意放弃现有任务,进行其他非授权的自主行为,被称为半自动状态。

一个社会性的群体在需要协作的团队精神时,会希望对 Agent 的权限有所限制和区分。本文认为在半自动状态中,服务器上层监控首先针对任务和 Agent 个体状态划分 Agent 群体,然后该群体中的 Agent 个体针对群体分配任务和权限,通过和服务器及群体中其他成员联系获取详细的目标信息,有针对性地等待和搜寻丢失的目标。而全自动状态下的 Agent 个体,可以自主独立运行、独立决策,也可以和其他 Agent 群体协商决策,或根据服务器端黑板模型的信息进行决策,并且对任务的完成没有强制性,如果能力达不到,就不去进一步进行搜寻来强制完成任务。

3. DFA 设计

由于 Agent 个体行为表现的固定性,全自动状态和半自动状态下的有限状态自动机的状态集是一致的,两个状态可以根据现实环境和任务需求自由转换:复合式 Agent 上用以维持行为状态模型的有限状态自动机,可以通过探测的环境信息 I、需要完成的任务信息 M 和人为的指定信息 H,以 $N = f(I, M, H)$ 为选择指标,选择合适的有限状态自动机。

为了在一个实时性强、交互性强的多 Agent 系统中保证每个 Agent 模型与其他 Agent 能够协作自主地完成动态多目标协作检测跟踪的任务,本书对此构建了一个有限状态自动机来描述单个 Agent 在现实环境中的行为状态,有限状态自动机数学模型中各变量的具体实现如下:

(1)状态的有穷集合 $Q = \{\text{Wait}, \text{Detect}, \text{Track}, \text{Lost}, \text{Busy}\}$

Wait:等待状态。Detect:检测状态。Track:跟踪状态。Lost:目标丢失状态。

Busy:忙碌状态。其中,Busy 状态是优先级最高的一个状态,不可被中断,在 Busy 状态接收到的命令将按照时序完成。

(2)可接受的输入集合 Σ,它指明了所有允许输入的符号,有限状态自动机根据该集合中的符号进行状态的变化。这个集合中包括 7 个可输入的符号,它们代表在实际中相应的物理事件的发生:

$\Sigma = \{\text{Connect}, \text{Findobj}, \text{Lostobj}, \text{Unconnect}, \text{Work}, \text{Finishwork}, \text{Order}\}$

Connect 和 Lostobj:分别表示 Agent 个体视频设备连接或断开。

Findobj 和 Lostobj:分别表示 Agent 个体在现有的状态下搜寻到一个运动目标和没有找到一个和历史信息吻合的目标。

Work 和 Finishwork:表示 Agent 个体接受服务器指定任务或已完成指令队列中所有的任务。接收到 Work 指令时,对 Agent 个体当前状态和相关信息进行保存,再去进行相应任务。执行 Finishwork 指令时,从所保存的数据中获取任务完成前的状态信息,恢复到任务执行之前的状态。

Order:表示 Agent 个体接受服务器的指令,转换到新的状态,完成指定的任务。

(3)起始状态 $q_0 = \{Wait\}$。

(4)结束状态 $F = \{Wait\}$。

(5)转移函数 δ 是 $Q \times \Sigma \rightarrow Q$ 的一个映射,被有限状态自动机所识别。具体的转移函数可参见具体的有限状态自动机图 6 - 14。

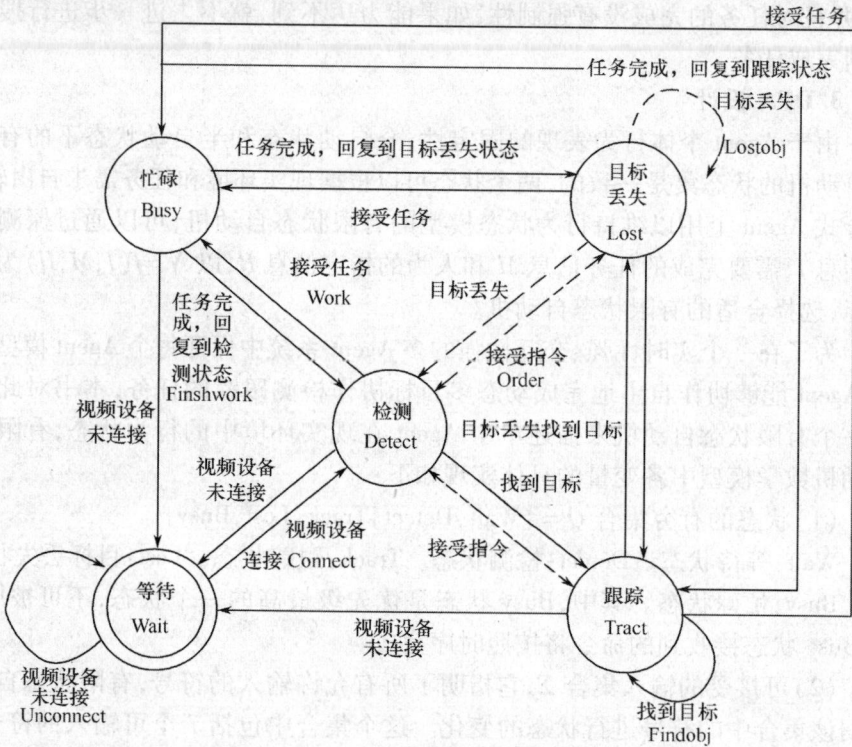

注:实线为有限状态自动机各种状态下通用的转移函数,短虚线为半自动状态下的有限状态自动机特有的转移函数,长虚线为全自动状态下的有限状态自动机特有的转移函数

图 6 - 14　结合 DFA 的复合式 Agent 模型中有限状态自动机转移函数示意图

4. 建模部分

由于半自动状态下的 DFA 不具有较强的自主性,权限被大量限制,因此论文中主要通过全自动状态下的 DFA 来对建模部分进行说明。建模部分的功能是,通过外界信息的获取,Agent 自身有限状态自动机中提供的状态和模块库内

的功能模块的选择,建立观测到的目标模型和抽象的当前 Agent 模型。为了保证当部分 Agent 个体检测到目标后,能够使其他尚未检测到目标的 Agent 个体准确地搜寻到目标,目标模型的描述应具有可重建性。在设计中对于目标的描述,采用了两个不变量:颜色信息与轮廓信息,和一个可变量区域信息来表示,它们通过大量的信息保证了对目标的重建的可靠性。采用 HSV 色彩分量和轮廓信息描述目标,在检测中可以减少光线、阴影、遮挡、旋转等带来的干扰,并由于数据所含的信息量大,迅速地表述所描述的目标,因此跟踪采用的算法是主要通过基于颜色的 Mean Shift 算法来进行实现。为了实现对动态目标检测跟踪的目的,不同的状态下将调用不同的功能模块。整个有限状态自动机结合所需的功能模块对 Agent 的自主行为规划进行了完整的覆盖,主要是状态集中的 Detect 状态、Track 状态和 Lost 状态这三种状态的模块调用方案,详细关系如图 6 – 15 所示。

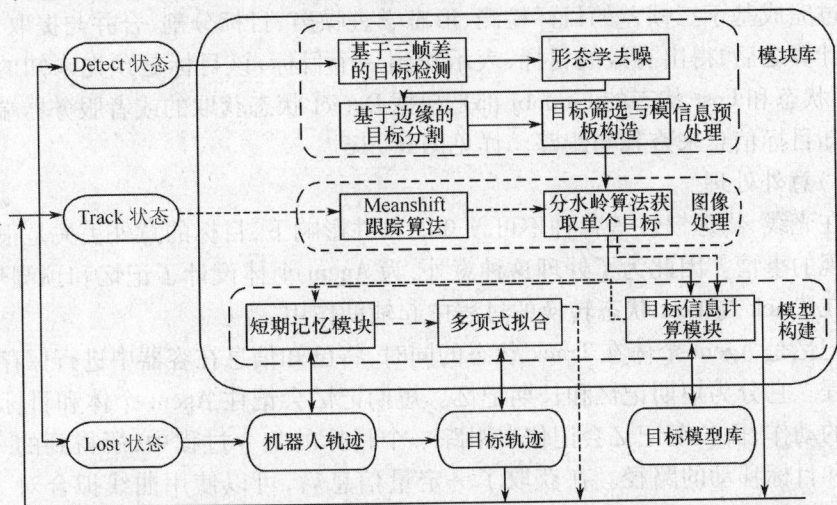

注:粗实线为输入与返回的数据,细实线为 Detect 状态调用的模块顺序,短虚线为 Track 状态调用的模块顺序,长虚线为 Lost 状态下的数据走向

图 6 – 15　建模模块调用方案

1)Detect 状态

从图 6 – 14 可看出,Detect 状态有三个出度,一个到 Track 状态,一个到 Busy 状态,另外一个到自身的循环。Detect 状态到 Track 状态有 Findobj 和 Order 两种方法。一种是通过调用模块库中的基于三帧差的目标检测、形态学去噪声、目标分割、合并与提取等模块完成的 Findobj,一种是和服务器端进行通信,接收跟踪指定目标的指令 Order,完成相应的任务。Detect 状态到 Busy 状态的转换是

由于接收到服务器端产生的指令 Order 而实现的强制转换,而 Detect 到自身状态的循环的 Lostobj,是和 Detect 到 Track 状态的 Findobj 所对应的互补行为。

全自动状态下,计算检测运动目标,如果可以计算出有效目标信息,则是 Findobj,以满足先到先得、跟踪可视面积最大、目标与 Agent 个体距离最近的标准,选取最优目标并进行动作转换到 Track 状态进行跟踪,其他目标可进行基本的视觉跟踪。如果没有跟踪到目标,则是 Lostobj,回到 Detect 状态继续检测。

2）Track & Lost 状态

Track 状态的出度有两种状态转换,一种是 Findobj,如果一直有效的跟踪着当前目标,则维持跟踪状态,一种是 Lostobj,丢失目标之后,转入 Lost 状态。进入跟踪状态的 Findobj 动作有三种方法表示跟踪到目标,但 Detect 状态的 Findobj 和 Track 状态以及 Lost 状态的 Findobj 有所不同。Detect 状态的 Findobi 主要是通过完成基于三帧差的目标检测、形态学去噪声、目标分割、合并与提取,目标信息计算之后,得出有效的目标,表示找到一个目标,该目标是预先未知的。而 Track 状态和 Lost 状态的 Findobj 都是根据 Detect 状态获取的或者服务器端发送的已知目标信息来查找与跟踪。详见图 6 - 16。

3）意外处理

在光线、物理惯性等各种不可预知的条件影响下,目标的意外丢失是很有可能出现的事情。因此为了处理这种意外,为 Agent 个体设计了记忆和预测功能。它们在 Track 与 Lost 状态转换的过程中起辅助作用。

记忆是 Agent 个体在 Track 状态的同时,将已知信息在容器中进行保存的一个过程。它分为短期记忆和长期记忆。短期记忆会记住 Agent 个体和目标最近所做的动作,而长期记忆会记住在跟踪一个目标的整个过程中,所得到的 Agent 个体和目标移动的路径。在获取了一定量信息后,可以使用曲线拟合对 Agent 个体和目标移动的路径的信息进行归纳。在 Agent 个体的客户端上,由于性能限制和图像数据处理、通信等大量任务,进行拟合只考虑部分数据进行直线或简单的曲线拟合。服务器端会通过总体的数据进行更详细的计算。

预测是根据历史信息计算与分析目标下个时刻将出现的位置的过程。当计算目标的面积小于某个阈值之后,可认为目标丢失,则进入 Lost 状态。短期记忆中最近所做的动作对现在影响最大,其他的起辅助检验工作。根据短期记忆完成的一两个动作来查找目标,如果失败则通过获取长期记忆的多项式曲线拟合出的目标的轨迹找到目标接下来的角度,转到预测到的角度来进行观测。如果在一定时限内都无法找到目标,则认为目标确实丢失了,则发送信息到服务器端,并根据情况进行状态转换。

根据其他机器人和控制台信息更新目标信息

进入 Track 状态,将目标和机器人自身信息,进行存储

存储器信息得到更新

Track 状态

更新捕获框,用 meanshift 算法进行跟踪,获取目标重心位置

用多项式曲线拟合

根据已知信息通过分水岭算法从原始图像获取目标面积和目标轮廓

误差修正

根据现有信息,进行目标测距,更新目标信息

目标是否丢失

否　　　　　　　　　　是

根据目标信息,做出相应动作,并记录该动作

在一定时限内　　　　是

Lost 状态

是否已进行短期记忆

否

根据短期记忆,进行相应动作

根据长期记忆,转向目标的预测方向

否

根据情况做出相应的状态转换

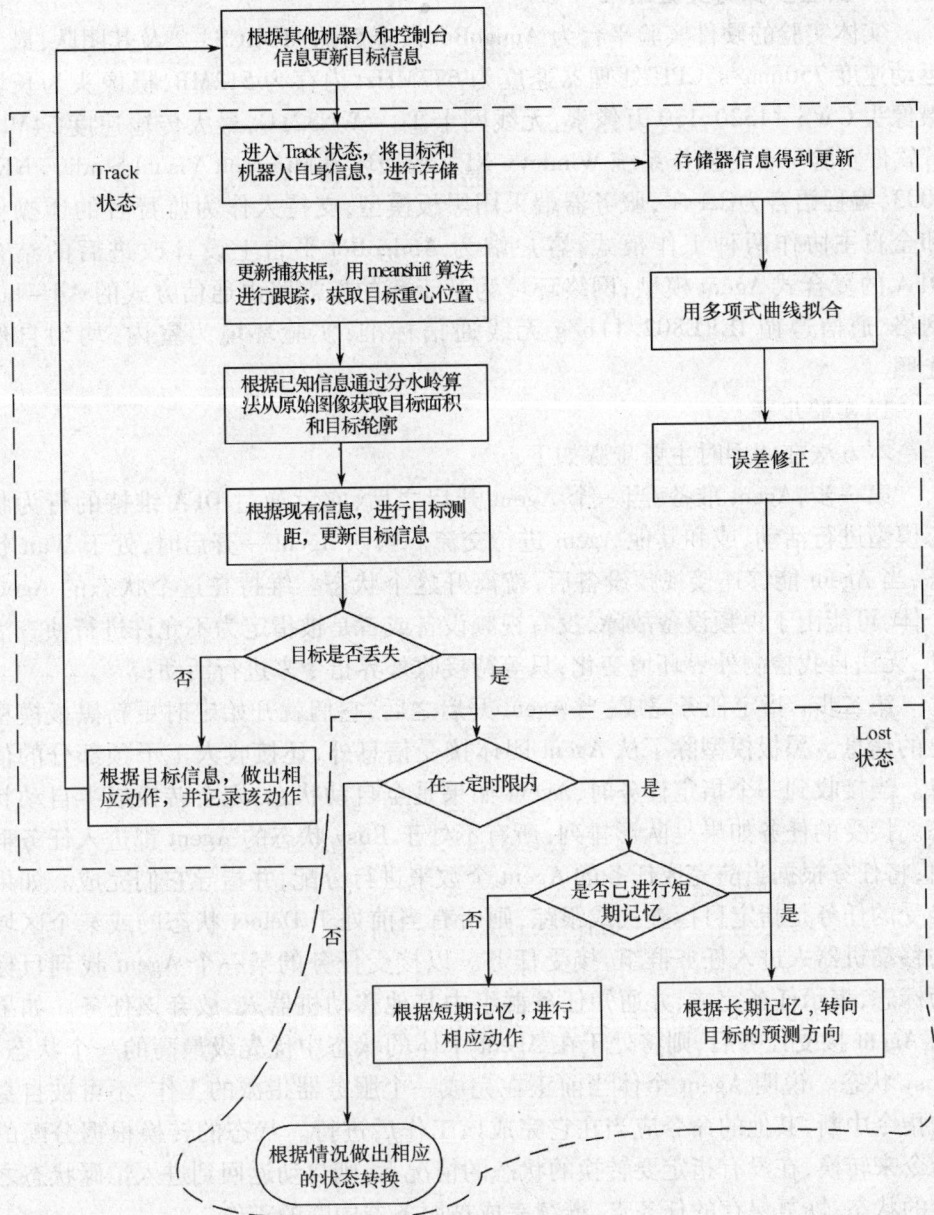

图 6 - 16　多 Agent 动态多目标协作跟踪方法中行为
模型的 Track 状态和 Lost 状态之间的模块流程图

5. 实验步骤与实验结果

实体实验的硬件实验平台为 AmigoBot 改造后的 MORCS - 2 及其团队,最大运动速度 750mm/s,CPU 处理器速度为 677MHz,内存为 512MB,摄像头为长城摄像头 GWS - 1320,130 万像素,无线网卡 TL - WN321G,最大传输速度 54Mb/s;软件实验平台为操作系统 Windows XP,编程环境 Microsoft Visual Studio . NET 2003,编程语言为 C + +,服务器端采用黑板模型,支持人作为监督者的遥操作和全自主协作两种工作模式,客户端为 AmigoBot 平台上设计改进后的结合 DFA 的复合式 Agent 模型;网络环境为基于簇的按需路由通信方式的 Ad - hoc 网络,通信遵循 IEEE802. 11b/g 无线通信标准;实验环境为室内,均匀自然光照。

1)实验步骤

本方法在使用时主要步骤如下:

第一步,Agent 准备:当一个 Agent 开启之后,它就通过 DFA 维持的行为状态模型进行活动,或和其他 Agent 进行交流。当该 Agent 一开启时,处于 Wait 状态,当 Agent 能够连接视频设备后,就离开这个状态。维持在这个状态的 Agent 个体,可能由于视频设备故障,没有视频设备或者是被指定为不允许进行侦查活动,无法自我检测外界环境变化,只等待接收外界指令来进行活动;

第二步,指定任务完成:当 Agent 开启之后,它们就开始定时更新黑板模型上的信息。黑板模型除了从 Agent 团体接受信息外,还接收人工干预部分的信息。当接收到一个指定任务时,Agent 如果是全自动状态,则会转换成半自动状态。接受的任务如果是队形排列,所有不处于 Busy 状态的 Agent 都进入任务群组,将任务根据当前完成任务的 Agent 个数来进行分配,并指导它们完成。如果接受的任务是指定目标查找或跟踪,则所有当前处于 Detect 状态的或某个区域的移动机器人进入任务群组,接受任务。以接受任务的某一个 Agent 找到目标为标志,表示任务完成,并通知任务群组中其他移动机器人,放弃该任务。如果当 Agent 接受任务后,则将处于在 Agent 个体的状态中优先级最高的一个状态:Busy 状态。说明 Agent 个体当前正在完成一个服务器指派的工作,不可被自身的指令中断,其他的命令应当在它完成该工作后进行。状态的转换根据分配的指令来转换,在没有指定要转换的状态的情况下,则自动返回到进入忙碌状态之前的状态,恢复保存的任务点,继续完成被服务器中断的工作。

第三步,环境侦查:当 Agent 个体连接视频设备后,就自动进入检测状态,进行侦查活动。处于检测状态的 Agent 个体,观察视野范围内移动个体,计算和记录它们的信息。如果联系到黑板模型和其他 Agent,则将信息共享和通知。若是全自动状态,则根据给定的规则对目标进行选取和跟踪,并转入 Track 状态,若是半自动状态,根据授权进行动作;对于视野范围内移动个体的侦查,采用的技术是首先使用三帧差背景剪除方法来对目标提取,然后通过形态学去噪和高斯滤波,获取运动空间中的分离部分制作掩模,进行目标分割、目标合并与提取,最后对原始目标再一次通过迭代式的查找算法和分水岭算法获取其目标信息。通过定义的目标筛选的原则进行筛选:

(1)目标重心点位置相近、目标色调值相似、面积大小相似,则认为它是由同一目标误分割所致,选取面积较大的一个保留,取重心点均值、色调均值。

(2)实际目标检测,基本不会出现 RGB 值为 0 或 H 值为 0 的情况。

(3)无目标时光线影响测出的噪声一般面积很大,但是存在目标时,由于光线影响,测出的噪声信息较小。Agent 个体的物理动作也可能产生部分小面积信息,需要对这样的小面积目标进行筛选。

进行目标筛选之后需要给目标编号,其中给目标编号需要通过服务器的分配。定义筛选目标之后,先根据色调值给目标分配色调编号,然后发送给服务器,在服务器查看是否有该色调编号目标,如果没有,则可以给目标编号为 1;如果已有该色调编号的目标,则查看是否是同一个目标。通过目标已知信息、目标重心在图像中的位置、Agent 个体的位置和方向、声纳的数据信息等,可以得出目标的位置或者方向。如果在全局地图中,该目标和已知目标信息相似,则认为是一个已知目标,分配已知编号,并将其信息通知给其他跟踪此目标的 Agent 个体。然后跟踪同一个目标的几个 Agent 个体,在之后的过程中,几个 Agent 个体将相互交流信息,对信息进行修正。若不是同一个目标,则根据已知编号,继续分配下一个编号。

在全自动状态,当目标被提取出来之后,如果跟踪到了目标,则以满足先到先得、跟踪可视面积最大、目标与 Agent 个体距离最近的标准,选取最优目标进行动作转换到 Track 状态进行跟踪,其他目标可进行基本的视觉跟踪。如果没有跟踪到目标,则回到 Detect 状态继续检测。

第四步,目标跟踪:Agent 行为过程中和环境交互最多的状态就是 Track 跟踪状态。在此状态中,Agent 个体通过感知器从外界环境获取大量数据信息,通过模块库中视频处理模块对数据进行分析,得到跟踪的目标信息,并通过建模模块对分析后的信息进行存储和计算。由于目标的描述,采用了两个不变量:颜色信息、轮廓信息和一个可变量区域信息来表示。如果当所跟踪的目标丢失之后,则进入 Lost 目标丢失状态。但是在一个移动的 Agent 和未知的环境中,由于Agent物理移动会产生一定的惯性,环境的光影会随着 Agent 移动而发生变化,在多移动体的环境中,遮挡也是不可忽视的问题。因此,在方法中设计了意外处理的过程。当目标发生丢失时,首先通过意外处理中的记忆模型,指导进行一定的动作,进行多次查找和确认,如果对目标丢失的这个过程进行多次确认还是无法跟踪目标,则认为该目标最终丢失,进行下一步动作。

2)固定路线的目标跟踪实验

在一个区域内,一个独立的 Agent 在使用结合 DFA 的复合式 Agent 和使用不带 DFA 的复合式 Agent 模型两种情形下,跟踪一个固定路线的目标,对其跟踪定位并分析误差。跟踪路线如图 6-17(b)所示,A 线为目标行走的路线,C 线为 Agent 行走的理论路线,B 线为不带 DFA 的 Agent 行走的路线,D 线为带 DFA 的 Agent 行走的路线。

理论路线的确定方法:在理论路线计算时,可认为 Agent 启动与运动过程中的速度变化是瞬时完成的,Agent 在运行过程中能维持匀速运动,每次 Agent 旋转的偏移角度为 θ。当目标和 Agent 在一条直线上时,理论路线为直线段,当目标和 Agent 不处于一条直线上时,但 $\theta \geqslant 45°$ 时,Agent 的路线也为直线段;当 $\theta < 45°$ 时,Agent 的路线为由 $|90°/\theta| - 1$ 段直线组成的折线段,具体计算方法如式(6-18)所示,获取理论路线的示意图如图 6-17(a)所示。在图 6-17(a)中,当目标到达 S_1 点时,Agent 到达 S_0 点,目标改变方向沿 $\overrightarrow{S_1S_2}$ 方向行走,则 Agent 行走路线为 $\overrightarrow{S_0a_0a_1a_2\cdots a_nS_2}$。设 S_0 与 S_1 之间距离为 S,目标运动速度为 V_1,Agent 速度为 V_2(已知 V_2 略大于 V_1)。当目标从 S_1 出发,到达 b_1 点时,Agent 从 S_0 出发,到达 a_0 点。由于目标已经到达 Agent 视野的临界点,因此,Agent 以转动 θ 为单位调整方向继续跟踪,行走路径将沿着 a_0 到 b_1 方向进行。当目标从 b_1 点行进到 b_2 点时,Agent 也从 a_0 点行进到 a_1 点。设从 S_0 到 a_0 的时间为 t_0,a_0 到 a_1 的时间为 t_1,$\cdots$,a_n 到 S_2 的时间为 t_{n+1}。S 与 θ 为已知数据,要得知 Agent 的路径,即求解出 t_0 到 t_{n+1} 的值。其中当 $\theta \geqslant 45°$ 时,只需要计算 $r = 0$ 的情况,便可得出直线路径。通过分析跟踪过程,可得出各参数之间满足如下关系,从各式可算出 t_0 到 t_{n+1} 的值,绘制可得图 6-17(b)中 C 线。从图直观可得 D 线比 B 线具有更优效果。

$$\begin{cases} \dfrac{x_r}{S - V_2 t_r} = \tan\theta; & x_r = V_1 t_r & r = 0 \\[3mm] \dfrac{x_r - V_2 t_{r+1} \sin(r+1)\theta + V_1 t_{r+1}}{x_r \cot(r+1)\theta - V_2 t_{r+1} \cos(r+1)\theta} = \tan(r+2)\theta; & x_r = x_{r-1} - V_2 t_r \sin r\theta + V_1 t_r & r \in \left[1, \left|\dfrac{90°}{\theta}\right| - 2\right] \end{cases}$$

$$(6-18)$$

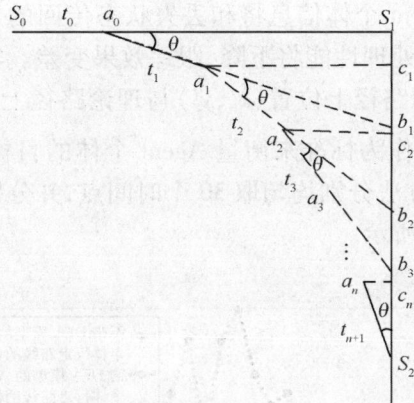

（a）

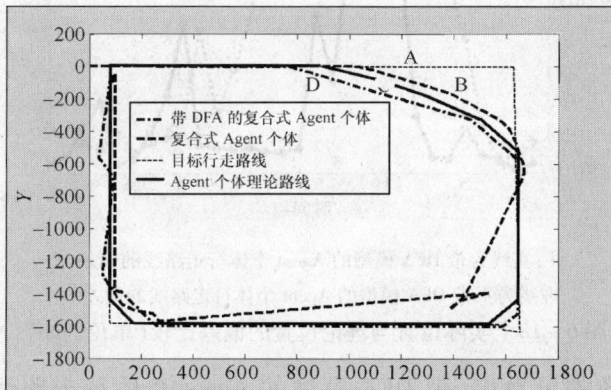

（b）

图 6 – 17　带 DFA 模型的 Agent 个体和不带 DFA 模型的
Agent 个体对固定路线目标跟踪比较

（a）理论路线的计算方法与示意；（b）Agent 个体行走的实际路线与理论路线绘制。
A—线为目标行走路线；C—线为 Agent 行走理论路线；
B—线为不带 DFA 的 Agent 行走路线；D—线为带 DFA 的 Agent 行走路线。

　　结合 DFA 的复合式 Agent 个体和使用不带 DFA 的复合式 Agent 个体在跟踪一个固定路线的目标并对其跟踪定位的情形下，有着较明显的性能差距。其主要原因在于，使用不带 DFA 的复合式 Agent 个体将直接调用模块库中的模块进行建模，且和服务器交流的信息中不带状态信息。所获取的外界信息和与服务器交流的信息中,只能带有当前是否找到目标、是否在跟踪目标等标志位信息。如果目标丢失后,通过意外处理进行搜索,搜索不到则自动继续检测。但是检测状态下传回的 Agent 个体信息将和丢失状态传回的 Agent 个体信息将不会被加以区分,因此意外处理性能将下降,跟踪效果变差。实验中计算以在相同时间点的 Agent 个体实际路径上位置(x', y')与理论路径上位置(x, y)的偏差 $D = \sqrt{(x'-x)^2 + (y'-y)^2}$作为标准来衡量 Agent 个体的目标跟踪效果。对于改进前的方法和改进后的方法分别均匀取 30 个时间点,并分别计算实际路线与理论路线偏差,如图 6 – 18 所示。

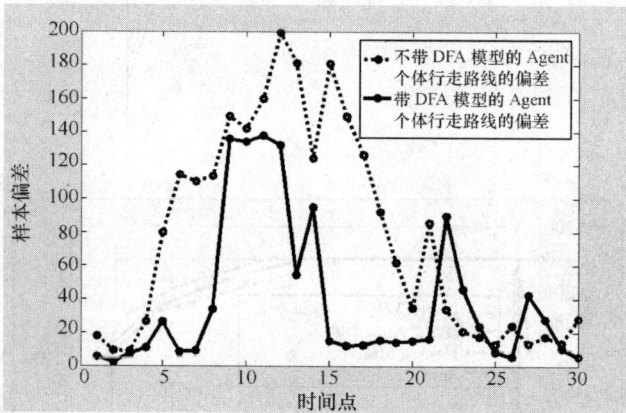

注:实线为带 DFA 模型的 Agent 个体行走路线的偏差,
虚线为不带 DFA 模型的 Agent 个体行走路线的偏差。
图 6 – 18　实际位置与理论位置的偏差比较(单位:mm)

　　从图 6 – 18 中可看出,带 DFA 模型的 Agent 个体行走路线相对与不带 DFA 模型的 Agent 个体行走路线偏差较小,主要是三个直角处偏差较大,第一个直角处,目标与 Agent 个体之间有一段初始距离,因此 Agent 个体的拐弯较大,偏差也最大。而由于 Agent 个体速度略大于目标,因此在第一个拐弯之后,Agent 个体已经和目标保持了一个稳定的跟踪距离,后两个拐弯的偏差相对较小,但还是比直线距离跟踪偏差大。通过计算所取的样本均值,可得偏差的期望信息,带 DFA 模型的 Agent 个体行走路线偏差期望值约为不带 DFA 模型的 Agent 个体行走路线偏差期望值的一半,如表 6 – 2 所列。再通过样本方差来计算两种路线的样本波动大小,可知带 DFA 模型的 Agent 个体行走路线中样本波动较小,约为不带 DFA 模型的 Agent 个体行走路线样本方差的一半。

表 6－2　不同 Agent 个体行走路线的平均偏差与样本方差（单位：mm）

偏差计算	带 DFA 模型的 Agent 个体行走路线	不带 DFA 模型的 Agent 个体行走路线
平均偏差	38.3842	78.29159
样本方差	1924.886	3785.719

3）基于区域的目标跟踪实验

基于区域的目标跟踪实验是多目标动态检测与跟踪研究中经常使用的一种实验手段，Boyoon Jung 等人与 P. Levi 等人均通过这种实验从不同的角度阐述了自己提出的方法，这里同样通过该种实验来验证所设计的结合 DFA 的复合式 Agent 个体的可行性。由于使用不带 DFA 的 Agent 个体的跟踪性能较为自主，协作时可调度性较差，在检测自由路线多目标并实时进行跟踪时难以完成任务，因此可以通过使用多个具有结合 DFA 的复合式 Agent 个体模型的移动机器人在该实验中完成任务，由此验证结合 DFA 的复合式 Agent 模型的可行性和其在协同上的优越性。在设计的实验中，两个独立的移动机器人各负责观测一块区域，它们需要保证当前被观测的区域中所出现的动态目标均能被跟踪，并记录相关信息。跟踪基本规则为：当一个自由路线的目标进入观测区域时，如果当前被观测到的目标没有被其他移动机器人跟踪，则对其进行跟踪；如果当前目标已有移动机器人对其跟踪，则根据移动机器人当前处于的跟踪状态、移动机器人负责观测区域的目标出现概率、移动机器人和观测点的距离等因素计算两个移动机器人之间的竞争成本，成本较低者将获得跟踪权限，而竞争失败者将回到自己负责的区域观测点继续进行观测。实验结果如图 6－19 所示。

图 6－19(a)中，移动机器人 1 和移动机器人 2 并行排列，各负责一块区域进行观测，自由路线目标 A 进入移动机器人 1 的观测区域；图 6－19(b)中，移动机器人 1 在观测区域观测到目标 A 后，和移动机器人 2 通信得知尚未有机器人跟踪目标 A，移动机器人 1 对目标 A 跟踪；图 6－19(c)中，目标 A 进入移动机器人 2 的观测区域，两个移动机器人通信确认它们观测着同一个目标，进行成本计算。根据竞争成本计算的假设，移动机器人 1 相对与移动机器人 2 而言，具有较高的疲劳度，计算出的竞争成本较高；图 6－19(d)和(e)中，目标 A 继续前进，移动机器人 1 放弃跟踪，移动机器人 2 获得权限，对目标 A 进行跟踪；图 6－19(f)中，目标 A 继续前进，移动机器人 2 继续跟踪目标 A，移动机器人 1 回到区域观测点继续观测；图 6－19(g)和 6－19(h)中，移动机器人 2 继续跟踪目标 A，目标 B 出现在移动机器人 1 的观测区域，两个移动机器人通信后，确认目标 B 的状态和信息，移动机器人开始跟踪目标 B。

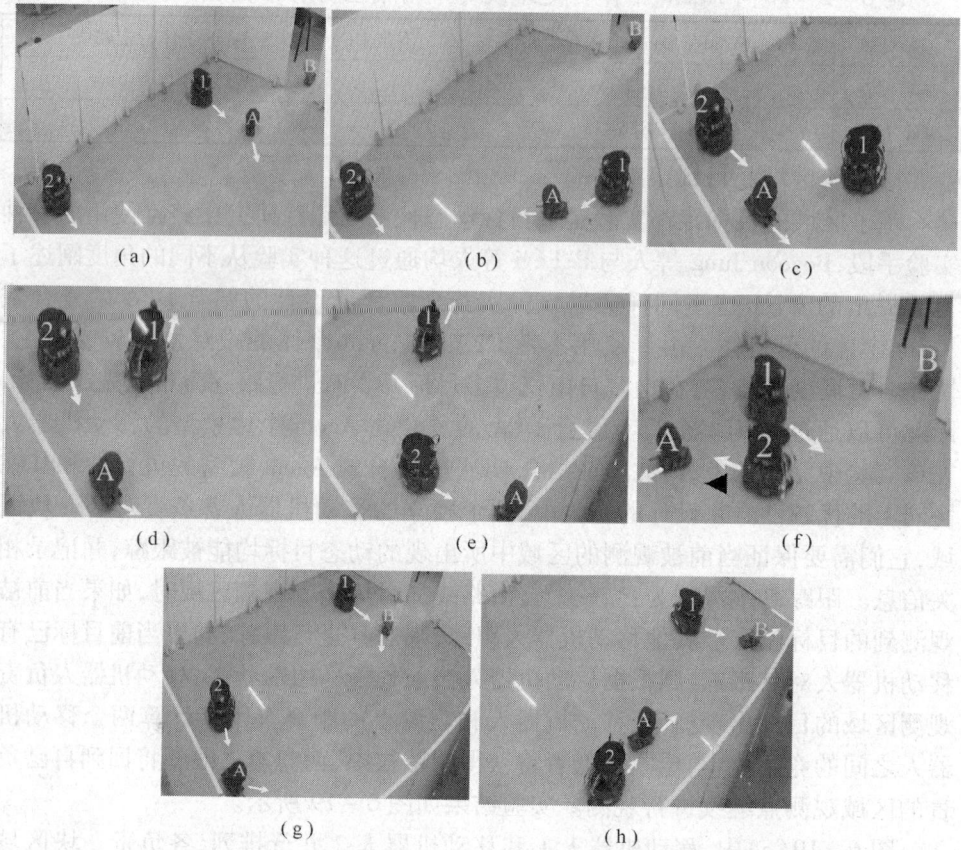

图 6-19　基于区域的目标跟踪实验(箭头表示移动机器人和目标运动的方向)
(a)协同观测；(b)单目标跟踪；(c)团队协商；(d)最优决策。(e)调度与执行；
(f)观测与跟踪；(g)多目标观测；(h)多目标跟踪。

7

多机器人应用实例

随着应用领域的不断拓展,尤其是水下、空间、危险环境探索、服务及教育领域等场合的应用需求,促使多机器人领域的研究课题日益广泛和深入,其应用也涵盖了民用与军用,有些成果还进行了产业化。本章向读者介绍三个多机器人的应用实例,分别是多仿生鱼系统、小型足球机器人系统以及多异质机器人协同系统。

7.1 多仿生鱼系统

仿生机器人的研究已成为机器人研究领域的热点。鱼类是最早的真骨类脊椎动物,已经进化了几亿年,经历了漫长的适应环境的自然选择过程,因此发展了各具特色的水中运动的非凡能力。既可以在持久游速下保持低能耗、高效率,也可以在拉力或爆发游速下实现高机动性。它们具有的显著能力启发人们的发明灵感,进行仿生鱼的研制。仿生鱼主要在复杂环境中的水下作业、海洋考察、军事侦察、寻找污染源头等方面发挥重大作用。由于单条仿生鱼的活动范围和能力有限,对于许多复杂环境下的任务完成显得无能为力。在这种情况下,选择具有高机动性、灵活性、容错性的多仿生鱼系统来并行、高效地完成任务是一个全新的解决方案,也是国内外研究的一个热点。

7.1.1 国内外研究进展

经过数百万年的自然演化,持久的速度、谜一般的效率和大的推重比,鱼类及鲸豚类以高超的游泳技巧远高明于人类现有的航海技术,而它们流线形身体具有流体力学分析的最佳性能,更为造船工程学者所称赞。1936 年,英国生物学家 James Gray 发表论断,估算出海豚的肌肉所能提供的功率只相当于与它身体相似的刚体模型,以 15kn ~ 20kn 的时速前进时所需功率的 1/7。Gray 从能量守恒的角度向流体力学者提出了一个疑问:海豚的游动效率远远超出了 100%。人们将这个结论推广到整个鱼类,称为 Gray 悖论(Gray's Paradox)。直到今天,Gray 悖论还激励着广大科学工作者以精确的科学方式证明其对错。关于仿生鱼的研究主要分为两个阶段:20 世纪 90 年代以前主要集中于基础理论的研究,90 年代以后随着机器人学、新型材料和驱动装置的进步才开始真正意义上的仿生鱼研制。仿生鱼的研究目前主要集中在仿生鱼推进模式的水动力学模型和高效、高机动性仿生鱼的开发等方面,美国、日本等国家都有着相应的研究成果。随着应用要求的提高,多仿生鱼,也可称为仿生鱼群的研究应运而生。多仿生鱼系统在本质上也就是多机器人系统,很多机器人系统的研究可以应用或者借鉴到多仿生鱼系统中来,在国内外也有许多大学和研究机构在对此进行研究。

随着高新技术的发展,1994 年 MT 研究组成功研制了世界上第一条真正意义上的仿生金枪鱼(Rob Tuna),开启了仿生鱼研制的先河。此后,结合仿生学、材料学、机械学和自动控制的新发展,仿生鱼研制渐成热点,从表 7 - 1 中可以看出,美国和日本进行的仿生鱼研究比较多,取得的成果也比较多。

表 7 - 1　国内外多仿生鱼相关研究机构

国别	研究单位	主要研究内容
美国	MIT, M. Triantafyllou 研究组	涡流控制和减阻机制鱼类游动行为
	北亚利桑那州大学生物系	鱼类推进数学模型
	Vassar 学院 生物力学实验室	鱼类推进数学模型
	加州大学 动物系	鱼类游动的结构和功能游动和飞行的研究
	Lafayette 大学数学系	鳗鲡推进
加拿大	渥太华大学	电子鱼研究项目
日本	东海大学 Kato 实验室	胸鳍推进
	运输省船舶技术研究所	驱动装置、机动性研究

国内近年来也有许多大学与研究机构参与到仿生鱼的研究中。图 7-1 所示为哈尔滨工程大学自行研制出的一款新型仿生鱼。这款仿生鱼使用电磁感应方法，并采用多关节的复杂系统使其运动更加灵活，自由度更高，具有噪声低、运动灵活、高效节能等优点。

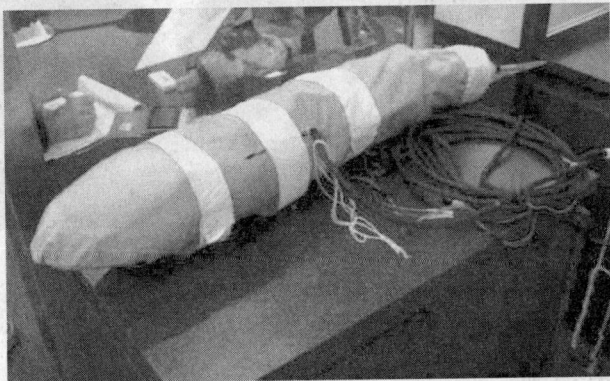

图 7-1 哈尔滨工程大学研制的新型仿生鱼

图 7-2 展示的"鱼"是我国科技界研制的第一条实用仿生鱼，由北京航空航天大学机器人研究所和中国科学院自动化研究所共同研制。仿生鱼的体表不是软的，非常坚硬，表面很光滑。仿生鱼没有眼睛和嘴，只是在嘴的位置有一个直径 5cm 的玻璃圆孔，那是水下摄像的窗口。仿生鱼已经可以完成鱼游动的基本姿态。其游动速度比人们想象的要快很多。在平静的水中，能以 2n mile/h ~ 3n mile/h 的速度向前游动（1 海里为 1852 米），也就是说，仿生鱼平均航速可以达 4km/h 左右，约为 1.4m/s。仿生鱼使用镍氢电池，能在水下连续工作两三个小时，持续游动约 10km/h。这种具有我国自主知识产权的水下仿生鱼，稳定性强、行动灵活、自动导航控制，在水下考古、摄影、测绘、养殖、捕捞，以及水下小型运载等方面，具有广泛的应用前景。

在多仿生鱼方面研究热点较多，但是成果相对较少，近年来许多国内外研究机构都对其开展工作，取得了一些进展。例如北京航空航天大学研制了一套具有高效、高机动性的微小型多仿生鱼平台，提出了基于 Agent 的网格算法进行多仿生鱼的定位和协调控制，利用该实验平台，进行了多仿生鱼对抗和多仿生鱼协调过孔的实验研究；河海大学对鱼群游动中的"槽道效应"进行仿真研究以及模拟了鱼群的游动控制，中国科学院对鱼群的体系结构进行研究也取得了一定的进展。

多仿生鱼是由多个单体仿生鱼组合而成的一个群体，接下来首先介绍一下

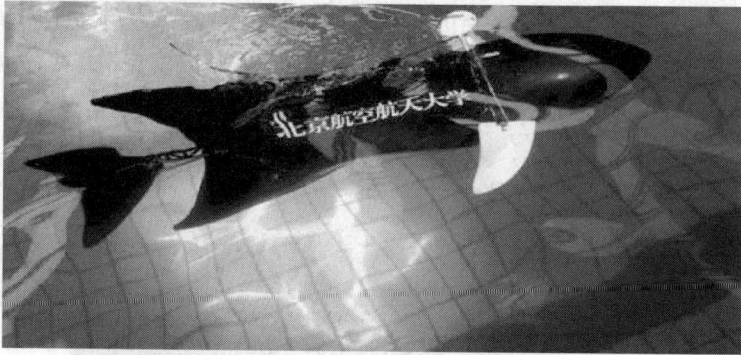

图 7 - 2 北京航空航天大学研制的仿生鱼

单体仿生鱼的模型,使读者了解仿生鱼的基本结构。

7.1.2 仿生鱼模型

仿生鱼的结构模型主要考虑以下几个方面:机械结构、推进理论、控制性能,控制性能又主要包括导航与定位、游动控制。

1926 年 Breder 首先对鱼类游动的推进模式进行了分类,为以后的鱼类推进机制分类奠定了一个框架。1984 年,P. W. Webb 根据鱼类推进所使用的身体部位的不同,将鱼类游动的推进模式分为两类:身体/尾鳍推进模式(Body and/or Caudal Fin, BCF)和中央鳍/对鳍模式(Median and/or Paired Fin, MPF)。图7 - 3 给出了鱼体形态特征描述的有关术语。图 7 - 4 给出了 P. W. Webb 关于鱼类游动推进模式的分类和特点。

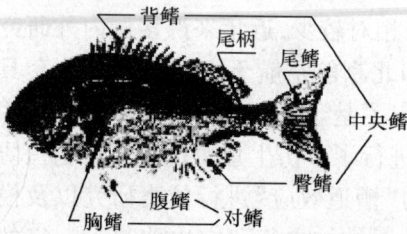

图 7 - 3 鱼体的形态特征描述术语

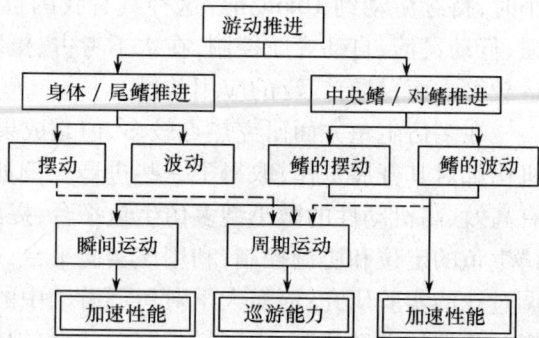

图 7 - 4 鱼类游动推进模式的分类及功能

　　按照鱼类推进运动的特征,仿生鱼可以分成波动式仿生鱼和摆动式仿生鱼。波动式是指在游动过程中整个推进结构都参与了大振幅的波动,并且在推进长度上至少提供一个完整的波形。摆动式是指推进结构绕着基体转动,并不呈现波的形状。一般来说,波动式常指身体波动式,摆动式常指尾鳍摆动式。相对于尾鳍摆动式而言,身体波动式推进效率较低,但机动性较好,而尾鳍摆动式具有很高的推进效率,适于长时间、长距离巡游,不足之处是机动性较差。

　　仿生鱼的游动需要动力,那么从仿生鱼推进器的设计和应用出发,按照鱼体的形态及运动形式,仿生鱼一般又分成鳗鲡模式(Anguilla-form Mode)仿生鱼、鲹科模式(Carangi-form Mode)仿生鱼、鲹科加月牙尾推进(Thunni-form Made)仿生鱼和胸鳍摆动/波动式仿生鱼。前三种模式的主要区别在于产生推进运动的身体波的特征不同:

　　(1)鳗鲡模式是指整个鱼体从头到尾都作波状摆动,而且波幅基本不变,其特点是行进单位距离所需能量最少。

　　(2)鲹科模式的波动主要集中在身体后 2/3 部分,推进力主要由具有一定刚度的尾鳍产生,推进速度和推进效率较鳗鲡模式高,在速度、加速度和可控性三者之间有最好的平衡。

　　(3)在鲹科加月牙尾推进中,鱼的前体基本失去柔性,推进运动仅限于身体后 1/3 部分,特别是尾鳍至尾柄处通过具有一定刚度、高展弦比尾鳍的运动,鱼体产生超过 90% 的推进力。该模式适于长时间高速巡游,海洋中游速最快的鱼类,如鲨鱼和金枪鱼,几乎都采用该推进模式,具有快速(巡游速度高达 20kn)和高效推进(流体推进效率高达 80 % 以上)的优点。

　　从仿生鱼机械结构的设计与选择来看,在鱼类的进化过程中,不同的环境进化出不同外形和种类的鱼;在仿生鱼的设计过程中,如何选择合适的材料和动力、结合鱼类的推进机制来实现仿生鱼的结构最优、推进效率最高已成为仿生鱼研制的关键。1996 年,美国新墨西哥大学 Methran-Mojarrad 研究小组将高分子电解质离子交换膜镀在仿生鱼鳍的金属薄片上,通过外加电场实现人造合成肌肉运动,产生了类似鳗鱼的游动方式。东北大学海洋科学中心用形状记忆合金和链杆结构开发了波动推进的机器鳗鱼。1999 年,得克萨斯州农工大学(Texas A & M University)宇航工程系应用 SMA 驱动技术开发了一种带脊柱的水下仿生潜器。基于二维波动板理论,SMA 驱动单元不仅可以实现水翼的力和力矩控制,而且能够产生向前的推进力

　　仿生鱼另一个重要的研究方面就是控制性能,其最基础部分就是控制体系结构。图 7-5 展示了一种应用于仿生鱼的机器人控制的混合控制结构。

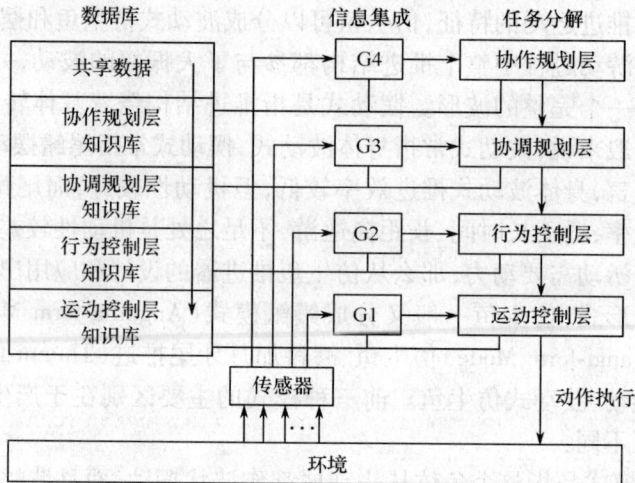

图 7 - 5　仿生鱼单体控制体系结构

根据图 7 - 5 所示,整个系统结构按照"信息集成,任务分解"的原则进行设计,其中含有数据库、信息集成和任务分解 2 列,每列又分 4 层,2 列同等位置的对应层仅传递要求与应答,不传递具体数据。数据库内存放修改和管理有关外部环境和系统状态的数据。数据库也是分层的,既有整个系统共享的全局数据,也有对应层自己专用的数据。设计数据库,使系统对信息的管理维护和使用变得容易和方便。信息列根据传感器的数据进行信息集成,描述的数据写入数据库内,并且判断意外事件(如撞上障碍物)的发生,通知给任务列的同等位置的对应层,由其处理。从宏观来讲,对信息集成列的要求是:①在已知结构环境下,及时发现环境的改变,并将这一改变描述清楚,送入数据库,同时通知任务分解列重新决策;②在未知环境中,要感知环境并描述环境,即建模,将环境模型写入数据库,为任务分解列决策提供依据;③及时发现威胁到仿生鱼安全的意外事件,通知任务分解列采取相应紧急措施,以维护仿生鱼的安全。

仿生鱼控制性能方面还有两个重要的问题就是导航与避障。导航与避障与传统机器人的导航控制与避障过程的研究类似,有兴趣的读者可以自行查阅相关论文或书籍。

7.1.3　多仿生鱼的系统模型

按前文所述,单条机器鱼的活动范围和能力有限,对于许多复杂环境下的任务完成显得无能为力,研究多仿生鱼或者是仿生鱼群就应运而生。为了保证系统的功能扩展,便于技术的更新,必须首先给多机器鱼系统设计一个合适的控制体系结构。由于多仿生鱼本质上就是多机器人,只是环境有所不同,因此一般都借用多机器人体系结构来设计多仿生鱼的体系结构。

多个机器人要实现相互间的合作就必须确定机器人之间逻辑上的和物理上的信息关系和控制关系,以及问题求解能力如何分布等问题。多机器人系统的群体体系结构可以归纳为集中式和分散式两种结构。分散式结构又可以细分为分层式的和分布式两种。集中式的结构如图 7 – 6(a)所示,通常有一个主控机器人(Host)掌握全部环境信息以及各受控机器人信息,运用规划算法扰化算法,主控机器人对任务进行分解和分配,向各受控机器人发布命令,组织多个受控机器人共同完成任务。由于在实际环境中所有信息对于主控机器人并不是完全已知,所以主控机器人在复杂多变的环境中无法保证各受控机器人快速响应外界的变化,做出适当的决策。而在分布式的结构中则没有主控机器人存在,如图 7 – 6(b)所示。各机器人之间的关系是平等的,各机器人均能够通过通信等手段与其他机器人进行信息交流,自主地进行决策。分层式结构与分布式结构的不同之处在于存在局部集中,如图 7 – 6(c)所示。分层式结构近似于介于集中式结构与分布式结构之间的一种混合结构。由于分散式结构的多机器人系统中,各机器人具有一定的自主性,所以整个系统应对外界环境变化、完成复杂任务的能力较强,且容错性、可靠性、并行性、可扩展性均优于集中式结构的多机器人系统。

图 7 – 6 所示的 3 种多机器人系统体系结构都在多仿生鱼中有所应用,现在为读者介绍一种基于混合结构所设计的多仿生鱼体系结构。

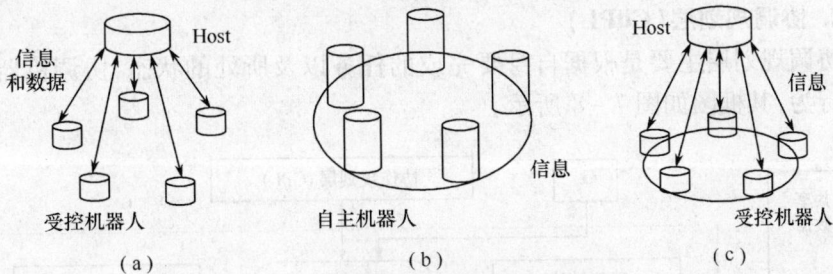

图 7 – 6 多机器人系统通用体系结构

(a)集中式结构;(b)分布式的结构;(c)分层式混合结构。

多仿生鱼群体的一个重要组成部分就是单体仿生鱼的体系结构,根据不同的多机器人系统设计的单体仿生鱼的体系结构也会有所不同。现采取图 7 – 5 所示的单体仿生鱼的体系结构来设计多仿生鱼的体系结构。

图7-5中所示的任务列负责接受机器鱼的总任务,把任务按层分解,最后变成具体的执行动作。它包括以下4层:

1. 协作规划层(CPL)

协作规划层是为了满足机器鱼之间任务的协作而设计的。协作规划层主要实现任务的承接、分解、分配,以及机器鱼之间通信、协商等功能的管理,其框图如图7-7所示。

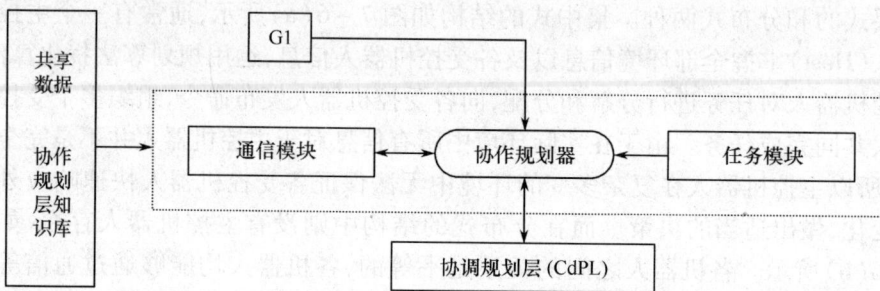

图7-7 协调规划层功能结构图

通信模块:负责机器鱼之间任务级的信息传递,如任务的承接、发布等。

任务模块:存放来自用户或其他机器鱼的招标任务,以及任务分解后需其他机器鱼协作执行的任务。

协作规划器:这是协作规划层的核心,根据数据库中本层知识库的知识以及共享数据,将承接的任务分解(若不需分解,将任务交给协调层处理),基于确定的协商策略和协议,采用协商的方式实现机器鱼之间任务的动态分配。

2. 协调规划层(CdPL)

协调规划层主要是根据自身要完成的任务以及所处的状态,协调机器鱼之间的行为,其框图如图7-8所示。

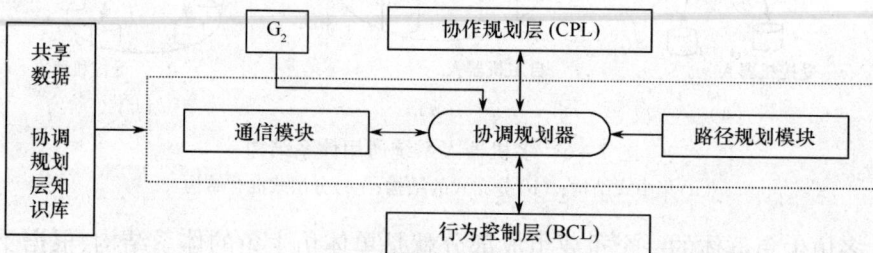

图7-8 协调规划层功能结构图

通信模块:负责机器鱼之间运动规划信息的传递。

路径规划模块:运动路径的规划算法。

协调规划器:根据数据库中本层知识库的知识以及共享数据,采用合适的路径规划算法,规划机器鱼的路径并协调机器鱼的行为,实现机器鱼之间冲突的消解。

3. 行为控制层(BCL)

该层设计时主要采用多机器人中基于行为的方法。根据数据库中本层知识库的知识以及来自上层的有关命令,给出具体要实行的行为,并传递给运动控制层去执行,其结构如图7-9所示。

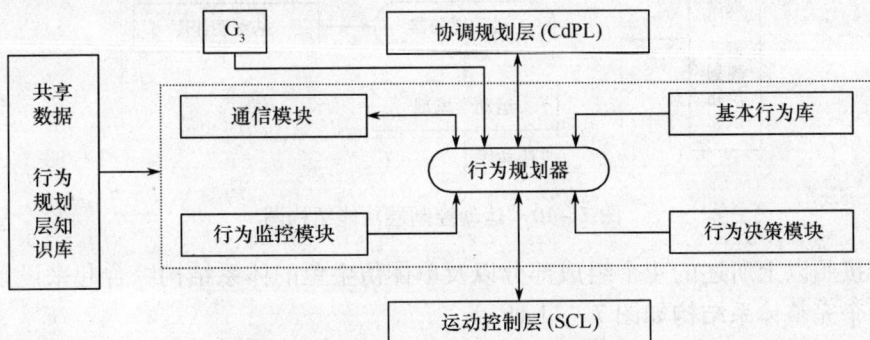

图7-9 行为控制层功能结构图

基本行为库:存放机器鱼的基本行为的各种算法。机器鱼的行为有躲避静止障碍物、躲避其他机器鱼、追逐目标、离开、搜索、集群(或编队)、逃逸、漫游。

行为决策模块:对于一个任务指定一系列行为后,如何实现各激活行为之间的有机结合是本模块要解决的问题。

行为监控模块:监控机器鱼的状态是否异常,如有异常,应立即停止任务的继续执行,通知行为规划器重新规划。

通信模块:主要实现机器鱼之间运动信息的传递。

行为规划器:这是本层的核心模块,根据当前的任务状态、产生的行为描述,采用合适的行为综合机制,进行基于行为的实时运动规划,并且对于发生异常时实现不了的动作,请求协调规划层解决。

4. 运动控制层(SCL)

本层主要根据行为控制层决出的行为,选择一个或多个不相互矛盾的具体动作,其框图如图7-10所示。

基本动作控制器库:存放机器鱼的基本动作控制算法。机器鱼的运动技能有9个运动控制器来实现直线游动、左转、右转、滑行、上浮、下沉、平衡、制动、后退。

运动学模型:根据对鱼类推进机理研究,建立机器鱼的运动学参数模型。

运动规划器:这是本层的核心。运动规划器根据行为控制层的命令和数据库中本层知识库的知识以及共享数据,从基本动作库中选择基本动作,交由运动学模型产生具体的动作。

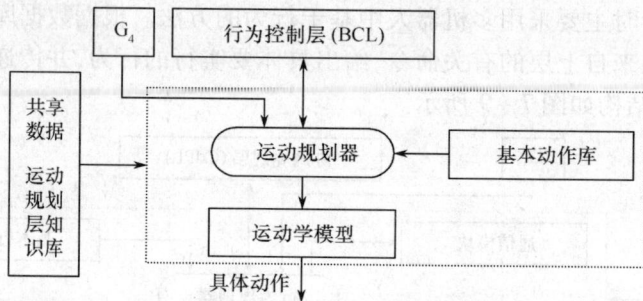

图7-10 运动控制层功能结构图

按照以上所述的4个组成部分以及单体仿生鱼的体系结构综合起来设计出的一个完整体系结构如图7-11所示。

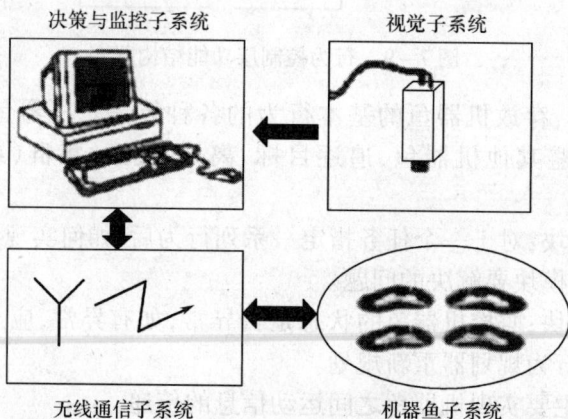

图7-11 多仿生鱼控制体系结构

7.1.4 多仿生机器鱼运动控制模型

本小节描述如何建立多仿生机器鱼运动控制模型。首先从二维仿生鱼着手描述仿生鱼在游动过程中的自身运动以及其他仿生鱼对其的影响,分别描述游动速度控制,游动方向控制,建立仿生鱼群自主巡游及控制的求解步骤,然后再仿真二维仿生鱼的转弯过程;然后从三维的角度建立多仿生机器鱼的运动控制模型,建立仿生鱼的三维几何模型,最后建立多三维仿生鱼的摆动模型。

1. 二维仿生鱼群运动控制

由于二维仿生鱼自主游动时要受到自身尾涡、其他鱼和流场流态及边界等的影响,如果按照固定的摆动方式游动,则它就将无法按照预定的轨迹进行巡游或机动游动,因此必须对其进行控制。一般地,可将二维仿生鱼自主游动的控制分为两大类,即游动速度的控制和游动方向的控制。

1) 游动速度控制

在此我们将仿生鱼的运动速度恒定控制在 u_0,则其尾部摆动频率 f 的变化规律为

$$f = \begin{cases} C_f f \\ f \\ \dfrac{f}{C_f} \end{cases} \tag{7-1}$$

其中 $C_f > 1.0$ 为一个敏感因子,其中取 $C_f = 1.05$。

2) 游动方向控制

仿生鱼在自主游动中为了保持运动方向或进行机动游动,必须进行有效的控制。但控制其运动方向的关键部位是哪里呢? 许多刚开始的研究中的研究者仅从现象出发,总结出所谓的"C 型"和"S 型"起动和转弯模式,在此认为控制鱼类转弯机动的关键在其尾部,该研究得出了鱼类转弯时首先必须通过尾部朝向转弯一侧的大幅摆动来实现转弯的结论。后来的学者提出了一种利用头部摆动进行方向控制的摆动规律,更加符合鱼类游动的规律。在此设置仿生鱼的头部摆幅为

$$A_n(t) = \frac{1}{2} \left\{ C_\theta L_c \tan(\theta(t)) + C_y [y(t) - y_0] \right\} \tag{7-2}$$

式中:θ 是鱼的鱼体攻角(鱼的身体同前进速度方向的夹角);L_c 是鱼身前部用来进行方向控制的身长(简称控制身长),如无特殊说明,L_c 均为前缘到重心的距离 $y(t)$ 是重心的纵坐标;y_0 是目标轨迹的纵坐标;C_θ 和 C_y 都是系数,分别取值为 $C_\theta = -1.5$ 和 $C_0 = -1.0$;$A_n(t)$ 可正亦可负。

加入方向控制后,鱼的摆动规律变为

$$y(x,t) = \begin{cases} A_n(t)x^2, & -0.4 \leqslant x \leqslant 0.0 \\ \alpha(x)\sin(k_\omega x - \omega t), & 0.0 < x \leqslant 0.6 \end{cases} \qquad (7-3)$$

3）仿生鱼群自主巡游及控制的求解步骤

设由 N 条仿生鱼组成的鱼群沿 $-x$ 轴方向进行自主游动,计算区域为 $[x_s,$ $x_e] \times [y_s, y_e] \times [z_s, z_e]$,分别为计算区域的起始坐标和终点坐标。仿生鱼群中各条鱼的重心坐标分别为:$x_1, x_2, \cdots, x_N$ 无量纲鱼的身长为 1。如果任意一条仿生鱼 i 的重心横坐标满足 $x_i - x_s \leqslant 1$ 时计算就会终止。仿生鱼的自主巡游控制的具体求解步骤为

DO,UNTIL,STOP

  FOR $i = 1, N$

  确定第 i 条仿生鱼在 t 时刻的形态,并由 x_i 确定其在流场中的位置;由速度控制和方向控制方法调整第 i 条仿生鱼的摆频 f_i 和头部摆幅 A_{ni};通过内置边界方法,设定第 i 条仿生鱼表面的边界速度 u_{bi};

END FOR

求解流场;

FOR $i = 1, N$

  计算第 i 条仿生鱼所受合力 F_i、及合力矩 M_i;

  由仿生鱼的运动控制方程求得第 i 条的平动速度。u_i 和转动角速度 ω_i;

  更新第 i 条仿生鱼的重心位置 x_i 和鱼体攻角 θ_i;

  IF$(x_i - x_s \leqslant 1)$STOP

 END FOR

END DO

在此所有的计算都采用相同的计算区域,即 12×2,摆动频率 $f = 2.0\text{Hz}$。

4）二维仿生鱼机动游动中的转弯过程

对于转弯来说,最关心的就是转弯半径,鱼的机动性主要就体现在可以以很小的半径快速转弯。当利用鱼身体前部来进行转弯时的方向控制时,有两个重要参数,即头部攻角和控制身长。由于重心位于距头部 0.4 处,所以分别计算控制身长为 0.2、0.3 和 0.4 时的情形。参与速度控制的身体摆动只存在于重心到鱼尾这一部分。与前面不同的是,这里所进行的关于仿生鱼转弯的研究是一个开环控制,即头部摆幅不随时间变化。当头部攻角 α 和控制身长 L_c 确定之后,头部摆幅就确定了下来。为简单起见,头部摆幅定义为

$$A_h = L_c\tan(\alpha) \qquad (7-4)$$

在计算中设摆动频率为 $f=2.0$Hz，尾部摆幅 $A=0.16$，计算区域为 7×7。受计算区域的限制，仅让鱼转 1/4 圆，然后通过计算前后位置的横坐标差来得到转弯半径。头部攻角越大，转弯半径越小。当头部攻角相同时，控制身长越长，转弯半径越小，这与常识是一致的。仿生鱼的头部在初始时刻摆向了下方，在仿生鱼接下来的游动过程中，由于头部攻角的存在，旋涡从鱼转弯内侧的头部脱落，而外侧只在鱼身的重心以后位置才会发生轻微分离。当从鱼头位置发生涡脱落以后，会在转弯的内侧产生负压区。同时，转弯过程中头部外侧始终会存在一个高压区，这样就会在鱼的头部位置产生有利于转弯的力矩。而尾部的压力分布则呈周期性变化，当尾部摆向转弯内侧时会产生有利于转弯的力矩；反之则会产生不利于转弯的力矩。

2. 三维仿生鱼群的运动控制

前面部分主要研究了二维仿生鱼和鱼群的自主游动及控制。虽然二维模型也能揭示一些鱼类游动的规律，但是，要想真正了解鱼类的游动特性，尤其是鱼的形态等因素对游动的影响，就必须开展三维仿生鱼的研究。接下来将着重研究单条三维仿生鱼的几何外形及其摆动规律。

1）三维仿生鱼的几何外形

与二维仿生鱼不同的是，平动由二维时的两个自由度变为三个自由度，转动由一个自由度增加为三个自由度。采用金枪鱼的外形作为示例，该外形主要有两部分组成，即身体部分和月牙形尾鳍部分。至于胸鳍、背鳍和腹鳍等部分暂不考虑。下面，在鱼体坐标系下介绍三维仿生金枪鱼几何外形的构造。

金枪鱼身体的轮廓线为

$$\begin{cases} z_l(x_l) = \pm 0.152\tanh(6x_l+1.8), & -0.3 \leqslant x_l \leqslant 0.1 \\ z_l(x_l) = \pm[0.075 - 0.076\tanh(7x_l - 3.15)], & 0.1 < x_l \leqslant 0.7 \end{cases} \quad (7-5)$$

对于每一个水平位置 x_l，身体截面为椭圆，长短轴之比为 1.5，鱼的肉柄区非常窄，最窄处仅有 0.0069。如果计算时采用七层网格，那么最小网格的边长为 $1/2^7 \approx 0.0078$。鱼的身长 L 指三维仿生鱼身体部分（不包括尾鳍）的长度，当仿生鱼无量纲身长为 1 时，肉柄区最窄处的宽度会小于一个网格的边长。在这种情况下，内置边界方法无法将肉柄区分辨出来。所以，对金枪鱼身体轮廓线的后部（$x_l > 0.35$ 部分）进行重新拟合，得到的新轮廓线为

$$\begin{cases} z_l(x_l) = \pm 0.152\tanh(6x_l+1.8), & -0.3 \leqslant x_l \leqslant 0.1 \\ z_l(x_l) = \pm[0.075 - 0.076\tanh(7x_l - 3.15)], & 0.1 < x_l \leqslant 0.7 \\ z_l(x_l) = \pm[1.749\tanh(x_l) - 3.331\tanh(2x_l) + 1.976\tanh(3x_l)], & 0.35 < x_l \leqslant 0.7 \end{cases}$$

$$(7-6)$$

新轮廓线肉柄区最窄处为 0.0511，是最小网格边长的 6.5 倍，完全可以分辨出来。

金枪鱼的月牙形尾鳍的前后缘曲线为

$$\begin{cases} z_l(x_l)_{LE} = 39.543 |z_l|^3 - 3.586(z_l)^2 + 0.636 |z_l| + 0.7 \\ z_l(x_l)_{TE} = -40.74 |z_l|^3 + 9.666(z_l)^2 + 0.77 \end{cases} \tag{7-7}$$

2）三维仿生鱼的摆动规律

几何外形确定之后，我们来确定鱼的摆动规律。三维仿生鱼的摆动包括两部分，即身体的波动和尾鳍的摆动。身体的波动实际上就是鱼的脊椎在 $x_l - y_l$ 平面内的波状摆动，摆动规律与二维仿生鱼的中线摆动规律相同，即

$$\begin{cases} y_l(x_l,t) = \alpha(x_l)\sin(k_l x_l - \omega t) \\ \alpha(x_l) = c_1 x_l + c_2 x_l^2, \quad -0.3 \leqslant x_l \leqslant 0.7 \end{cases} \tag{7-8}$$

其中 $k_\omega = 2\pi/\lambda$，$\omega = 2\pi/T$，$x_l = 0$ 点位于距边缘 0.3 处，该点也是鱼的重心，（同时也是转动的轴心）。

尾鳍在随着身体一起运动的同时，自身还在进行着周期性的摆动。尾鳍与 x_l 轴夹角的变化规律为

$$\theta = \alpha\sin(k_\omega x_{lp} - \omega t + \psi) \tag{7-9}$$

式中：α 是最大攻角；$x_{lp} = 0.7$ 是尾鳍与身体连接点的横坐标；ψ 是尾鳍摆动与身体摆动的相位差。

7.2 足球机器人——ROBOCUP

智能机器人作为现代高科技的集成体充分展示人工智能技术的理想平台，是 21 世纪的科技制高点之一，一些发达国家已把智能机器人比赛作为创新教育的战略性手段，在国际上推出的各种机器人比赛（如机器人足球、机器人灭火、机器人相扑、机器人篮球）中，尤以机器人足球赛最为引人注目。

7.2.1 ROBOCUP 概述

机器人足球竞赛是近年来国际上迅速开展起来的一种高技术对抗活动。机器人足球世界杯（Robot Soccer World Cup，ROBOCUP）是一个国际性的研究和教育项目，它通过提供一个标准问题来促进人工智能和智能机器人研究的发展。为了这个目的，ROBOCUP 组委会选择了足球比赛作为基本的领域，并组织了国

际机器人足球赛及学术会议。

机器人足球竞赛的设想,最早是由加拿大大不列颠哥伦比亚大学(The University of British Columbia,UBC)的艾伦·麦克沃思(Alan Mackworth)教授,于1992年在其一篇题为"关于可视机器人"(On Seeing Robots)的论文中首次提出的。随后在日本东京举行的关于人工智能领域重大挑战的研讨会中,与会的研究人员对制造和训练机器人进行足球比赛,以促进相关领域研究与发展进行了探讨。在1993年,一组日本学者决定开展机器人足球比赛,受到国际众多研究机构、知名学府的响应。1996年ROBOCUP世界联合会宣告成立,并在日本举行了一次表演赛,获得了很大成功。1997年,ROBOCUP联合会在日本名古屋举行了第一届正式的ROBOCUP会议及比赛。此后,每年都举办一届ROBOCUP国际比赛。

为了让一个机器人组成的足球队更接近一个人类的足球队,真正能够进行足球比赛,就要求各种技术必须能够完美地结合在一起。其中涉及的研究内容包括智能机器人系统、实时模式识别与行为系统、智能体结构设计、实时规划和推理、机器人运行与控制技术、传感器技术、自治智能体的设计准则、多智能体合作、策略获取、实时推理、机器人学以及传感器信息融合等多个领域的前沿研究和技术融合。对于一个由许多快速运动的机器人组成的球队来说,ROBOCUP是一项在动态环境下的比赛项目。概括地说,它是通过人们事先编制的合作与协调策略程序进行比赛,在比赛过程中没有人为的介入控制,机器人球队完全独立、自主地进行比赛。这就要求机器人足球队,不但要有强壮的硬件系统,还要有能够根据外部环境的变化而随机应变的策略软件系统,只有这样才可能在激烈的对抗比赛中获得胜利。

ROBOCUP活动从创建以来,一直处于不断发展之中。ROBOCUP机器人足球世界杯赛及学术大会(The Robot World Cup Soccer Games and Conferences)是目前国际上级别最高、规模最大、影响最广泛、参与人数最多、水平与技术含量最高的国际性机器人足球赛事和学术研讨会议。世界机器人足球世界杯赛联合会现在己经成为世界上最大的机器人足球国际组织。提出ROBOCUP的最终目标是在2050年,一支完全自治的人形机器人足球队能在遵循国际足联正式规则的比赛中,战胜人类世界杯冠军队。随着ROBOCUP研究的发展,各区域性的公开赛也逐渐增多,目前己经有德国公开赛、美国公开赛、日本公开赛、澳大利亚公开赛等。我国在机器人足球方面的研究虽然起步比较晚,但是己经取得了比较显著的成果。

中国机器人大赛由中国自动化学会机器人竞赛工作委员会与科技部高技术

研究发展中心主办,是面向高等院校、科研院所的一项科技竞赛活动,大赛每年举行一次。1998 年中国科技大学组建了国内第一支 ROBOCUP 仿真足球队。我国有许多高校正在致力于这方面的研究工作,其中成绩比较突出的有清华大学、中国科技大学、哈尔滨工业大学、国防科技大学和上海交通大学等高校。目前,ROBOCUP 活动主要包括技术会议、ROBOCUP 国际比赛及会议、ROBOCUP 挑战项目、教育项目、基础组织的发展。其中 ROBOCUP 国际比赛是核心活动,它包括机器人足球比赛、救援比赛以及青少年组机器人足球比赛。机器人足球比赛是整个比赛的主要部分,包括 ROBOCUP 仿真组、ROBOCUP 小型组、ROBO-CUP 中型组、Sony 四腿组、类人机器人组。除了 ROBOCUP 仿真组比赛是全部通过计算机模拟外,其余的比赛都是以实物机器人形式参赛。

ROBOCUP 小型组(F-180 small-size league)足球机器人系统是指在符合 ROBOCUP 小型组比赛规则要求下,能与另外一个机器人足球队进行比赛的硬件及软件系统的综合体,研究在动态环境下使用一个集中或者分布的系统如何控制多机器人以及完成它们的协作。每个 ROBOCUP 小型组机器人足球队由 5 个小型机器人小车及其视觉感知与决策控制系统组成。两支机器人足球队的对抗是在一块长宽分别为 4900mm 和 3400mm 的绿色地毯的场地上进行的,场地有着倾斜的边墙,以阻止机器人冲出场地,使用一个桔黄色的高尔夫球作为比赛用球。在规定的时间内,进球多者为获胜者。小型组的机器人在尺寸上的要求是机器人必须能够放进一个直径 180mm、高 150mm 的圆筒中,因此也称作 F180 组。

接下来以 ROBOCUP 小型组为例给读者介绍足球机器人系统。

7.2.2　小型 ROBOCUP 足球机器人系统体系结构

ROBOCUP 小型组机器人足球系统在硬设备方面包括机器人小车、摄像装置、计算机主机和无线发射装置;从功能上讲,系统一般由小车子系统、感知子系统、决策子系统、通信子系统四个部分组成。通信子系统传输的是感知子系统的输出,决策由各小车子系统独立完成。它们之间的关系如图 7 - 12 所示。

1.　小车子系统

足球机器人小车子系统由车体、动力驱动机构、伺服控制、控球机构、能源等组成。小车子系统接收决策子系统发出的控制指令,执行相应的动作,完成决策子系统的意图。其在整个系统中扮演着执行机构的角色,相当于足球场上球员,只不过目前它还不具备真正的足球运动员一样的智能,也不是用脚踢球,而是用车体或控球机构去“撞球”。车体不仅应满足比赛规则的尺寸要求,同时还应满足方便安装并能集成驱动机构、能源、伺服控制、控球机构,甚至外部感知传感器的需要。车体结构应该强度好、质量和转动惯量小。驱动机构决定了机器人小车的运动能力。目前大多的机器人小车普遍采用伺服电机通过减速器带动车轮转动、双轮差动驱动行驶的运动方式:小车的运行速度能够达到 2m/s 的高速。转向灵活的三轮全向驱动方式,由于全向轮加工要求高等原因,还未在国内研制的系统中应用。伺服控制保障机器人小车能够执行决策系统发出的运动指令,包括检测电机位置及速度的传感器、功率放大模块、伺服控制电路及控制算法、路径规划及避障算法等。目前普遍采用光电码盘作为传感器,用 DSP 芯片、外围接口电路及相应的软件完成伺服控制。控球机构包括带球装置和"踢球"装置,它能使机器人小车更好地带球运动、更准确地传球及射门。小型组机器人足球小车目前采用低电压、高容量、轻质量、可重复充电的镍—氢电池,至少保证半场比赛需要的小车供电需求。

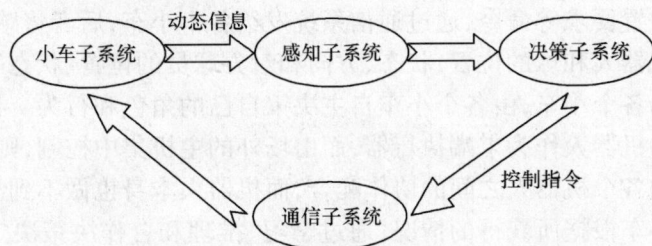

图 7 – 12　小型足球机器人系统关系图

2. 感知子系统

感知子系统用于确定球的位置,以及观察和检测比赛场地上己方队员及对方队员等信息,并将所有信息传给决策系统作为决策依据。在机器人足球比赛中,感知系统是感知球场形势的途径。一个定位准确、处理速度快、适应能力强的感知系统是比赛顺利进行的必要条件之一。小型组机器人足球系统中,目前一般采用全局视觉系统作为感知子系统,还很少采用各个机器人小车上的分布式视觉获取全场信息。全局视觉的足球机器人视觉系统是由一个安装在比赛场地上方的摄像设备以及一台计算机组成的,经摄像设备拍摄取得比赛场景的视频流,并由与其相连的计算机对所采集到的视频数据逐帧进行处理、分析,以得到球场上诸如足球的位置、足球机器人的身份、位置和朝向等信息,供决策模块来执行策略生成和路径规划等算法。对于决策模块来讲,其可以在一台计算机上,将生成的运动指令通过无线通信模块将运动指令传递给场地上的每个足球机器人,制定它们的动作,完成比赛任务;也可以分布于各个足球机器人之上,它们独立地从感知模块读取数据,彼此之间交流配合的指令,并决定自己的运动方式。

3. 决策子系统

决策子系统根据感知子系统所获得的场上己方队员及比赛形势等信息,利用多机器人协作及对策理论,做出己方机器人的行动决策,以控制各个机器人的行为。取得机器人足球比赛的胜利,不仅需要运动性能良好的机器人,更需要好的控制策略,这涉及到对策决策、多机器人配合、机器人路径规划和运动控制等。决策子系统是足球机器人比赛的核心子系统,也是多机器人协作理论研究在足球机器人系统中的集中体现。决策子系统可以运行丁一台服务器主机上,也可以由各个机器人小车上的处理系统协同完成。前者根据感知系统得到的关于场上机器人和球的位置、状态、方向和对方球员的位置、状态,按照选定的决策机制,决定己方球队的攻守状态、球员的角色分配等,生成己方每个机器人足球小车的速度与位置要求等命令,通过通信系统发给各个小车;后者将感知系统得到的关于场上机器人和球的位置、状态、方向和对方球员的位置、状态等结果,通过通信系统发给各个小车,由各个小车自主决策自己的角色和行为。很显然,如果只是把场上的机器人作为末端执行器,而由场外的主机集中控制,则难以反映多机器人系统的各个机器人之间的协作配合,而机器人本身也做不到学习的过程;只有让各个小车根据所获得的情况,通过学习、推理和合作决策决定自己行为,才有可能体现多机器人的协同。机器人足球比赛系统的决策研究,国内许多单位已取得的成果已达到了世界先进水平。

4. 通信子系统

通信子系统用来完成己方足球机器人系统中小车子系统、决策子系统、感知子系统间的信息交换,包括交换的数据资源、数据格式和通信信道。目前小型组机器人足球系统一般采取无线通信的方式,通过主机串口将命令传给发射装置,通过小车上的接收模块与场上各机器人建立无线通信联系。感知系统和决策系统向小车子系统发送信息,小车子系统接收信息;比赛双方事先各选定一个通信频段。命令字符串由机器人标识符、动作指令及指令数据等组成。通信子系统主要解决通信干扰,尤其是同频多路经干扰的问题。若采用分布式决策,还应解决多机器人间的信息交换机制及通信协议的问题。

由以上四个部分就可以决定足球机器人的体系结构如图 7-13 所示。

多机器人的体系结构决定着机器人的合作方法,在多机器人系统中,机器人为着同一个目标,有着共同的任务。任务执行者是通过先选举后谈判的方法来决定的,并通过对任务进行逐级分解、分配,分别由最合适的机器人来执

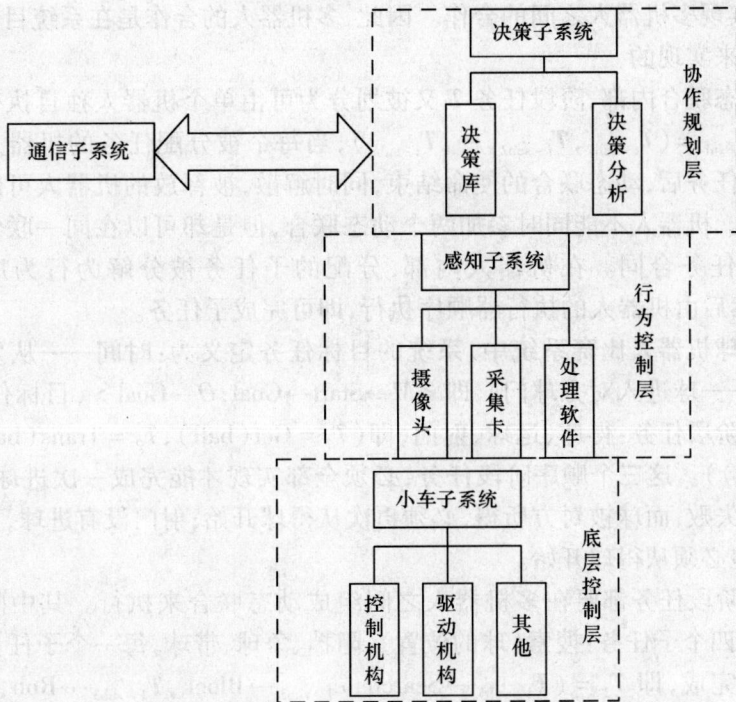

图 7 - 13　足球机器人的体系结构图

行,最终实现目标任务的。接下来为读者介绍足球机器人系统的任务分解与分配。

7.2.3　小型 ROBOCUP 足球机器人系统任务分解与分配

在 ROBOCUP 足球比赛中,多机器人系统的目标任务是在比赛规则要求下,阻止对手进球,且要己方进球并保证进球数多于对手。只要能够保证目标任务的完成,就能实现战胜对手的目的。

对多机器人系统中的任务,可以划分为三种不同的类型,分别是任务主管、联合主管和可由单机器人执行的子任务。对任务执行者的选取,采用先选举后谈判的方法。选举是在机器人系统中选择对该任务最有执行能力的机器人,谈判则分为两种,一是任务主管和联合主管之间的谈判,二是联合主管和执行子任务的机器人之间的谈判,且是一对一谈判。

在动态联合结构中,多个机器人共享同样的目标任务,该任务被分解为多个阶段任务的集合 $T = (T_1, T_2, \cdots, T_n)$,机器人针对每个阶段任务 T 组成动态联合,从而实现多机器人之间的合作。因此,多机器人的合作是在系统目标任务的次一级上来实现的。

在动态联合内部,阶段任务 T 又被划分为可由单个机器人独自执行的子任务集合 $T_{i-\text{sub}} = (T_{i-\text{sub1}}, T_{i-\text{sub2}}, \cdots, T_{i-\text{sub}n})$,当每个被分配任务的机器人都完成自己的子任务后,动态联合的使命结束,同时解散,被释放的机器人可以参与其他的联合。机器人不能同时参加两个动态联合,但是却可以在同一联合内部申请几个子任务合同。在机器人内部,分配的子任务被分解为行为序列 $(b_1, b_2, \cdots)$,然后由机器人的执行器顺序执行,即可完成子任务。

在足球机器人比赛系统中,系统的目标任务定义为:时间——从发球到进球,目标——球进入对方球门。即 $< M \rightarrow \text{Start} \rightarrow \text{Goal}; O \rightarrow \text{Goal} >$,目标任务 M 划分为三个阶段任务:得球、运球、射门,即 $(T_1 = \text{Get}(\text{ball}), T_2 = \text{Trans}(\text{ball}), T_3 = \text{Shoot}(\text{ball}))$。这三个顺序阶段任务,必须全部实现才能完成一次进球任务,如运球过程失败,而球被对方所得,必须再次从得球开始;射门没有进球,而球被对方所得,也必须从得球开始。

三个阶段任务都要在多机器人之间组成动态联合来执行。其中阶段任务 T_1 划分为四个子任务:搜索(球的位置)、阻挡、争球、带球,每一个子任务由一个机器人来完成,即 $T_1 = (T_{1-\text{sub1}} \rightarrow \text{Search}, T_{1-\text{sub2}} \rightarrow \text{Block}, T_{1-\text{sub3}} \rightarrow \text{Rob}, T_{1-\text{sub4}} \rightarrow \text{Dribble})$,其中一个机器人也可以完成几个子任务。阶段任务 T_2 划分为两个子任务:带球、传球、即 $T_2 = (T_{2-\text{sub1}} \rightarrow \text{Dribble}, T_{2-\text{sub2}} \rightarrow \text{Pass})$ 由于传球可以有多次,因此任务数量是动态变化的。阶段任务 T_3 划分为子任务:阻挡、射门,即 $T_3 = (T_{3-\text{sub1}} \rightarrow \text{Block}, T_{3-\text{sub2}} \rightarrow \text{Shoot})$。

因此,在动态联合结构中,多机器人任务是逐层分解的,如图 7 – 14 所示。为了实现机器人系统目标任务的分解,可采用范例集的方式。

在范例集中存储了系统任务分解的范例,这些范例是根据多机器人系统可能承担的任务而预先定的分解成例。范例划分为三个层次:$M \rightarrow T, T \rightarrow T_{\text{sub}}, T_{\text{sub}} \rightarrow b$。

范例集存储在每个机器人内部,$M \rightarrow T, T \rightarrow T_{\text{sub}}$ 这两个层次,在每个机器人内部的初始值都是相同的。随着多机器人系统不断执行任务,每一个机器人学习其他机器人的范例不同,其内容随之也就不同。由于系统可能是由异构机器人组成,因此每个机器人的能力各有不同,所能产生的行为也不同,因此范例集 $T_{\text{sub}} \rightarrow b$ 对每个机器人也不同。在对每个子任务签订委托合同的时候,不同能力的机器人对不同子任务有不同的竞争力,这体现在综合评价中的历史经验值。

对于给定任务 $M(M, F_{\text{sum}})$,F_{sum} 代表了向所有参与完成 M 的机器人支付的

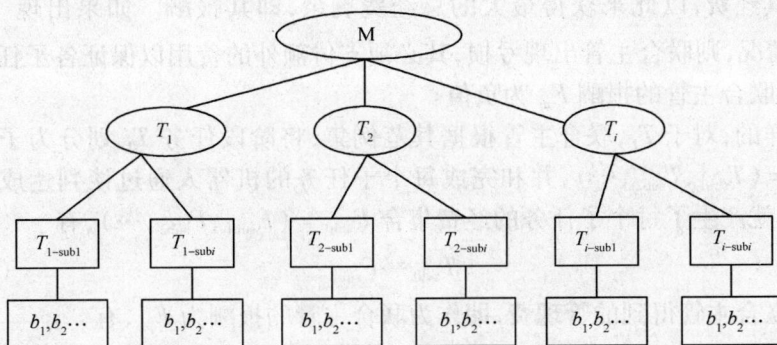

图 7 – 14 任务层次关系

费用总和,即为任务 M 的经费。机器人以利益为驱动,主动参加动态联合,争取子任务,以获得完成任务的报酬。机器人 R_i,获得的报酬为 $v(R_i)$,有如下关系

$$\sum v(R_i) = v(R_i) = F_{sum} \tag{7 – 10}$$

任务主管根据范例集,把任务 M 划分成阶段任务集合 $T = (T_1, T_2, \cdots, T_n)$ 成该阶段任务的经费。在和每个阶段任务的联合主管谈判的时候,商定每个阶段任务的经费 F。任务主管不能单方面控制决定阶段任务经费,但可以根据阶段任务的不同,提出不同的经费期望 F^{*1},然后和联合主管的报酬期望 F^{*2} 平衡。

任务主管对于阶段任务的经费期望 F^{*1},反映了该阶段任务的在时序上的重要性。因为经费过低的阶段任务可能招募不到机器人来组成动态联合予以实现,或者在联合建立以后,有的机器人为追求更大利益而退出动态联合导致联合的不稳定。任务主管在全局上给予阶段任务不同的经费期望,可以保证动态联合在全局目标上解决方案的最优化。对于分解后是串行顺序的阶段任务,经费期望 F^{*1} 在维护联合稳定上的重要性不是很大,这是因为任何机器人都不可能同时参加两个联合,只有是并发阶段任务的情况下,任务主管对于经费期望的分配是重要的。

这样就产生了经费集合 $F = (F_1, F_2, \cdots)$,有

$$T \rightarrow F \tag{7 – 11}$$

设任务主管得到的管理费,即作为任务主管的报酬为 F_m,有

$$\sum F_i + F_m = F_{sum} \tag{7 – 12}$$

因此对任务主管而言,其策略是:必须在为每一项阶段任务进行的谈判中尽

量压低其经费,以此来获得最大的总经费剩余,即其报酬。如果出现 $\sum F >$ F_{sum} 的情况,则联合主管出现亏损,其必须支付额外的费用以保证各子任务的完成,这时联合主管的报酬 F_m 为负值。

同样的,对于 T_1,联合主管根据其范例集,将阶段任务 T_1 划分为子任务集合 $T_{sub1} = (T_{sub1}, T_{sub2}, \cdots)$,并和完成每个子任务的机器人通过谈判达成经费协议,这样就产生了每个子任务的经费集合 $F_{sub1} = (F_{sub1}, F_{sub2}, \cdots)$,有

$$T_{sub1} \rightarrow F_{sub1} \qquad\qquad (7-13)$$

设联合主管得到的管理费,即作为联合主管的报酬为 F_{p1},有

$$\sum F_{subi} + F_{p1} = F_1 \qquad\qquad (7-14)$$

联合主管的策略和任务主管一样,其必须在为每一项子任务进行的谈判中,尽量压低任务完成经费,以此来获得最大的经费剩余,即其报酬。如果出现 $\sum F_{subi} > F_1$,则联合主管出现亏损,其必须支付额外的费用以保证各子任务的完成,这时联合主管的报酬 F_{p1} 为负值。

任务主管和联合主管必须首先为保证任务的完成考虑,与此相补偿的是,作为主管的信用值权重可以取大一点。同时,由于机器人必须通过执行合作任务才能获得报酬。因此,在系统中主管总能招募到机器人来组成动态联合,所以其在谈判时具有优势。

完成子任务的机器人应得的报酬与经费原则上是相等的,即有 $v(R_i) = F_{subi}$,这反映了完成不同任务的机器人对组合联盟的贡献程度。该机器人的策略是在获得子任务合同的前提下,尽量提高其经费。

为完成 T_1 而形成的联合 C_1,有如下关系:

$$(T_1, F_1) \rightarrow (C_1, v(C_1)) \qquad\qquad (7-15)$$

式中:$v(C_1)$ 是联合 C_1 得到的报酬总和,有 $F_1 = v(C_1) = \sum v(R_i)$,$R_i \in C_1$。

每一个机器人,都赋给一个初始的本金,用 F_s 表示。本金设置的目的是用于赔偿支付。如机器人放弃其任务,则必须向动态联合内部的其他机器人支付一定的赔偿。同时,在选举时机器人的本金需大于其报酬期望。

任务主管和联合主管分别是两个层次的任务经纪人,仍然可以参与到某个联合中承担子任务,并就子任务承担委托义务,因此这时其报酬是管理费与子任务报酬之和。

对与足球机器人任务分配一般采用先选举再谈判的方法,即针对给定的任务先选择最有能力执行该任务的机器人,然后在和该机器人进行一对一的谈判。

首先机器人根据算子算出自己的综合评价值,然后每一个机器人把自己的综合评价值向其他机器人发布,这样,综合评价值最高的机器人就成为某一任务的谈判候选。如果有综合评价值相同,则可以调整权重向量在相同者中选出。根据不同任务合同的要求,对于综合评价集可以进行扩展,增加评价指标,同时相应的调整权重向量。这种多机器人的混合策略模式即 7.1 节介绍的机器人混合体系结构模式,因此在此不再赘述。

为了完成任务,就必须有个任务的主角,即角色来完成该任务,首先在整个系统中找出合适的角色,即选举,然后具有最高综合评价值的机器人同时要有最低的报酬期望,可以保证给予其他机器人更多的报酬空间。另外,机器人的本金必须大于报酬期望,是为了保证机器人退出该任务的时候给予联合足够的赔偿。满足以上条件的机器人,即可以就任务进行谈判。

选举体现在三个过程中:选择任务主管、联合主管以及联合内执行某一任务的机器人。因此,首先需要建立对于机器人执行任务能力的评价指标。评价指标的选择尽可能多的利用可以得到的所有信息,由几项评价指标组成的集合成为综合评价集。在动态联合结构中,对于机器人建立的包含有环境知识(K)、历史经验(E)和信用值(C)三个参数指标的集合称为综合评价集 G,$G = (K, E, C)$。从综合评价集得到的关于每一个机器人的数值指标,称为综合评价值 g。

机器人有不同的位置和传感器,因此对于环境信息存在各自不同的了解,这是在执行任务的时候能够实现底层闭环控制的前提。环境知识表示了机器人对环境的认知程度。机器人对于曾经完成过的任务,按照一定的描述格式存储在范例集中,当机器人接受新的任务时候,首先从范例集中搜索与该任务相匹配的范例,搜索结果体现了其历史经验。历史经验表示机器人对该任务的熟悉程度。一个机器人对于任务的学习过程即是不断丰富范例集的过程。机器人的可靠性和可信任的程度是决定其获得相关任务的重要标准。机器人的信用值,表示机器人在参与竞争中的可信任程度。如果机器人的信用值低,这表示该机器人故障率较高,导致经常退出合作。

对于量化以后的综合评价集使用一个权重向量,可以得到机器人的综合评价值。机器人 R 把自己的综合评价值向其他机器人发布,这样,综合评价值最高的就成为某一任务的候选。如果有综合评价值相同,则调整权重向量在相同者中二次选举。综合评价对于不同的任务要求有不同的侧重,因此,根据不同的任务,可以设置不同的权重向量。

选举体现了机器人能力的比较,选举存在于任务主管、联合主管和动态联合内部执行子任务机器人的产生过程中,由于以利益驱动,机器人竞争任务主管、联合主管或子任务,是为了获得管理费 F_m、F_p 和报酬 $v(R_i)$,并且可以得到经验值和信用值。如为了鼓励机器人参加主管竞争,可以调整信用附加值的参数,使 $\beta,\gamma > \alpha,\lambda$。同时,不同的任务,也存在不同的权重矩阵 I。

通过选举得到综合评价最高的机器人,为了获得某一任务,必须同时具备其他的条件。设机器人对于希望获得的任务有期望报酬,用 F'_m 表示。则欲获得任务的机器人必须具备的条件是 $\max(g),\min(F'_m),F_m \leqslant F_s$。

满足以上条件的机器人,即可以就任务进行谈判。谈判发生在任务主管和联合主管之间以及联合主管与联合内的机器人之间,通过谈判达成经费协议。和合同网不同的是,动态联合结构下的谈判是先选举后谈判,并且是一对一,而不是多边谈判。选举过程的信息广播到每一个机器人,而谈判过程的信息只在两个机器人之间。

两个机器人分别提出各自的经费期望值 F_i^{*1} 和 F_i^{*2},经过谈判以后达成的经费值 F_i 为

$$F_i = \begin{cases} F_i^{*1}, & F_i^{*1} \geqslant F_i^{*2} \\ F_i^{*1} + x(F_i^{*2} - F_i^{*1}), & \text{其他} \end{cases} \qquad (7-16)$$

式中:x 是折衷系数,令 $0.5 < x < 1$,则上式使任务经费取比较大的值,由此保证多数机器人的利益。

7.2.4 小型 ROBOCUP 足球机器人行为控制

针对 ROBOCUP 机器人足球比赛,在这样的动态对抗性环境下的多机器人系统中,能够对于对手的意图进行有效而准确的识别,并能够根据所识别的结果,有针对性地提出相应的对策,是在比赛中获得优势并最终战胜对手的必要条件。对手意图识别是对手建模的核心问题,同时对手意图识别的方法也是建立在机器人内部模型的基础之上的。在多机器人系统中,机器人的内部逻辑模型一般分为慎思式结构、反应式结构和混合式结构。目前对于对手意图识别的已有算法,大都是建立在机器人的慎思式和反应式模型之上。

Milind Tambe 在 RESC(Real-time Situated Commitments)模型中提出了跟踪机器人行为,判断其目标的算法,利用行为树来建立对手模型,并采用单状态回溯机制来修正错误。但是它忽略了对手的思维状态,将行为与思维分离,在某一时刻,只存在一个对手操作树,不能同时跟踪多个意图。在动态不确定的未知环境中它能够提供及时的对手意图,但不能保证所识别的对手意图的准确性。Anand S. Rao 实现了一种基于 BDI 的对手思维状态识别,采用事件触发机制,可

以保存多个可能意图树,并利用观察到的对方行为和 BDI 约束将其逐步减少为单一意图。但 Rao 的算法必须建立对方完整的规划模型,没有考虑多个可能意图树相互之间的联系和比较。在动态环境中,它能够提供较为准确的对手意图,但其实时性差,不利于进行实时决策。

另外,Kwun Han 等提出了基于隐马尔科夫模型 HMMs(Hidden Markov Models)的方法,通过分析状态空间转换中最有可能的状态转换来进行行为识别,并将该方法运用到了机器人足球比赛之中。该方法没有进一步研究通过行为识别来预测对手意图,并且由于对一个动态对抗性环境来说,很难完整的由状态向量来进行描述,即使能够进行描述,则状态空间的维数也比较多,会导致计算量很大且计算复杂度高。

在 ROBOCUP 机器人足球比赛这样的动态对抗性环境下,对对手意图的识别不仅要求及时而且还要尽可能的准确。基于这样的要求,这里采用了一种两次估计方法,可以达到在保证对手意图识别的实时性的同时,又能够提高其准确性。其主要原理是:利用当前观察到的对手机器人的当前行为,首先估计其接下来最有可能执行的行为序列,由于行为序列对应于意图,所以依据其行为序列再次估计其可能意图。同时,在保证对手意图识别的实时性的同时,还引入了环境约束条件、危险评价 G、行为概率 p 三项判断指标,来进行多个可能意图的排序,从而提高对对手意图识别结果的准确性。并且这三项指标充分运用了动态不确定的外部信息,而不是单纯地依据机器人的当前行为来估计其意图,其识别结构图如图 7 - 15 所示。

通常为了进行意图识别,以当前观察到的对手行为序列为依据,提供给预测规则集即可,因此对于 B_0 所建立的 B'_0,只需 $\text{Init}(B_0) = \boldsymbol{\Phi}$,然后将每次观察到的行为序列依次加入即可。在机器人对于对手的行为序列信息获得不及时或不完全以及对于实时性要求高的情况下,以环境约束下的条件概率排序建立如上的可能行为矩阵,这对对手的行为序列先进行一次估计,再据此进行意图识别,目的是弥补信息不全的困难以及提高预测的实时速度,同时保证不过分降低准确性。

ROBOCUP 足球比赛中的机器人还要有学习功能也是必须的要求。通过学习可以增强机器人的能力,更好地适应动态变化的外部环境。传统的机器学习的分类有:监督学习,如神经网络和决策树学习;非监督学习,如进化学习和强化学习。监督学习是在可以提供输入输出对的情况下使用的,而非监督学习是在不能提供出有效输入时的确切输出,非监督学习可以在先前知识的基础上预测未来的结果。这两种学习方法均已广泛而成功地应用在了机器人足球领域。

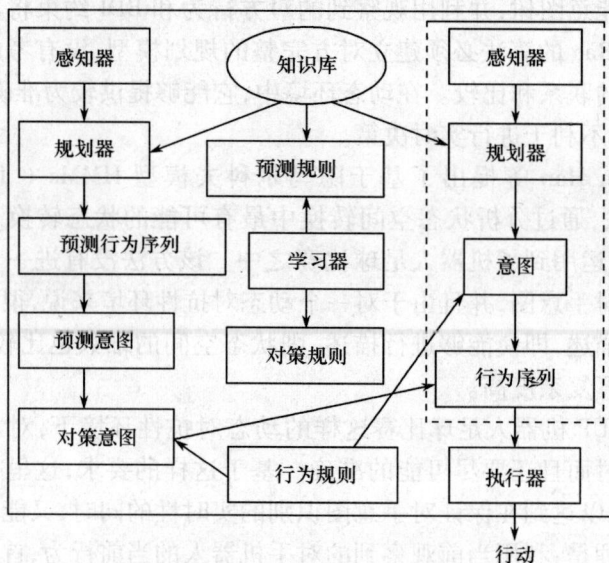

图 7 - 15　机器人意图识别结构

　　例如贝叶斯网学习方法,可以通过该方法来加强对行为序列发生概率 p_j 的学习。贝叶斯网络又称为信度网络(Belief Net Works),它是不确定知识表达和推理领域最有效的理论模型之一,贝叶斯网络是一种基于网络结构的有向图解描述,是人工智能、概率理论、图论、决策分析相结合的产物,适用于表达和分析不确定性和概率性的事物,应用于有条件地依赖多种控制因素的决策,可以从不完全、不精确或不确定的知识或信息中做出推理。

　　ROBOCUP 机器人足球系统是一个具有对手的多机器人系统,机器人团队要想取得好的成绩,必须要适应环境和对手,因此在进行个体和团队技能协调学习的同时也要对对手进行估计和学习,从而采取相应的对策。对对手行为的学习一般有两种方法:一是提前为对手建立几个模型,在比赛过程中,根据对手的表现通过教练选择一种最接近的模型来采取对策;另一种方法是一种在线学习,就是在比赛过程中为对手建模并选取相应的策略来战胜对手。在机器人足球这样一个巨大状态的动态环境下为所有的对手建立确切的模型显然不太现实,而第二种方式由于其适应性而显示出优势。

　　贝叶斯网络学习是应用比较广泛的一种算法,其学习过程为:在团队机器人的知识库中识别其他机器人的模型,根据初始信息为其他机器人分配先验概率(如无先验知识则分配相同的概率),在一个给定时间点处观测其他机器人的行为,使用贝叶斯学习更新与其他机器人相关的信息,并将该信息存储到其知识库中。

在多机器人系统合作中,通信起着十分重要的作用。通过通信,机器人通过交换相互之间的状态和信息可以明显提高多机器人系统解决问题的能力,机器人局部信息的交互,可以引起机器人合作的显著提高。所以能否建立有效的通信机制,决定着多机器人系统合作的效果。

从机器人间合作的角度看通信的作用有:

(1)信息共享:通过信息共享,可以扩大赛场上机器人的观察范围、知识库容量、弥补单个机器人推理能力的不足。

(2)需求:了解其他机器人的需求,从整体上预测某个机器人的行动;采纳其他机器人的需求,可以进行任务合作。

(3)意图:了解己方其他机器人的意图,具体预测某个机器人的行动;采纳其他机器人的意图,可以进行规划协作(结果共享协作)。机器人采纳其他机器人意图的标准,最简单的方法是无条件接受。在形成的动态联合结构中,机器人之间被划分为不同的任务角色,那么作为下属机器人要听从上级机器人的任务指派。

通信解决的是机器人之间交流什么以及如何交流的问题。在动态联合结构的多机器人系统中,机器人的通信遵守通信原语协议。它是一组数据的帧格式: (Type；Com_ Type；Set of n robots'names；Content),其中

$$
\text{Type} = \begin{cases} 0 & \text{任务相关} \\ 1 & \text{机器人相关} \\ 2 & \text{同步要求} \end{cases} \qquad \text{Com\_Type} = \begin{cases} 0 & \text{广播} \\ n & \text{联合内广播} \end{cases}
$$

机器人的合作是系统共同目标任务得以执行的保障,而合作的成败则取决于机器人之间是否有良好的通信,系统是否采用了正确的策略。基于对手意图识别的动态联合合作方法就是一种多机器人合作的有效途径。接下来介绍小型ROBOCUP足球机器人系统中的机器人合作。

7.2.5　小型 ROBOCUP 足球机器人合作

多智能体系统是当前分布人工智能研究的主要方面,着重于多个自主的智能体的协调与合作。机器人系统作为一种多智能体系统,机器人的合作是多机器人系统研究的主要内容。特别是在存在对抗的多机器人系统中,机器人是可移动的,外部环境信息是不确定的、动态变化的。在这种动态对抗性的不确定环

境下，机器人要单独完成一个复杂的目标任务就显得不可能，或者虽然能够最后完成，但由于时效性，结果已经没有意义。在这样的多机器人系统中，多机器人的合作就成为必要。

一般地，多机器人的合作可以通过两种方法来实现。第一种方法是基于团队(Team)的多机器人合作方法；另外一种方法是基于联盟形成(Coalition Formation)的多机器人合作方法。基于团队的合作方法强调的是，机器人相互间具有一个共同目标，而基于联盟(Coalition)形成的机器人合作方法中，每个机器人都有自己的目标。

基于团队的多机器人的合作过程可表示如下：

(1)识别：识别过程是指机器人意识到自己的目标比较复杂，以自己的能力是不可能完成的或完成是不经济的、不合理的，需要别人的帮助才能完成的过程。多机器人的合作过程，就是从当有些机器人意识到自己的目标任务不能由自己独立来完成的时候开始的。

(2)团队形成：机器人在识别到目标任务自己不能完成时，就开始请求己方其他机器人帮助，当一组机器人对共同行动和目标任务具有了联合承诺，则针对当前任务的机器人系统团队形成。

(3)规划形成：在组建形成的机器人系统团队中，机器人之间通过协商来为它们要达到的目标制定联合规划。

(4)团队行动：根据所制定的联合规划，团队中各个机器人之间产生一致性的行为，最终实现目标任务。

多机器人合作的研究方式许多文献都有介绍，针对 ROBOCUP 比赛可以采用基于角色选择的多机器人团队合作、基于阵型的多机器人团队合作方法以及多机器人动态联合合作方法。

(1)基于角色选择(Role-based)的多机器人团队合作中，赋予球队中每个球员(机器人)的角色，就如同人类足球比赛一样，如分为前锋、中卫、后卫、边卫等。针对不同的角色运用不同的决策，来实现多机器人团队的合作。在复杂的多机器人环境里，每个机器人都是一个自主主体，无需人工干预而自行决策来完成一系列的动作，每个机器人都可以选择自己的行为，如拦截、跑位等。由于机器人足球比赛是一个群体合作的项目，因此更多的时候机器人需考虑自己的行为和队友的行为是否能合作，最大限度地避免行为冲突。

(2)基于阵型的多机器人团队合作中，机器人采用阵型进行跑位，有利于足球队伍进行整体的策略跑位，使球员在比赛中有序，不会显得混乱无章。阵型是一组特定角色的集合，对于每个队员根据自己的防守区域都有一个承诺(Commitment)：保证对方不会带球穿过自己的防守区域。同时它对其他队友也有个信念（Belief）：队友一定不会让对手带球穿过队友的防守区域。整个球队可根据阵型分为整体策略跑位和局部策略跑位。正是每个防守队员基于这样的承诺和信念，球队在面对对方的进攻时才能保持良好的队形，不会让对手轻易突破防线，这也是机器人团队合作中的基于角色和阵型方法的协调配合的结果。

（3）多机器人动态联合合作也是一种比较适用的方法，在 ROBOCUP 机器人足球比赛过程中，双方机器人的激烈对抗决定了环境信息的动态变化。对手的运动方向、速度、站位及其行动等，都为己方机器人目标任务的实现产生了干扰性。在这样的动态对抗性环境下，己方机器人要充分利用当前所获得的外部已知信息，并据此采取相应的对策，通过联合行动，能够对外部环境状态的变化做出实时性的反应。

足球机器人比赛中的外部环境信息一般可以分为两类：一类是固定不变的信息，如场地、区域位置（如球门等）信息；另一类是动态变化的信息，如球的位置和速度，对手机器人的位置、速度和行为等信息。

在足球机器人比赛过程中，对不同类型的信息，其获知方式和所采用的处理手段是不同的。在这些信息中，对机器人有影响或者说对机器人行为动作有牵制作用的是那些动态变化的信息，而这些信息也是需要机器人能够及时做出反应的信息。对于固定不变的信息，机器人处理起来就非常简单。因为像场地边界、球门位置等，只需要通过自身感知系统识别到并加以固定模式的处理即可。

对于动态信息，其处理方式及过程则就相对要复杂的多。若在不考虑对手影响的情况下，机器人只需要追踪球的位置和速度即可。这个信息变化，可以在机器人的最底层——行为层来实现。如考虑对手的存在及其干扰，则需要在基于行为的底层和基于慎思的规划层来加以处理，即在对对手意图识别之后，根据识别结果建立相应对策。

机器人在得到对手意图以后，从自身对策库中即可得到针对对手意图的对策。对策的实施是一个针对对手意图而采取的一系列具体行为动作，也是多机器人之间进行合作的过程。根据对策首先产生一个突发的任务或者子任务，然后将此突发任务添加到任务序列中。

按照任务的处理过程，首先产生任务主管其负责把目标任务分解成若干个阶段任务，并针对其中的某一阶段任务，由若干个机器人进行组合构成动态联合。由该动态联合产生一个联合主管，其负责把这一阶段任务分解成若干个可由单机器人完成的子任务，然后联合主管再把每一项子任务分配给一个最具备完成能力的机器人。从而得以目标任务的执行，实现对策的有效实施。基于对手意图识别的目标任务执行过程。

概括地说,基于对手意图识别的合作,即是通过对对手意图的识别,然后根据对策调整既定任务序列,通过组建动态联合并共同执行目标任务,由此对外部环境改变进行实时反应。

在对外部环境做出反应、目标任务执行过程中还会引起任务修正的问题。因为在任务的执行时,对手还会不断的移动或采取行为,也就是说,外部环境仍在动态变化,为及时对环境做出反应,就要求机器人在这个过程中要对任务加以修正。

在动态联合结构中,机器人是以利益为驱动的。因此,任务序列的修正必然对应于任务经费的再分配,这样才能使机器人及时按照任务的变动情况,相应地改变其行为动作。

7.3 多机器人其他应用实例简介

7.3.1 分布式微型机器人在军事上的应用

随着现代高科技的飞速发展,军队的武器装备有了革命性的更新,战争的理论、方法和手段也随之起了革命性的变化。按美国国防部国家战略研究所(IN-SS)的观点,世界正面临一场军事革命,海湾战争的经验证实和推进了军事革命的讨论和研究。这场军事革命把我们的注意力从过去认为军事力量主要是军舰、坦克和飞机的概念,引入到信息和电信技术所提供的军事力量上来。重点移向如何观察战场,怎样传递所观察到的战场情况,怎样运用能攻击目标的那些性能优越的精确武器。当前,各种传感器系统、通信系统以及精确制导武器系统等技术已能对战场了如指掌,并能迅速传递所获得的信息,然后用精确制导弹药非常精确地攻击目标。正如美国参谋长联席会议前副主席欧文所述,当今军事革命的技术基础是"系统的系统",即综合运用各种系统大幅度增加军事能力。其中首要的就是精确、及时地获取信息,而微型卫星、无人机和机器人都是当前获取情报的重要手段。

最近美国国防高级研究计划局(DARPA)宣布了21世纪由生物学、信息技术和物理学三学科交叉得到的具有革命性机遇和挑战的学科和技术,其中特别强调了微系统在军事上的重要性,而微机器人在微系统中占有相当重要的地位。

微型机器人可以从事大型机器人无法做到的收集信息和智能操作等各项工作,特别在军事上微型机器人具有发送方便、结构灵活、易于伪装、可逃避雷达探测、对环境适应性强、制造成本相对低廉、可构成分布式网络系统等优点，因而在星球探测、空中侦察、战场监测、海下监听等方面受到军方的特别关注。

分布式一词来自美国 Univac 公司于 1976 年发表的计算机网络系统，最早实现于 TELCON 分布式通信系统，以后逐渐扩展到分布式传感器、分布式智能模块、分布式机器人等系统。分布式系统的特点为采用多点对多点连接，在各个系统之间设有主从关系，并且所有系统任务都可以在其任意子系统上运行。系统有高度的并行性以及有效的同步方法。由于分布式系统具有可靠性高、灵活性高和经济性好的优点，分布式网络、分布式通信在现代战场上占有十分重要的地位。在微型机器人中，分散化的分布式协作多机器人系统能克服集中控制系统的许多致命缺点(如系统复杂、容错性差、制造成本高、易于受攻击等)而成为当前研究的热点。

美国国防高级研究计划局的分布式机器人项目是在 1997 年有关"耗子和蝗虫"的系列讨论中提出的，主要观点为单个耗子或蝗虫仅有很低的智能，对人构不成伤害，但若成群就可造成灾难。分布式控制群机器人就有类似的效果。非常类似于小动物或昆虫的微机器人或小机器人由于具有小尺寸、潜在的低价格和便于携带去执行某种危险使命等特点而受到青睐。美国国防高级研究计划局发展该项目的目标是发展革命性的方法，即复合现有最高工艺水准的微电子、光电子、微电子机械系统(MEMS)、射频(RF)、声学和人—机界面技术制造任意维、尺寸小于 5cm 的机器人、可重组的机器人、机器人系统，寻找生物灵感设计、创新的机器人控制法，包括创新界面、工具汇合或分层智能(Layered Intelligence)等。这些机器人在军事环境中将具有独立交战和小规模团队作战能力。微机器人通常采用常规设计、生物设计(跳、爬、抓、滑等)同 MEMS 和智能材料相结合的工艺制造。大量的分布式机器人比单个较复杂的机器人更能以较少的时间、较低的价格去完成某些特殊的任务和使命，可用于空间、海洋、化工、医疗、国防等各个领域。微机器人和小机器人潜在的军事应用包括监管、侦察、路径寻找、欺骗、武器发送等。图 7 - 16 给出美国明尼苏达大学人工智能、机器人和可视实验室研制的"用自愈机器人构成的分布式机器人系统"。图中"航天飞机(Shuttle)"担任把机器人发送到指定工作区、通信中继和给"测距仪"指派工作等任务。测距仪(Ranger) 是一种可动小型机器人，它担任任务分解、任务指派、精确定位、通信环路和冗余单元等功能。"侦察兵(Scout) 可能是蝗虫或滚珠，其作用是任务执行、短距离可动、可靠定位、具有传感能力和通信功能。

图中航天飞机的发送任务也可以用炮弹、火箭、导弹、战术飞机、无人机甚至机器鸟来完成，测距仪可以是各种不同形式的自主或半自主可动机器人，而侦察

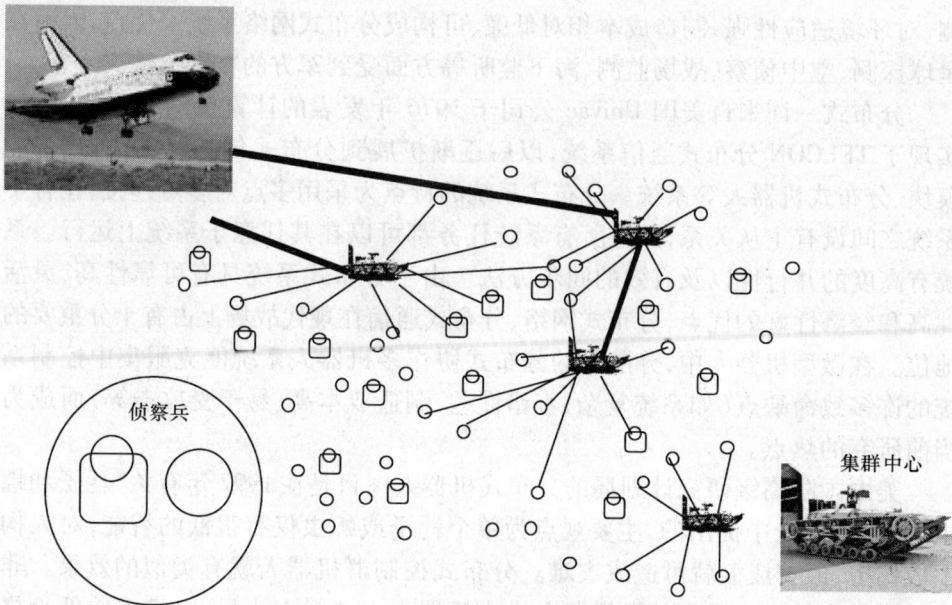

图 7 - 16 用自愈机器人构成的分布式机器人系统

兵可以用微机械蝙蝠、苍蝇、蚊子、蚂蚁,甚至仿生树叶、果实、种子、子弹、石块等代替。它们之间用分布式网络通信,并通过系统或卫星与外界相联系。微机器人具有雷达探测不到、可深入到一般卫星、侦察机探测不到的战场第一线的优点。并且,由于是一个分布式系统,不会因部分损伤而遭到破坏。正因为如此,美国国防高级研究计划局、美国航空航天局和许多著名大学纷纷从事微型无人机、仿生微昆虫、分布式传感器网络、智能灰尘等的研究。

微型机器人,特别是分布式微机器人是一项综合图像处理、声音识别、最优控制、人工智能、群体协同等众多领域研究成果的、富有挑战性的研究工作。具有开放式结构的模块化、标准化机器人和分布式控制的多智能体体系是其发展方向。目前美国微机器人的研究开发处于国际领先地位,微机器人的大小约为数厘米,预期21 世纪中叶将缩小到几毫米甚至几百微米量级。由于微机器人在军事上的重要性和民用领域中日益广泛的应用而正受到各界,特别是军方的高度重视。我国微机器人的研究至今基本上尚处于起步状态,研究开发微机器人新领域将对我国综合科技水平和国防实力的提高具有重大的战略意义。

7.3.2 多无人机系统

飞行器在军事打击与防御上具有无可比拟的优越性,无人战机的研究与实现对军事有重大的意义,一个无人机的作用有限,因此对多无人机系统的研究具有很大的战略意义。接下来将从多无人机的体系结构、多无人机的航迹协同以及多无人机协同作战目标分配三个方面介绍无人机系统。

1. 多无人机体系结构

多无人机系统(Multi-UAV System)的体系结构,是指构成多无人机系统的无人机、控制站和其他智能实体之间逻辑上和物理上的信息关系和控制关系,以及智能、行为、信息、控制等要素在系统中的时空分布模式。多无人机系统的体系结构,是多无人机系统的组织、协调、规划、控制、执行、学习等功能得以实现的基础。多架无人机联合起来协作完成搜索、侦察、监视、打击等作战任务,已经在军事上有初步应用,并因继续显示出十分良好的应用前景,而受到越来越多研究者的关注。但是,面向作战需要的多无人机系统所面临的是未知(或部分已知)、动态、不确定、非结构化的复杂战场环境,战场上可能有运动目标、突发威胁、诱骗圈套等各种不利因素存在,而在目前技术条件下无人机的智能程度和自主能力都还十分有限,在这样的环境下多架无人机如何才能有效协作并自主完成预定任务,成为当前研究中的难点和热点。

多无人机系统执行作战任务的过程,可以看作是多无人机系统与任务、资源、环境三者交互作用的过程,资源是无人机所携带的武器、燃油以及其他可以为无人机所用的外界条件的集合,环境包括自然环境、敌方威胁、攻击目标等。对于面向任务的多无人机系统,任务是应该优先考虑的对象。任务计划的制订要考虑资源、多无人机系统、环境的实际,任务的执行将会影响资源、多无人机系统、环境的状态。同样,多无人机系统的组织要要考虑资源、环境的实际,多无人机系统执行任务时会影响资源、环境的状态。

根据对多无人机系统与任务、资源、环境的关系的分析,我们认为对多无人机系统的控制与管理可以用一个闭环控制结构来表示,如图 7 - 17 所示。其中控制输入是任务目标,被控对象是战场大系统,状态反馈包括任务、环境、无人机、资源的动态信息,控制器是图中虚线框内的部分,包括多无人机系统各管理模块和无人机单机各功能模块。多无人机系统体系结构的设计过程可以看作是控制器中这些模块的确定过程,包括模块功能定义、接口定义、模块之间的交互关系、模块分布等。

考虑多架无人机执行 SEAD 任务的情况。首先将 SEAD 任务递阶分解,然后按照任务分解的结果对多无人机团队进行递阶分解。假设某一时刻 SEAD 任务可以分解为三个并子任务:攻击高炮阵地、攻击雷达阵地、攻击导弹阵地。其中只有攻击雷达阵地可以作为一个整体来执行,其他任务由于地域关系还需要

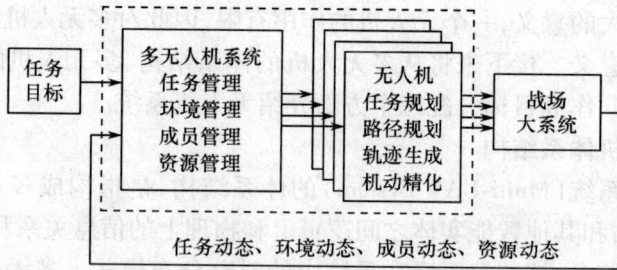

图 7 - 17 多无人机系统闭环控制结构图

进一步分解。

1 个控制站与 n 架无人机组成一个团队,团队内的无人机以及控制站能够互相通信。有一架无人机被选举出来作为团队领导,负责与上一级团队成员通信。团队与团队之间的通信都需要经过团队领导来传递。团队内的其他无人机在本团队内只是普通成员,但它们也可能是上一级或下一级团队的领导。团队领导除负责团队间通信联系外,还负责指令传递,在团队内则主要负责本团队的管理。

多无人机团队管理系统的功能包括接口功能和管理功能。接口功能有通信链路维护、信息接收和发送、信息转发、指令传递;管理功能有任务管理、环境管理、成员管理、资源管理。无人机任务管理系统根据团队管理系统提供的信息和指令进行本机的任务规划、路径规划、轨迹生成、机动精化。多无人机团队管理系统向无人机任务管理系统发布任务指令,无人机任务管理系统向多无人机团队管理系统传送传感器信息,并通过多无人机团队管理系统获得团队成员信息、任务信息、资源信息和环境信息。对无人机任务管理系统来说,其他无人机、通信网络等都是透明的。

当有一架或多架无人机加入或退出、或任务状态发生变化时,多无人机系统的体系结构也要相应进行调整以便更好地完成任务,这就是体系结构重构。无人机加入或任务状态发生变化时的体系结构重构比较简单,首先这些信息将会被传递到上层团队的领导,然后它将自上向下发布调整体系结构的指令。无人机退出时的体系结构重构要考虑多种不同的情况。如果退出的是普通团队成员,那么该团队的领导检测到成员退出以后,将向上一级领导请求团队重构,然后由上层领导自顶向下发布调整体系结构的指令。如果退出的是团队领导,那么团队成员检测到领导退出以后,首先要进行团队领导人选举,然后由团队新领导向上一级领导请求团队重构,最后由上层领导自顶向下发布调整体系结构的指令。由于无人机上都有软件模块冗余,体系结构重构时无需给新的团队领导增加软件和硬件。体系结构重构的关键在于快速且准确地恢复团队领导本地数据库中与团队相关的数据。体系结构重构是逻辑实体的重构,不会对物理实体产生影响。

2. 多无人机航迹协同

多架无人机航迹协同是多架无人作战飞机协同作战的关键技术。依据滞后的信息进行决策,必然造成打击的低效能,因此未来的无人机应具有高度的自主能力,即在不同航行阶段能及时动态感知和评估变化的形势和环境,并能够自动进行重规划,从而实现多架无人机航迹协同下自主飞行。

接下来介绍一种基于图形模型的多无人机航迹协同方法。

图形模型是概率论与图论密切结合的产物,动态贝叶斯网络是其重要组成部分,在此利用动态贝叶斯网络建立天空作战环境中突发威胁体的感知系统框架,并据此进行多无人机飞行航迹协同,解决了对当前形势估计不足以及对未来情况预测的问题。

对空天中的威胁体进行目标识别所需要的主要特征量有速度、高度、雷达回波分析等,这些特征可通过各种现有技术获得。基于静态贝叶斯网络的无人机潜在威胁等级评估,主要由无人机对抗威胁的能力、敌方的威胁区域和弹性威胁等因素决定,它们主要体现在威胁体的类型、位置及航向等特征量信息中。采用综合打分等方法可得到突发威胁体威胁等级 $X_{\text{threat}}(L)$。根据 Miller 理论,可用威胁等级得分值来反映人们关于目标的相对威胁重要性认识,一般取 $1 \sim 9$,其中 1、3、5、7 和 9 分别表示绝对弱、较弱、较强、很强、绝对强 5 个等级,两等级间的状态相应取 2、4、6、8。

在某一时刻 t 的数据融合推理基础上,可将形成的威胁体的位置和速度静态贝叶斯网络与单个时间片段的目标识别静态贝叶斯网络相结合,组成新的贝叶斯网络,即威胁等级评估贝叶斯网络;然后沿时间轴拓展形成相应的动态贝叶斯网络。利用该动态贝叶斯网络可以跟踪突发威胁体,预测其特征信息,并据设定的无人机与突发威胁体间距离阈值,实施协同路径局部重规划。在单个时间片 t 的贝叶斯网络中观测量可以用 $y_{t,m}(m = 1, 2, \cdots, N)$ 表示,N 为传感器数量。

对动态贝叶斯网络进行推理首先应学习该系统所对应的参数。利用经典的 Expectation maximization (EM)或 Baum2Welch 可对动态贝叶斯网络参数进行最大似然估计,它是动态贝叶斯网络学习的基础。该威胁体感知动态贝叶斯网络实际上是 KFM 模型(隐变量节点是连续的)与 HMM 模型(隐变量节点是离散的）组成的混合网络。当连续隐结点与离散隐节点相互独立时，可将其分解为连续动态贝叶斯网络和离散动态贝叶斯网络进行推理，即首先对 KFM 进行推理，然后对 HMM 进行推理。

在突发威胁下多无人战机自主航迹协同优化过程如下：

（1）由卫星、预警机或高空侦察机获得某一区域的地形和威胁分布数据，经数据融合后，按预先的经验知识对该区域的固定威胁目标进行威胁等级的量化；依据各个固定威胁点 X_{threat} 值按改进型 Voronoi 图法进行构图；采用前述协同路径规划分解策略，在确定各无人机飞行起点和终点后，求解初始粗略最短路径；进行路径细化后，确定出各无人机实际可飞的协同航迹。

（2）各无人机将航空地图及预规划的路径装入其火控计算机，按预先规划好的路径飞行。在飞行途中，应用其所带传感器，如电子雷达、光电雷达、红外搜索跟踪装置（IRST）、敌我识别器（IFF）、电子对抗报警器等，以及机载数据链的数据（含预警机、地面指控系统、友机的数据）进行探测，不断感知环境变化。将传感器信号进行数据融合，一旦发现突发威胁体，即进行定位及目标跟踪。在此期间，无人机仍沿预先规划好的路线飞行，并不断探测其与突发威胁体间的距离 d。

（3）在得到融合信号序列的基础上，建立突发威胁体 X_{pop-up} 感知动态贝叶斯网络。

（4）应用逆向推理算法和 Viterbi 解码算法进行推理，得到该时刻及未来时刻威胁体的位置、速度的最优滤波值 x 及威胁等级的最优滤波值 s。

（5）当预测 d 小于某一设定阈值时，开始航迹协同局部路径重规划。在补充了威胁体信息后，重新构造改进型 Voronoi 图，求解下一轮粗略最短路径，细化路径后得到更新的实际可飞路径。

（6）无人机未到达目标点时，返回步骤（2），根据 X_{pop-up} 位置及 X_{pop-up} 威胁等级等变化，重新学习、修改感知动态贝叶斯网络模型，以便适时进行新一轮路径协同优化；当无人机到达目标点时，自主航迹协同优化

3. 无人机协同作战目标分配

在多无人机协同作战中，目标分配主要是由舰载控制站战术决策层根据当前的作战态势将己方的兵力合理地分配给各个目标群组，使己方每个兵力单元与他所要攻击的目标组成的配对方式具有最佳的作战效能。如何判断每个兵力单元对哪一个目标群组具有最佳的作战效果，即如何衡量我方每个兵力单元相对于一个给定目标群组的作战效能值成为目标分配过程中的关键。目标分配的过程中主要是计算目标群组分配矩阵。目标分配矩阵是舰载控制站战术决策层

依据己方兵力与一个目标群组的作战效能值为计算准则计算的。在目标分配的过程中,假设:对于每一个目标群组只分配一个己方机群组的兵力;这样在己方兵力有限的情况下,能以最优的方式部署己方兵力。己方每个舰载无人机机群组对每一个目标组的作战效能值为目标分配矩阵行向量的分量。

多无人机协同作战战术决策中的目标分配过程如下:

(1)生成我方各个舰载无人机群组对应每一个目标群组的作战效能值 F_{ij},然后得到各个舰载无人机群组对应所有的目标群组的作战效能值总和 $F_i = -\sum F_{ij}$;

(2)在作战效能值总和 F_i 的基础上计算每个舰载无人机群组对每个目标组的相对作战效能值 $NF_{ij} = F_i + F_{ij}$,然后可以得到目标分配矩阵的行向量 $S_{ij} = \{NF_{i1}, NF_{i2}, \cdots, NF_{in}\}$,由各个行向量可以生成目标分配矩阵 S;$S = \{S_{11}, S_{12}, \cdots, S_{1n}\}$;

(3)在目标分配矩阵 S 的值中,选取最大值相对的己方舰载无人机群组和目标群组为目标分配的最佳分配配对,即将这个己方舰载无人机群组分配给此目标群组;

(4)在完成了舰载无人机群组与目标群组最佳配对后,将相应的舰载无人机群组和目标群组从待分配的舰载无人机队列和待分配的目标队列中删除。然后再重复(1)~(3)的过程得到下一对最佳分配配对,一直到所有的目标群组都被分配给己方舰载无人机群组。

第八章

多机器人的研究与应用展望

随着机器人技术的发展及实际应用的需要,人们对机器人的需求不再局限于单个机器人,研究人员对多机器人系统的研究也越发感兴趣,而多移动机器人具有结构简单、容易实现、成本低等优点,已经成为多机器人系统研究的一个重要方面。相对于单机器人系统来说,多移动机器人系统具有许多单机器人系统所没有的优点,如空间上的分布性、功能上的分布性、执行任务时的并行性、较强的容错能力、较好的鲁棒性、更低的经济成本、分布式的感知与作用、合作的机器人有比单个机器人更加有效地完成一些任务的潜能等。因此,多机器人技术现在成为机器人学发展的一个主要方向:一方面,由于任务的复杂性,在单机器人难以完成任务时,可通过多机器人之间的合作来完成;另一方面,通过多机器人间的合作,可提高机器人系统在作业过程中的效率,进而当工作环境发生变化或机器人系统局部发生故障时,多机器人系统仍可通过本身具有的合作关系完成预定的任务。

经过 20 年的发展,多机器人系统的研究已在理论和实践方面取得很大进展,并建立了一些多机器人的仿真系统和实验系统。近年来,国内的多机器人系统研究开始起步,而国外的研究则比较活跃,如欧盟设立专门进行多机器人系统研究的 MARTHA 课题:"用于搬运的多自主机器人系统",美国海军研究部和能源部也对多机器人系统的研究进行了资助。国内在该领域的研究工作起步较晚,但目前研究也在逐渐增多,不过大部分的研究工作仍然停留在仿真和实验室阶段,离实用化还有一定的距离。虽然如此,但随着相关技术的飞速发展,如计算机技术、传感器技术等,多移动机器人技术的研究与应用前景是光明的。

8.1　多机器人技术研究展望

对多机器人系统的研究比单机器人系统增加了许多新问题:任务分配、协调与合作、系统自适应控制、多传感器数据检测及障碍描述、通信等。多机器人系统不是单机器人的简单叠加,要求多机器人之间必须能够有效合作与协同。多机器人协同研究已经逐渐成为机器人学的一个重要分支,经过20多年的不懈积累,该领域已经在体系结构、通信、运动协调等子课题研究中取得了长足的进步,并且越来越显现出学科交叉性更强、应用前景广阔的特点。展望未来,IEEE Transaction on Robotics and Automation 在 2002 年关于多机器人系统的专刊中指出了本领域研究中一些具有挑战性的开放课题。此外,还应注意几个方面的研究动向。首先异质性越来越成为考察与设计多移动机器人团队的一项重要特征,正如 Balch& Parker 所说,应该把异质性作为多机器人团队的基本出发点。在此思想指导下,进行体系结构、通信、协同机制等的设计与研究;其次,在考虑人能够有效控制机器人团队的基础上,如何使人能够更有效地参与团队;最后,应用需求仍然对多机器人协作理论的研究方向起决定作用。家庭服务、广域环境协作清扫、工件搬运等任务依然是本领域研究的热点,但这些任务主要面向结构化环境。针对非结构化环境甚至未知环境的建模、定位与探索任务也将逐渐成为研究的热门话题。

多机器人覆盖技术也是多机器人技术发展的一个方向,在许多领域具有重要的现实应用价值,如清扫、搜救、耕种等。此外,它还可看作是多机器人系统研究热点问题的集中平台,相关问题的解决具有普遍的意义。多机器人覆盖研究才刚刚起步,有待研究的问题还有很多,如多机器人覆盖在实际应用中,环境信息大多是未知的,如军事、勘探等领域。开展基于传感器信息的未知环境中多机器人覆盖研究具有非常现实的意义。目前的覆盖研究多数假设环境是二维平面,障碍物情况也较为简单,而实际环境不可能都是这种理想的情况,如在起伏不定的地形、存在悬崖峭壁等危险障碍的环境中开展搜救行动,因此三维地形的覆盖也是一个重要的研究方向。覆盖优化目标参数有多个,如消耗时间、重复路径、覆盖面积、能量消耗等如何同时考虑多个优化目标,是多机器人覆盖一个重要的研究方向。随着研究的不断深入,多机器人覆盖的研究将逐步由理论性探讨和仿真实验走向真实机器人的实际实验,并进一步实现多机器人在农业、林业、工业、资源以及军事等方面的实际应用。

多机器人任务分配问题是多机器人系统研究的一个难点,体现了系统决策层组织形式与运行机制,是多机器人系统应用的基础。一方面,任务分配的好坏直接影响整个系统的效率,并且直接关系到系统中各机器人是否能最大限度发挥自身的能力,避免占用更多的资源;另一方面,当一个机器人没有能力完成当前任务时,如何在现有机制的基础上,通过有效的对话、协商使多机器人合作完成此项任务已经成为越来越多研究者关注的问题。随着多机器人被应用到越来越多的领域中和任务难度的不断加人,静态环境下的多机器人任务分配方法已不能满足实际应用。未来,随着动态环境和未知环境下的任务分配,以及随之而来的任务动态分配和再分配问题,机器人之间相互干扰、冲突等问题的解决,多机器人协作的效率将会大大提高。随着异构大规模多机器人有效任务分配方法的出现,将会出现大规模的异构多机器人系统,大大提高多机器人协作的范围。

多机器人通信在多机器人系统中,通过通信多机器人系统中各机器人了解其他机器人的意图、目标和动作以及当前环境状态等信息,进而进行有效的磋商,协作完成任务,是多机器人之间协作完成某些任务的保障。机器人之间的通信一般有隐式通信和显式通信两种。隐式通信系统通过外界环境和自身传感器来获取所需的信息并实现相互之间的协作,机器人之间没有直接进行信息交换。在隐式通信中机器人在环境中留下某些特定信息,其通过传感器获取外界环境信息的同时,也可能获取到其他的机器人遗留下的信息。在多机器人系统中,各机器人之间不存在数据的显式交换,所以无法使用一些高级的协调协作策略,降低了完成复杂任务的能力。使用显式通信的多机器人系统利用特定的通信介质,快速有效地完成各机器人间信息的交互,实现许多在隐式通信下无法完成的高级协调协作策略。但由于多机器人系统在通信的实时性、可靠性等方面有特殊要求,所以针对适用于多机器人系统分布式控制结构的特定环境的通信机制的研究具有重要的意义。因此两种通信方式的结合是一种发展趋势。如果多机器人之间的通信可靠性、实时性以及可重构性问题得到解决以后,将会改善多机器人系统的性能,保证协作的有效性。

8.2 多机器人技术应用展望

推动机器人技术发展的主要动力是机器人能减少或替代人们重复的或在危险环境工作中的劳动。随着机器人技术由单个机器人向多机器人系统的发展,机器人的应用范围也越来越广泛。其应用领域主要是一些适合群体作业的场合或工作,如机器人生产线、柔性加工工厂、海洋勘探、星球探索、核电站、消防、无人作战飞机群,无人作战坦克群等。在工业应用中,多机器人系统的柔性会极大地加快企业的生产与运转速度,实现柔性加工;在国防中,信息技术和装备在现代战争中发挥越来越大的作用。与传统作战不尽相同,信息化作战需要构建信息化战场,其核心是指挥自动化系统。现代战争的多维立体作战客观上决定了传统的单一侦察手段已不能全面、准确、及时地获取战场信息,新型侦察系统必须采用多种手段、具备多维空间的信息获取能力。随着无人机、无人轻型和微型车辆等的出现及部署,新的战场侦察系统是由侦察卫星、各种传感器、无人侦察飞机、无人和有人侦察车及侦察员等组成的多元化并存的(即异质,Heterogeneity)协同侦察部队,或实现无人飞机或无人坦克代替军队作战,最大限度地减少人员的伤亡。可以预见,这种协同多元异质机器人,能显著提高实时精确定位能力和快速反应能力,将极大地提高部队的侦察能力、反应能力和作战能力。协同多元异质机器人系统的发展必将提高我军立体侦察及指挥自动化水平,促进我军的现代化和信息化建设,对我军适应现代战争要求,实现国防科学技术现代化具有重要的现实意义和长远意义。多机器人系统的发展也将为城市环境的反恐、交通、工业和服务业等的异质多移动体的协作提供新的应用前景,具有明显的社会效益和很大的潜在经济效益。可以预见,多机器人系统的应用将会对社会带来巨大的变革,能极大地提高人们的生活质量,以及工农业与国防建设的现代化程度。

8.3　小结

当前世界上的多机器人系统正处于蓬勃的发展状态,相关新技术和新产品层出不穷。面对多机器人系统应用前景的看好,有关部门和相关企业、科研院所都高度重视,把科研单位和院校的科技优势与企业的经济实力结合起来,共同研究制定相应的对策,加大对多机器人技术研究的资助力度,加快多机器人产业的发展速度。只要认清现状和发展方向,确定明确的发展目标,制定和执行积极可行的发展对策,那么,中国的多机器人事业必定有着辉煌的明天,21世纪中国的多机器人技术必将在世界上占有重要的一席之地。

参 考 文 献

[1] Arai T, Pagello E, Parker L E. Editorial: Advances in Multi-Robot Systems[J]. IEEE Transactions on Robotics and Automation, 2002, 18(5): 655 – 661.

[2] Parker L E. Current Research in Multirobot Systems[J]. Artificial Life and Robotics, 2003, 7(2): 1 – 5.

[3] Parker L E. ALLIANCE: An architecture for fault-tolerant multi-robot cooperation[J]. IEEE Transactions on Robotics and Automation, 1998, 14(2): 220 – 240.

[4] Parker L E. Lifelong Adaptation in Heterogeneous Multi-Robot Teams: Response to Continual Variation in Individual Robot Performance[J]. Autonomous Robots, June 2000, 8(3): 239 – 267.

[5] Murphy, Lisetti, Irish, Tardif, et al. Emotion-Based Control of Cooperating Heterogeneous Mobile Robots[J]. IEEE Transactions on Robotics and Automation, 2002, 18(5): 744 – 757.

[6] Saptharishi, Ohver, Diehl et al. Distributed Surveillance and Reconnaissance Using Multiple Autonomous ATVs: CyberScout[J]. IEEE Transactions on Robotics and Automation, 2002, 18(5): 826 – 836.

[7] Simmons R, Apfelbaum D, Burgard W. Coordination for multi-robot exploration and mapping [A]. Proceedings of the AAAI National Conference on Artificial Intelligence[C]. Austin, TX, 2000: 852 – 858.

[8] Roumeliotis S I, Bekey G A. Distributed multirobot localization[J]. IEEE Transactions on Robotics and Automation, 2002, 18(5): 781 – 795.

[9] Rekleitis I M, Dudek G, Milios E. Probabilistic cooperative localization in practice[A]. Proceedings of the IEEE International Conference on Robotics and Automation[C]. Taipei, Taiwan, 2003: 1907 – 1912.

[10] Fox D, Burgard W, Kruppa H, et al. A probabilistic approach to collaborative multi-robot localization[J]. Autonomous Robots, 2000, 8(3): 325 – 344.

[11] Roumeliotis S I, Rekleitis I M. Propagation of Uncertainty in Cooperative Multirobot Localization: Analysis and Experimental Results[J]. Autonomous Robots, 2004, 17(1): 41 – 54.

[12] 张洪峰, 王硕, 谭民, 等. 基于动态分区方法的多机器人协作地图构建[J]. 机器人, 2003, 25(2): 156 – 162.

[13] 李斌, 董慧颖, 白雪. 可重构机器人研究和发展现状[J]. 沈阳工业学院学报, 2000,

19(4)：68 −72.

[14] Parker L E. Adaptive heterogeneous multi-robot teams[J]. Neurocomputing, 1999, 28(1 − 3)：75 −92.

[15] 刘娟，蔡自兴，涂春鸣. 进化机器人学研究进展[J]. 控制理论与应用，2002, 19(4)：493 −499.

[16] Martinson E, Arkin R. Learning to role-switch in multi-robot systems[A]. Proceedings of the 2003 IEEE International Conference on Robotics and Automation[C]. New York：IEEE Society, 2003：2727 −2734.

[17] 王醒策，张汝波，顾国昌. 多机器人动态编队的强化学习算法研究[J]. 计算机研究与发展，2003, 40(10)：1444 −1450.

[18] 谭民，王硕，曹志强. 多机器人系统. 北京：清华大学出版社. 2005.

[19] C Ronald Kube, Eric Bonabeau. Cooperative Transport Ants and Robots Robotics and Autonomous Systems, 2000, 30(1 −2)：85 −101.

[20] Parker L E. Cooperative Robotics for Multi-Target Observation, Intelligent Automation and Soft Computing, special issue on Robotics Research at Oak Ridge National Laboratory, 1999, 5 (1)：5 −19.

[21] Dani Goldberg, Maja J Mataric, Coordinating Mobile Robot Group Behavior Using a Model of Interaction Dynamics, in Proceedings of the Third International Conference on Autonomous Agents, Seatle, Washington, 1999.

[22] 王越超. 多机器人协作系统研究[D]. 哈尔滨：哈尔滨工业大学，1999.

[23] Asama H, et al. Design of an Autonomous and Distributed Robot System[A]. Proc. IEEE/RSJ IROS'89[C]. Tsukuba：RSJ Press, 1989：283 −290.

[24] Fukuda T, Kawauchi Y. Cellular Robotic System (CEBOT)as one of the realization of self-organizing intelligent universal manipulator[A]. Proceeding of the IEEE Conference on Robotics and Automation[C]. Cincinnati, OH, USA ,1990：662 −667.

[25] Beni G, Wang J. Swarm intelligence[A]. Proc of the 7th Annual Meeting of the Robotics Society of Japan[C]. Tokyo：RSJ Press, 1989：425 −428.

[26] C Le Pape. A Combination of Centralized and Distributed Methods for Multi-Agent Planning and Scheduling[A]. Proceeding of the IEEE International Conference on Robotics and Automation[C]. 1990：488 −493.

[27] 陈卫东，席裕庚，顾冬雷，等. 一个面向复杂任务的多机器人分布式协调系统[J]. 控制理论与应用，2002, 19(4)：505 −510.

[28] Helsinger A, Thome M, Wright T. Cougaar：a scalable, distributed multi-agent architecture [C]. 2004 IEEE International Conference on Systems, Man and Cybernetics. 2004, 2(10 − 13)：1910 −1917.

[29] Paul E Rybski, Amy Larson, Harini Veeraraghavan, et al. Performance Evaluation of a

Multi-Robot Search & Retrieval System：Experiences with MinDART[J]. Int. Journal of Intelligent and Robotic Systems, 2008.

[30] John Zinky, Richard Shapiro, Sarah Siracuse, et al. Experience with Dynamic Crosscutting in Cougaar[C]. On the Move to Meaningful Internet Systems 2007：CoopIS, DOA, ODBASE, GADA, and IS,Springer Berlin / Heidelberg,2007.

[31] Rybski P E, A Larson, H Veeraraghavan, et al. Communication Strategies in Multi-Robot Search and Retrieval[C]. In Proceedings of DARS′04, the 7th International Symposium on Distributed Autonomous Robotic Systems, pp. 301 – 310, Toulouse, France, June, 2004.

[32] 李莹莹,刘云辉,樊玮虹,等. 基于移动通信网络的机器人遥操作[J]. 通信学报, 2006, 27(5):52 – 56.

[33] 江汉红,王征,李庆,等. 基于 DSSS 的多移动机器人无线组网通信性能研究[J]. 武汉理工大学学报(交通科学与工程版),2006,30(6):992 – 995.

[34] 吴艮霞, 李国阳, 韦巍. 基于 WLAN 的多机器人分布式合作系统研究[J]. 机电工程, 2006,23(5):32 – 36.

[35] Patrick Doherty,Witold ukaszewicz ,Andrzej Szalas. Communication between agents with heterogeneous perceptual capabilities[J]. Information Fusion. 2007, 8(1):56 – 69.

[36] A Ferworn,Nhan Tran,James Tran,et al. WiFi repeater deployment for improved communication in confined-space urban disaster search. SoSE′07[C]. IEEE International Conference on System of Systems Engineering. 2007:1 – 5.

[37] K Akkaya, S Janapala. Maximizing connected coverage via controlled actor relocation in wireless sensor and actor networks[C]. Computer Networks：The International Journal of Computer and Telecommunications Networking. 2008,52(14): 2779 – 2796 .

[38] Yao H Ho, Ai H Ho, Kien A Hua. Routing protocols for inter-vehicular networks：A comparative study in high-mobility and large obstacles environments[C]. Computer Communications. 2008,31 (12): 2767 – 2780.

[39] 朱法强, 尹怡欣. 一种引入通信的多移动机器人编队方法[J]. 计算机应用研究. 2007, 24(10):59 – 67.

[40] HsiehMA,Cowley A,keller J F,et al. Adaptive Teams of Autonomous Aerial and Ground Robots for Situational Awareness [J]. Journal of Field Robotics . 2007, 24 (11 – 12): 991 – 1014.

[41] Dimitrios Koutsonikolas, Saumitra M Das, Y Charlie Hu. Path planning of mobile landmarks for localization in wireless sensor networks [J]. Computer Communications. 2007, 30: 2577 – 2592.

[42] Aline Baggio, Koen Langendoen. Monte Carlo localization for mobile wireless sensor networks [J]. Ad Hoc Networks. 2008,(6):718 – 733.

[43] 王世华,青布工,刘云辉,等. 预估控制下的实时网络遥操作移动机器人[J]. 机器人,

2007,29(4):305-312.

[44] Adam Halasz, M Ani Hsieh, Spring Berman, et al. Dynamic Redistribution of a Swarm of Robots Among Multiple Sites[C]. 2007 IEEE/RSJ International Conference on Intelligent Robots and Systems, 2007: 2320 -2325.

[45] Hod Lipson. Evolutionary Robotics:Emergence of Communication[J]. Current Biology. 2007, 17(9):330-332.

[46] Zhanshan (Sam)Ma, Axel W. Krings. Insect sensory systems inspired computing and communications[J]. Ad Hoc Networks, 2008,(3):1-14.

[47] 任孝平,蔡自兴.基于移动自组网的多机器人远程监控[J].华中科技大学学报(自然科学版),2008,36,Sup.I:239-242.

[48] R Zlot, A Stentz, M B Dias, et al. Multi-robot exploration controlled by a market economy [A]. In Proceedings of the IEEE International Conference on Robotics and Automation (ICRA)[C], Washington, DC, May 2002: 3016-3023.

[49] W Burgard, M Moors, C Stachniss, et al. Coordinated multi-robot exploration[J]. IEEE Trans. on Robotics. 2005, 21(3):376-386.

[50] ZHANG Fei, CHEN Wei-dong, XI Yu-geng. Improved market-based approach to collaborative multi-robot exploration[J]. Control and Decision. 2005, 20(5):516-524.

[51] C Tovey, M Lagoudakis, S Jain, et al. The Generation of Bidding Rules for Auction-Based Robot Coordination[A]. In Multi-Robot Systems:From Swarms to Intelligent Automata [C], L. Parker, F. Schneider and A. Schultz (editor), Springer, 2005:3-14.

[52] M B Dias, A Stentz. A market approach to multi-robot coordination, Technical Report, Robotics Institute, Carnegie Mellon University, 2001.

[53] R Zlot, A Stentz, M B Dias, et al. Multi-robot Exploration Controlled by a Market Economy. In: Proceedings of the IEEE International Conference on Robotics and Automation, 1999.

[54] 华罗庚,王元.数论在近似分析中的应用[M].北京:科学出版社,1978.

[55] X H Shi, Y C Liang, H P Lee, et al. Particle Swarm Optimization Based Algorithms for TSP and Generalized TSP. Information Processing Letters, 103(2007): 169-176.

[56] Pan Junjie Wang Dingwei. An ant Colony Optimization algorithm for multiple traveling salesman problem. International Conference on Innovative Computing, Information and Control, Beijing,2006: 210-213.

[57] Leung Y W, Wang Y P. An orthogonal genetic algorithm with quantization for global numerical optimization. IEEE Trans. EC,2001,5(1):41-53.

[58] 史奎凡,董吉文,李金屏,等.正交遗传算法[J].电子学报,2002,30(10):1501-1504.

[59] N Kalra, D Ferguson, A Stentz. Hoplites:A Market-Based Framework for Planned Tight Coordination in Multirobot Teams[A]. In Proceedings of the International Conference on Robotics and Automation[C], April, 2005:1182-1189.

［60］R Zlot，A Stentz，M B Dias，et al. Multi-robot exploration controlled by a market economy ［A］. In Proceedings of the IEEE International Conference on Robotics and Automation （ICRA）［C］，Washington，DC，May 2002：3016 – 3023.

［61］孙麟平. 运筹学［M］，北京：科学出版社，2005.

［62］Oliver Brock，Oussama Khatib. Real-Time Obstacle Avoidance and Motion Coordination in a Multi-Robot Workcell，Proceedings of the 1999 IEEE International Symposium on Assembly and Task Planning，Porto，Portugal，July 1999：274 – 279.

［63］Borenstein J，Koren I. The vector field histogram fast obstacle avoidance for mobile robots. IEEE Journal of Robotics and Automation，1991，7（3）：278 – 288.

［64］张寒松，贾瑞清，王廷军，等. 基于实际意义隶属函数的机器人避障模糊算法［J］，农业机械学报，2006.3，37（3）：84 – 86.

［65］蔡自兴，陈白帆，王璐，等. 异质多移动机器人协同技术研究的进展［J］. 智能系统学报，2007，2（3）：1 – 7.

［66］王玲，万建伟，刘云辉，等. 基于 PF-EKF 的多移动机器人合作定位方法［J］. 中国科学，2007，37（12）：1544 – 1555.

［67］Smith R，Self M，Chesseman P. Estimating uncertain spatial relationships in robotics［J］. Uncertainty in Artificial Intelligence，1988，（2）：435 – 461.

［68］Borges G A，Aldon M J. Robustified estimation algorithms for mobile robot localization based on geometrical environment maps［J］. Robotics and Autonomous Systems，2003，45（3 – 4）：131 – 159.

［69］Elfes A. Occuapancy grids：a probabilistic framework for mobile robot perception and navigation：［Dissertation Thesis］. Carnegie Mellon University：PhD Thesis，Electrical and Computer Engineering Department，1989.

［70］Ulrich I，Nourbakhsh I. Appearance-Based Place Recognition for Topological Localization ［A］. IEEE Int. Conf. on Robotics and Automation［C］. San Francisco：April 2000：1023 – 1029.

［71］Thrun S，Gutmann J S，Fox D，et al. Integrating Topological and Metric Maps for Mobile Robot Navigation：A Statistical Approach［A］. Proc. of the 1998 National Conf. on Artificial Intelligence （AAAI'98）［C］. Madison，USA，1998：989 – 995.

［72］Smith R，Self M，Cheeseman P. Estimating Uncertain Spatial Relationships in Robotics［A］. In Editors：I. Cox and G. Wilfong，Autonomous Robot Vehicles［C］. London：Springer-Verlag，1990：167 – 193.

［73］Thrun S. Robotic Mapping：A Survey［R］. Technical Report：CMU-CS-02-111，2002.

［74］Smith R，Self M，Cheeseman P. Estimating Uncertain Spatial Relationships in Robotics［A］. In Editors：I Cox，G Wilfong，Autonomous Robot Vehicles［C］. London：Springer-Verlag，1990：167 – 193.

[75] Dellaert F, Fox D, Burgard W, et al. Monte Carlo localization for mobile robots[A]. Proc. of the 1999 IEEE Int. Conf. on Robotics and Automation (ICRA'99)[C]. Detroit, MI: 1999: 1322 – 1328.

[76] 吴庆祥, Bell David. 可移动机器人的马尔科夫自定位算法研究[J]. 自动化学报, 2003, 29(1): 154 – 160.

[77] Krotkov E, Hebert M, Simmons R. Stereo perception and dead reckoning for a prototype lunar rover. Autonomous Robots, 1995, 2(4): 313 – 331.

[78] Wolf D F, Sukhatme G S. Mobile robot simultaneous localization and mapping in dynamic environments[J]. Autonomous Robots, 2005, 19(1): 53 – 65.

[79] Fox D, Burgard W, Kruppa H, et al. A Probabilistic Approach to Collaborative Multi-robot Localization[J]. Autonomous Robots on Heterogenous Multi-robot System, Special Issue, 2000, 8(3):325 – 344.

[80] J W Fenwick, P M Newman, J J Leonard. Cooperative concurrent mapping and localization [C]. In Proceedings of the IEEE International Conference on Robotics and Automation, 2002:1810 – 1817.

[81] Roumeliotis S I, Bekey G A. Distributed Multirobot Localization[J]. IEEE Transaction on Robotics and Automation,2002,18(5):781 – 795.

[82] Howard A, Mataric M J, Sukhatme G S. Localization for Mobile Robot Teams Using Maximum Likehood Estimation[A]. International Coference on Intelligent Robot and Systems[C], 30 Sept. -5 Oct,2002,(3):2849 – 2854.

[83] Kennedy J, Eberhart R. Particle Swarm Optimization[C]. Proc of the IEEE Int Conf on Neural Networks. Perth, WA, Australia: IEEE Service Center, 1995,(4): 1941 – 1948.

[84] 左军毅, 潘泉, 梁彦, 等. 基于模型切换的自适应背景建模方法[J]. 自动化学报, 2007, 33(5): 467 – 473.

[85] 王嘉, 王海峰, 刘青山, 等. 基于三参数模型的快速全局运动估计[J]. 计算机学报, 2006,29(6): 920 – 927.

[86] Zhang D S, Lu G L. Segmentation of moving object in image sequence: a review, Circuits Systems Signal Processing, 2001, 20(2): 143 – 183.

[87] Comaniciu D, Ramesh V, Meer P. Kernel-Based Object Tracking, IEEE Trans. on Pattern Analysis and Machine Intelligence, 2003, 25(5):564 – 577.

[88] Zhao Q, Tao H. Object Tracking using Color Correlogram, In Proc. of 2nd Joint IEEE Int. Workshop on Visual Surveillance and Performance Evaluation of Tracking and Surveillan- ce, New York: IEEE Press, 2005:263 – 270.

[89] Zhu G, Zeng Q, Wang C. Efficient edge-based object tracking, Pattern Recognition 2006, 39(11): 2223 – 2226.

[90] Tissainayagama P, Suter D. Object tracking in image sequences using point features, Pattern

Recognition, 2005, 38(1): 105 – 113.

[91] Paragios N, Derichel R. Geodesic active contours and level sets for the detection and tracking of moving objects. IEEE Trans on Pattern Analysis and Machine Intelligence, 2000, 22 (3): 266 – 280.

[92] 徐一华, 李京峰, 等. 人体三维运动实时跟踪与建模系统[J]. 自动化学报, 2006, 32 (4): 560 – 567.

[93] Avidan S. Ensemble Tracking, IEEE Trans. on Pattern Analysis and Machine Intelligence, 2007, 29(2): 261 – 271.

[94] Li L. On-line Visual Tracking with Feature-based Adaptive Models. http://www.cs.ubc.ca/nest/lci/projects/longli/thesis.pdf.

[95] 蔡自兴, 陈白帆, 王璐, 等. 异质多移动机器人协同技术研究的进展[J]. 智能系统学报, 2007, 2(3): 1 – 7.

[96] Smith R G. The contract net protocol: High-level communication and control in a distributed problem solver[J]. IEEE Transactions on Computers, 1980, 29(12): 1104 – 1113.

[97] Kita N, Matsuyama T. Real-time Multi-target Tracking by Cooperative Distributed Active Vision Agents[C]. AAMAS'02, Bologna, Italy, 2002: 829 – 838.

[98] Wang Y, Loe K F, Eu J K. A Dynamic Conditional Random Field Model for Foreground and Shadow Segmentation, IEEE Trans. Pattern Analysis and Machine Intelligence, 2006, 28 (2): 279 – 289.

[99] Wang Y, Tan T, Loe K F, et al. A Probabilistic Approach for Foreground and Shadow Segmentation in Monocular Image Sequences, Pattern Recognition, 2005, 38 (11): 1937 – 1946.

[100] 包红强, 张兆扬. 一种基于区域 Gibbs 势能函数的视频运动对象分割算法[J]. 通信学报, 2005, 26(6): 57 – 61.

[101] Wang Y, Loe K F, Wu J K. A Dynamic Conditional Random Field Model for Foreground and Shadow Segmentation, IEEE Trans. Pattern Analysis and Machine Intelligence, 2006, 28(2): 279 – 289.

[102] Toyama K, Krumm J, Brumitt B, et al. Wallflower: Principles and Practice of Background Maintenance, In Proc. of 7th IEEE Int. Conf. on Computer Vision. New York: IEEE press, 1999: 1: 255 – 261.

[103] 李刚, 邱尚斌, 林凌, 等. 基于背景差法和帧间差法的运动目标检测方法[J]. 仪器仪表学报, 2006, 27(8): 961 – 964.

[104] 代科学, 李国辉, 涂丹, 等. 监控视频运动目标检测减背景技术的研究现状和展望, 中国图象图形学报, 2006, 11(7): 919 – 927.

[105] Collins R T, Liu Y, Leordeanu M. Online Selection of Discriminative Tracking Features. IEEE Trans. on pattern analysis and machine intelligence, 2005, 27(10): 1631 – 1643.

[106] 蒋新松. 未来机器人技术发展方向的探讨[A]. 迈向新世纪的中国机器人—国家863计划智能机器人主题回顾与展望[C]. 沈阳:辽宁科学技术出版社,2001:199−206.

[107] 程健宇. 水生动物的流体动力学研究[D]. 北京:中国科技大学, 1988.

[108] 喻俊志, 陈尔奎, 王硕,等. 仿生机器鱼研究的进展与分析[J]. 控制理论与应用, 2003, 20(4):485−491.

[108] 榕叶. 机械金枪鱼[J]. 国外科技动态, 1995(8):53.

[110] M Sfakiotakis, D M Lane, J B C Davies. Review of Fish Swimming Modes for Aquatic Locomotion. IEEE Journal of Oceanic Engineering. l999, 24(2): 237−252.

[111] FUKUDA T, KAWAMOTO A, ARAI F, etal. Mechanism and swimming experiment ofmicro mobile robot in water[A]. Proc 1994 IEEE Int Conf on Robotics and Automation[c]. New York: IEEE Press, 1994: 814−819.

[112] 王为. 仿科加新月形尾鳍的仿生机器鱼的本体研究[D]. 哈尔滨:哈尔滨工业大学,2005.

[113] 俞俊志, 王硕, 谭民. 多仿生机器鱼控制与协调[J]. 机器人技术及应用, 2003(3): 27−28.

[114] 谭民,范永,徐国华. 机器人群体协作与控制和研究[J]. 机器人,2001,23(2): 178−182.

[115] 曹长江,张琛,冯建智. 多微型机器人系统的协调策略的研究[J]. 机器人, 2001,23 (3): 285−288.

[116] Hiroaki Kitano, Minoru Asada, Yasuo Kuniyoshi, et al. RoboCup: The Robot World Cup Initiative. In IJCAI-95 Workshop on Enter-tainment and AI/Alife, Montreal, Quebec, August 1995.

[117] Fabrice R Noreils. Toward a robot architecture integrating cooperation between mobile robots: Application to indoor environment. International Journal of Robotics Research, 1993, 12(1):79−98.

[118] Sueyoshi Takahiko, Tokoro Mario. Dynamic modeling of agents for coordination[A]. Proc of European workshop on modeling autonomous agents in a multi-agent world (MAAMAW'90) [C]. St-Quantine-en-Yvelines,1990.

[119] 田国会,尹建芹,宁春林,等. 足球机器人视觉系统及其关键问题[J]. 山东工业大学学报,2002,32(1):86−91.

[120] 胡晓飞,叟国华,张士文. 基于视频处理芯片和CPLD的实时图像采集系统[J]. 电子技术,2002,(10):28−30.

[121] 楚要钦,李孝安,蒲勇. 多智能体足球机器人系统的协作控制[J]. 哈尔滨工业大学学报,2004, 36 (7): 911−913.

[122] 刘金锟,尔联洁. 多智能体技术应用综述[J]. 控制与决策,2001, (3):133−138.

[123] 邱国霞,等. 多智能体的竞争合作策略[J]. 南京理工大学学报,2005, (10):22−25.

[124] 李建民,石纯一. 多智能体系统的一种合作机制[J]. 计算机研究与发展,1998,(2):133 – 139.

[125] R A Brooks. A robust layered control system for a mobile robot[J]. IEEE J. Robot. Automat. 1986, RA-2:14 – 23.